Die Transzendenz der Realität.

Spuren einer allumfassenden transzendenten Realität jenseits von Raum und Zeit.

Der Naturwissenschaftler Dipl.-Math. Klaus-Dieter Sedlacek, Jahrgang 1948, studierte in Stuttgart neben Mathematik und Informatik auch Physik. Nach fünfundzwanzig Jahren Berufspraxis in der eigenen Firma widmet er sich nun seinen privaten Forschungsvorhaben und veröffentlicht die Ergebnisse in allgemein verständlicher Form. Darüber hinaus ist er der Herausgeber mehrerer Buchreihen unter anderem der Reihen 'Wissenschaftliche Bibliothek' und 'Wissen gemeinverständlich'.

Webseite: https://klaus-sedlacek.de

Die Transzendenz der Realität

Spuren einer allumfassenden transzendenten Realität jenseits von Raum und Zeit

mit 90 Abbildungen

von

Klaus-Dieter Sedlacek

Wissen gemeinverständlich Bd. 2

Bibliographische Information Der Deutschen Bibliothek:
Die Deutsche Bibliothek verzeichnet diese Publikation in der Deutschen Nationalbibliographie; detaillierte bibliographische Daten sind im Internet über
http://dnb.ddb.de
abrufbar.

Neuauflage des ursprünglich unter dem Titel
„Der Widerhall des Urknalls“ herausgegebenen Werks.
Herausgeber: Klaus-Dieter Sedlacek
https://klaus-sedlacek.de

Herstellung und Verlag: BoD – Books on Demand, Norderstedt.
ISBN: 9783749422753

Inhaltsverzeichnis

0. Vorwort

In diesem Buch geht es um die Austreibung der spukhaften Mächte, die trotz unseres 21. Jahrhunderts überall in der Naturwissenschaft ihr Unwesen treiben. Dabei denke ich nicht nur an Einsteins spukhafte Fernwirkung. Das ist jenes physikalische Phänomen, bei dem ein Teilchenpaar so miteinander verschränkt ist, dass nach der Messung eines der Teilchen, das andere schneller als mit Lichtgeschwindigkeit einen komplementären Zustand annimmt, obwohl es sich an einem weit entfernten Ort befindet und keine Kommunikation möglich ist. Trotz seines vehementen Eintritts gegen den Spuk musste Einstein kapitulieren. Die empirischen Nachweise, die eine Quantenverschränkung bestätigten, waren so mächtig, dass sie das Spukhafte der Natur zur Regel erhoben.

Erfolgreicher agierte der Theologe und Astrophysiker Georges Lemaître als er für unser Universum einen Anfang, nämlich den Urknall postulierte. Heute gehört die Urknall-Theorie zur Standardtheorie der Astrophysiker. Lemaître zeigte zwar dem naiven Wunderglauben an die Schöpfung von Adam und Eva die Rote Karte, aber nicht dem Wunderglauben an jene höhere Macht, die alles gestartet und feinabgestimmt haben soll.

Spukhafte Mächte wirken auch im Bereich der nichtmateriellen Einflusszonen, nämlich den Feldern der Physik. Felder gelten als die grundlegende physikalische Wirklichkeit, denn sie sind bisher die letzte Erklärungsebene. Teilchen sind Manifestationen dieser Wirklichkeit. Bei den Schwingungen der Felder handelt es sich um Schwingungen abstrakter Feldgrößen. Und schon spukt es, denn niemand kann erklären, wie es möglich ist, dass Schwingungen abstrakter Feldgrößen Energie transportieren. Und niemand kann erklären, wie aus abstrakten Feldgrößen messbare Teilchen werden.

Spukhaft geht es sogar beim menschlichen Bewusstsein zu, wenn man sieht, wie Inselbegabte unglaubliche Leistungen vollbringen und schneller als ein am Computer angeschlossener Textscanner ganze Bücher in sich aufnehmen und behalten können. Als Paradebeispiel für diese Fähigkeit gilt der Amerikaner Kim Peek. Schätzungsweise zwei Millionen Menschen haben ihn bei seinen öffentlichen Auftritten an Universitäten bestaunt. Kim hat sich den Inhalt von 7600 Sachbüchern Wort für Wort gemerkt. Kein Neurowissenschaftler oder Bewusstseinsforscher hat bisher das Spukhafte seiner Fähigkeiten mit einer naturwissenschaftlichen Theorie rational erklären können.

Das sind nur einige wenige Beispiele, wo es überall in der Naturwissenschaft spukt. Diesen Spuk zu vertreiben und das spukhafte Geschehen rationalen Erklärungen zuzuführen, habe ich mir als Aufgabe gestellt. Das ist eine gewaltige Aufgabe, und es wäre vermessen zu glauben, ich könnte sie alleine lösen. Doch ich habe einige Lösungsansätze, Theorien und passende empirische Belege gefunden, die hilfreich sind, Licht in das Dunkel zu bringen. Meine Ideen beschreibe ich in den Kapiteln 5 bis 8. Inwieweit mir damit sogar die Vertreibung der einen oder anderen spukhaften Macht gelungen ist, mag der Leser selbst entscheiden.

Ich glaube jedoch, dass bei meinen Bemühungen etwas herauskam, was besser ist, als der schönste Wunderglaube je fähig ist, den Menschen vorzugaukeln. Es ist eine faszinierend rationale Erklärung für die Existenz eines transzendenten physikalischen Bereichs jenseits von Raum und Zeit, die durch die strenge Prüfung der Kriterien einer wissenschaftlichen Theorie gegangen ist. In diesem Bereich wirken informationsverarbeitende Prozesse, die alle Kriterien für Bewusstsein erfüllen. Es ist eine Realität, die so wirklich ist, wie die physikalische Welt nur wirklich sein kann und es ist eine Realität, die wegen ihrer Unabhängigkeit von Raum und Zeit ewig existiert.

Einige wenige Textteile habe ich bereits im Laufe der letzten Jahre in dem einen oder anderen Internetblog veröffentlicht. Meine Theorien über die Äquivalenz von Information und Energie, das kosmologische Hintergrundfeld und die Definition von Bewusstsein sind aus meinen Veröffentlichungen in der Buchreihe wissenschaftliche Bibliothek entnommen. Viele Teile wie »Der Anfang des Seins in der Kosmologie.«, »Sein und Werden.«, »Wo es sonst noch spukt.« oder die »Die Vakuum-Theorie.« habe ich eigens für dieses Buch neu geschrieben. Unter Auslassung fast aller Formeln ist ein allgemeinverständliches abgerundetes Sachbuch entstanden, das überraschende Lösungen bereithält. Ich darf Sie lieber Leser nun zu einer wundersamen Reise durch die spukhaften Gefilde der Naturwissenschaft einladen.

Klaus-Dieter Sedlacek

1. Wie alles entstand.

1.1. Übernatürliche Mächte gegen die Wissenschaft.

Vor wenigen Jahrhunderten schleuderten sie noch Blitze gegen uns Menschen. Heute ist ihr Zuständigkeitsbereich stark geschrumpft. Die Rede ist von den übernatürlichen Mächten.

Abb. 1: Stele des Baal, 15. bis 13. Jahrhundert v. Chr.: Baal als Gewitter- und Wettergott. Heute im Louvre. Foto: Jastrow, PD

Als Erklärungsmodell sind höhere Mächte immer dann gefragt, wenn es um scheinbar Unerklärliches oder um nicht beeinflussbare Dinge geht. Krankheiten, Naturkatastrophen, Geburt und Leben, die Kosmologie oder auch nur das Wetter waren zumindest in der Vergangenheit die Bereiche in denen überirdische Mächte im Denken der Menschen ihr Betätigungsfeld fanden. Denn Stürme, Regen oder sonstige Wetterphänomene ließen sich in früheren Zeiten nicht auf bekannte Ursachen zurückführen. Die anscheinend logische Schlussfolgerung in solchen Fällen war dann immer, dass nur eine übernatürliche Macht der Verursacher der Phänomene sein konnte.

Göttliche Strafgerichte wie Überschwemmungen lehrten die Menschen, die überirdischen Mächte zu fürchten. Eine gerechte Verteilung von Regen und Sonne, die zu reichen Ernten führte, empfanden die Menschen dagegen als Zeichen göttlicher Gunst. Die Tage göttlicher Wettermacher waren aber spätestens seit der Einführung von Thermometer und Barometer gezählt.

Ab dem 17. Jahrhundert bildeten sich neue Ansätze in der Wetterforschung heraus. So mussten auf dem Gebiet der Meteorologie die übernatürlichen Mächte der Wissenschaft weichen.

Ein großes Schlachtfeld zwischen rationalem Denken und dem Glauben an überirdische Mächte waren die Schicksalsschläge und Krankheiten. Soweit es um die Heilung eines gebrochenen Beines oder einer Infektionskrankheit geht, werden Überirdische heute nicht mehr benötigt. Die moderne Medizin richtet es und die Bezeichnung »Halbgötter in Weiß« für die Ärzte ist deshalb eher ironisch zu werten. Die übernatürlichen Mächte verloren die Schlacht und mussten auf dem Gebiet der Medizin den Rückzug antreten. Die Wissenschaft füllt nun die entstandene Lücke aus.

Das geheime Wissen der Götter.

Die abendländischen Alchemisten, deren fortschrittliche Apparatetechnik eine wissenschaftliche Leistung war, bezogen alten Überlieferungen zufolge ihr Wissen von den Göttern. Die geheime Anleitung der Alchemisten, die »Tabula Smaragdina« wurde vermutlich im 11. Jahrhundert ins Lateinische übersetzt und soll ursprünglich vom griechischen Gott Hermes stammen. Im 17./18. Jahrhundert wurde der Einfluss der Götter zurückgedrängt und die Alchemie allmählich von der modernen Chemie und Pharmakologie abgelöst.

Abb. 2: Alchemistenküche.

Spätestens mit der Entstehung der Quantentheorie vor 100 Jahren und der Entdeckung des Periodensystems der Elemente hörten die Götter mit der Unterstützung alchemistischer Goldmacher auf. Denn nun wusste die Wissenschaft so viel über den Aufbau der Atome, dass die Herstellung von Gold durch alchemistische Methoden, als ein Ding der Unmöglichkeit entlarvt wurde.

TABVLA SMARAGDINA HERMETIS TRISmegisti περὶ χημείας. Incerto interprete.

Erba Secretorū Hermetis, q̄ scripta erāt in tabula Smaragdi, inter manus eius inuenta, in obscuro antro, in q̄ humatum corpus eius repertū est. Verū sine mendacio, certū, & uerissimū. Quod est inferius, est sicut q̄d est superius. Et q̄d est supius, est sicut q̄d est inferius, ad ppetrāda miracula rei unius. Et sicut oēs res fuerūt ab uno, meditatiōe unius. Sic oēs res natæ fuerūt ab hac una re, adaptatiōe. Pater eius est Sol, mater eius Luna. Portauit illud uentus in uētre suo. Nutrix eius terra est. Pater omnis telesmi totius mūdi est hic. Vis eius integra est, si uersa fuerit in terrā. Separabis terrā ab igne, subtile à spisso, suauiť cū magno ingenio. Ascendit à terra in cœlū, iterumq; descēdit in terrā, & recipit uim superiorū & inferiorū. Sic habebis gloriā totius mundi. Ideo fugiet à te omnis obscuritas. Hic est totius fortitudinis fortitudo fortis, q̄a uincet omnem rem subtilem, omnemq; solidam penetrabit. Sic mundus creatus est. Hinc erunt adaptationes mirabiles, quarū modus hic est. Itaq; uocatus sum Hermes Trismegistus, habens tres partes philosophiæ totius mundi. Completū est, q̄d dixi de operatiōe Solis.

*Abb. 3: **Tabula Smaragdina**, Ausgabe Chrysogonus Polydorus, Nürnberg 1541.*

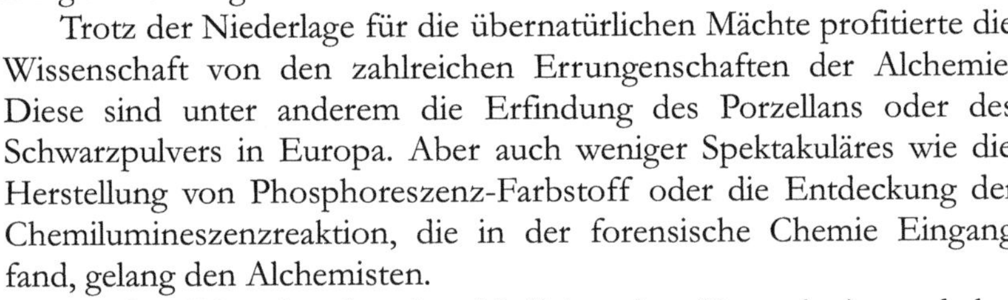

Trotz der Niederlage für die übernatürlichen Mächte profitierte die Wissenschaft von den zahlreichen Errungenschaften der Alchemie. Diese sind unter anderem die Erfindung des Porzellans oder des Schwarzpulvers in Europa. Aber auch weniger Spektakuläres wie die Herstellung von Phosphoreszenz-Farbstoff oder die Entdeckung der Chemilumineszenzreaktion, die in der forensische Chemie Eingang fand, gelang den Alchemisten.

In der Wetterkunde, der Medizin, der Kosmologie und bei sonstigen unerklärlichen Phänomenen, überall mussten die ursprünglich überirdischen Mächte Niederlagen einstecken, zurückweichen und der wissenschaftlichen Welterklärung Platz machen. Umso erbitterter werden deren scheinbar verbliebenen Bastionen von manchen Gläubigen, die häufig aus Amerika stammen, verteidigt. Mit Begierde stürzen sich diese Wundergläubigen auf die tatsächlichen oder vermeintlichen Lücken in der Wissenschaft.

Sind die Arten durch Zufall entstanden?

Eines der Hauptargumente der Wundergläubigen ist das Unwahrscheinlichkeitsargument. Es sei unwahrscheinlich, dass sich unser Universum durch Zufall entwickelt habe. Es sei unwahrscheinlich, dass biologische Moleküle durch Zufall entstanden sind. Oder es sei unwahrscheinlich, dass sich komplizierte menschliche Organe durch Zufall entwickelt haben. Dabei glaubt diese Bodenmannschaft der höheren Mächte, dass es nur zwei Alternativen gäbe: Schwarz oder Weiß, Zufall oder Schöpfer und nichts anderes. Wenn der Zufall zu Fall gebracht wird, dann gibt es nach dieser Denkweise nur noch den Schöpfer.

Es ist allerdings so, dass die Evolutionsbiologen gar nicht behaupten, die Arten seien durch Zufall entstanden. Entsprechendes gilt für die Wissenschaftler anderer Fachbereiche, in denen evolutionäre Prozesse vorkommen. Die Evolutionsbiologie führt das Prinzip der »natürlichen Selektion« an, welches die Natur anwendet, um bei harten äußeren Lebensbedingungen die fittesten Individuen überleben zu lassen. Dies führt genauso wie bei der Züchtung von Pflanzen oder Haustieren, nach und nach zu neuen Arten. Die natürliche Auswahl der Fittesten hat nichts mit blindem Zufall zu tun. Wie gut und manchmal auch rasend schnell dieses Prinzip besonders in der gezielten Anwendung funktioniert, beweist die Pharmaindustrie, die jährlich neue Impfstoffe gegen mutierte Grippeviren entwickelt. Ohne den Begründer der Evolutionstheorie, Charles Darwin, würden Pandemien regelmäßig auftreten und könnten nicht schon im Keim erstickt werden.

Abb. 4: Die Präformisten nahmen an, dass der gesamte Organismus im Spermium bzw. im Ei vorgebildet sei und sich nur noch entfalten und wachsen müsse.

Ist der Organismus in der Eizelle vorgebildet?

Auch die Vorstellung, dass sich der Mensch nicht allmählich im Mutterleib entwickelt, sondern von einem Gott geschaffen wird und der gesamte Organismus im Spermium bzw. in der Eizelle praktisch vorgebildet ist, verträgt sich nicht mit den Fakten. Zumindest seit es Mikroskope gibt, kann sich jeder Biologe oder Mediziner, vom Gegenteil überzeugen.

Der Evolutionsbiologe und Philosoph Ernst Haeckel zeigte bereits vor mehr als hundert Jahren, dass das Dogma der Präformation aus naturwissenschaftlicher Sicht nicht haltbar ist:

In engem Zusammenhange mit der Präformationslehre und in berechtigter Schlussfolge aus derselben entstand im 17. Jahrhundert eine weitere Theorie, welche die denkenden Biologen lebhaft beschäftigte, die sonderbare »Einschachtelungslehre«. Da man annahm, dass im Ei bereits die Anlage des ganzen Organismus mit allen seinen Teilen vorhanden sei, musste auch der Eierstock des jungen Keimes mit den Eiern der folgenden Generation darin vorgebildet sein, und in diesen wiederum die Eier der nächstfolgenden u. s w., in infinitum! Darauf hin berechnete der berühmte Physiologe **Haller***, dass der liebe Gott vor 6000 Jahren - am sechsten Tage seines Schöpfungswerkes - die Keime von 200000 Millionen Menschen gleichzeitig erschaffen und sie im Eierstock der ehrwürdigen Urmutter Eva kunstgerecht eingeschachtelt habe. (Ernst Haeckel: Die Welträtsel)*

Mit Haeckel wendet sich das Argument der Unwahrscheinlichkeit gegen die Verteidiger der übernatürlichen Mächte selbst, denn die Schöpfung der Keime durch einen Gott ist aus wissenschaftlicher Sicht mehr als unwahrscheinlich.

So bleibt den übernatürlichen Mächten nichts anderes übrig, als sich weiter zurückzuziehen. Aussterben werden sie wohl nie. Denn falsch angewendete Argumente der Unwahrscheinlichkeit führen immer wieder zu neuen Anhängern eines Wunderglaubens.

1.2. Der neuronale Ursprung des Glaubens.

Abb. 5: ***Burrhus Frederic Skinner*** *(* 20. März 1904 in Susquehanna Depot, Susquehanna County, Pennsylvania; † 18. August 1990 in Cambridge, Massachusetts) war ein US-amerikanischer Psychologe und der prominenteste Vertreter des Behaviorismus in den USA. Foto: Silly rabbit, CC-BY*

In der Antike wohnte Zeus, der mächtigste Gott der Griechen, auf dem Olymp. Heutige Neurowissenschaftler haben dagegen einen obersten Lenker im Hippocampus des menschlichen Gehirns aufgespürt. Haben sie dort die Wurzeln des Glaubens gefunden?

Ins Grübeln kamen die Forscher schon vor Jahrzehnten, als der US-amerikanische Psychologe Burrhus F. Skinner seine Untersuchungen zur Entstehung des Aberglaubens Ende der 1940er Jahre durchführte und veröffentlichte. Laut der Fachzeitschrift »*Monitor on Psychology*« ist Skinner der bedeutendste Psychologe des 20. Jahrhunderts.

Die Psychologie versteht unter Aberglauben keineswegs eine von den Dogmen der Kirche abweichende Glaubensform. Vielmehr gilt ein irrationales Regelwissen, das sich nicht objektiv bestätigen lässt, als Aberglaube. Irrationale Verhaltensformen zählen ebenfalls dazu. Zum Aberglauben gehört, dass Menschen an einem Freitag, den 13. nicht aus dem Haus gehen wollen, damit ihnen kein Unglück passiert oder dass sie glauben, ein persönlicher Talisman sei ursächlich für ihr Glück.

Aberglaube und Glaube hängen eng zusammen. Unter Glauben im nichtreligiösen Sinn versteht man, dass ein Sachverhalt hypothetisch für wahr gehalten wird. Das lässt im Gegensatz zum Aberglauben die Möglichkeit des Irrtums zu, ganz nach dem Motto: »*Es könnte auch anders sein*«. Glauben im religiösen Sinn lässt dagegen nicht zu, dass es auch anders sein könnte. Insofern gleichen religiös motivierter Glaube und die daraus folgenden Verhaltensformen dem unbestätigten Regelwissen, das in den nächsten Abschnitten näher beleuchtet wird.

Wie Glaube und Aberglaube anfangen.

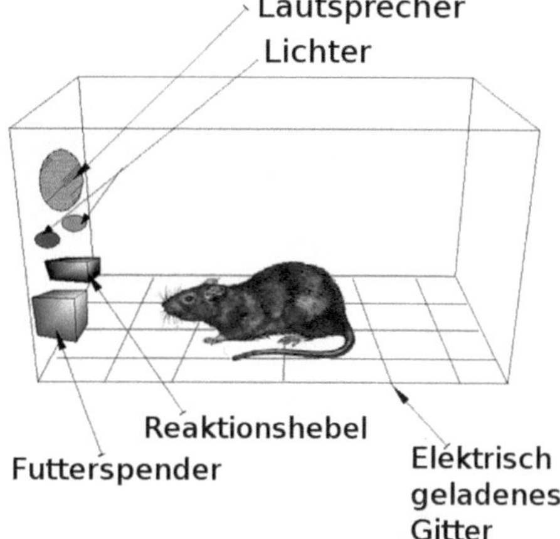

Abb. 6: ***Skinner-Box****. Grafik: V1zorg, CC-BY-SA*

Skinner untersuchte zunächst, wie Belohnung das Verhalten von Ratten oder Tauben konditioniert. Seine Lernexperimente hatten folgenden prinzipiellen Ablauf: Das Versuchstier wurde in einen Testkäfig gesetzt, der mit einem speziellen Mechanismus oder einen Hebel ausgestattet war (Skinner-Box). Ein bestimmtes Verhalten, wie die Betätigung des Hebels oder das Lösen einer Aufgabe führte dazu, dass das Versuchstier automatisch eine kleine Menge Futter erhielt. Ein mehrmaliges Zusammentreffen des bestimmten Verhaltens mit der Futterausgabe führte zu einer Konditionierung derart, dass das Versuchstier die Regel lernte, deren Befolgung belohnt wurde. Es wiederholte danach ständig die zum Erfolg führende Verhaltensweise[1].

In einer weiteren Versuchsreihe änderte Skinner die Regel. Er wollte wissen, was unkonditionierte Tauben lernen, wenn die automatisierte Futterausgabe mit zufälligem Zeitabstand erfolgt. Die Regel lautet in diesem Fall, dass es keine Regel gibt. Kein Verhalten konnte den zeitlichen Abstand bis zur nächsten Futterausgabe beeinflussen. Die Tauben brauchten nur zu warten, aber sonst nichts zu tun. Es geschah dennoch etwas Seltsames.

Nach dem mehrmaligen zufälligen Zusammentreffen von Flügelspreizen mit der Futterausgabe hatte die eine Taube irrtümlich »gelernt«, dass Flügelspreizen zu Futter führt. Fortan hörte sie nicht mehr auf, ihre Flügel zu spreizen, obwohl das keinerlei Einfluss darauf hatte, wann die Futterausgabe erfolgte. Eine andere Taube, deren Halsverrenkungen mehrmals mit einer Futterausgabe zusammentrafen, wollte von ihrem Tun nicht mehr lassen. Auch sie hatte ein Regelwissen gelernt, das durch nichts begründet war. Eine dritte Taube schließlich drehte sich nach kurzer Zeit immer im Kreis, weil bei ihr zweimal eine Körperdrehung mit der Futterausgabe zusammenfiel. Jede dieser Ver-

1 Vgl. Video *»How Do Your Superstitions Get Started?«* http://www.youtube.com/watch?v=04TDoiqohKQ

haltensweisen war durch keinen realen Zusammenhang begründet, aber die armen Tiere glaubten offensichtlich an ihr Regelwissen und sahen sich immer wieder bestätigt, als nach einer zufälligen Zeitdauer tatsächlich Futter kam. Die Tauben waren abergläubisch geworden.

Auch wir Menschen können sehr schnell im psychologischen Sinn abergläubisch werden. Jeder hat wahrscheinlich schon einmal Kinder vor einem Aufzug warten sehen. Die Kinder haben irgendwann einmal gelernt, dass Drücken auf dem Aufzugknopf dazu führt, dass der Aufzug kommt. Einige drücken immer wieder und wieder, obwohl der Aufzug dadurch nicht schneller kommt. Dennoch können sie von ihrem abergläubischen Tun nicht lassen. Und wenn dann der Aufzug mal schneller kommt als erwartet, fühlen sie sich in ihrem Tun bestätigt. Das Magazin »Gehirn & Geist« (Heidelberg) fasste Anfang 2009 die Ursachen von abergläubischem Verhalten so zusammen: *»Menschen neigen zu der Vorstellung, gleichzeitige Ereignisse seien kausal miteinander verknüpft, obwohl sie in Wirklichkeit voneinander unabhängig sind.«*

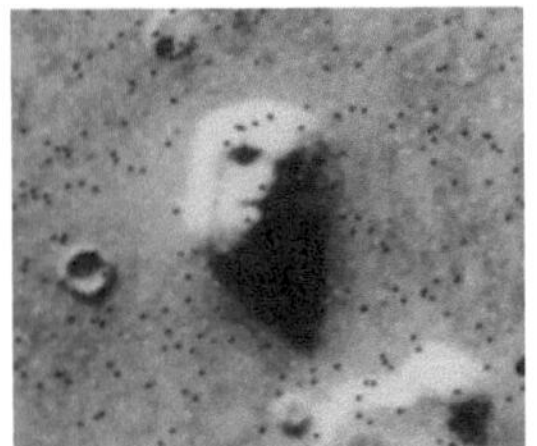

Abb. 7: ***Marsgesicht,*** *aufgenommen von Viking 1, 1976. Die schwarzen Pünktchen sind Bildübertragungsfehler. Foto: NASA*

Fiktive Gesichter in verrauschten Bildern.

Das menschliche Gehirn birgt weitere Überraschungen. Es neigt nicht nur dazu Regeln zu suchen und zu finden, wo es keine gibt, es glaubt auch dort Muster zu erkennen, wo gar keine vorhanden sind. Das bekannteste Beispiel für diese Tatsache ist das Gebilde auf einem Foto von der Marssonde Viking 1 im Jahr 1976. Die Medien gaben der entdeckten Struktur die Bezeichnung »Marsgesicht«. War es das Werk intelligenter Wesen? Noch 1998 rätselte der Astronom Prof. Harald Lesch in einer Sendung des Bildungsfernsehens Alpha-Centauri: »Was ist dran am Marsgesicht?«

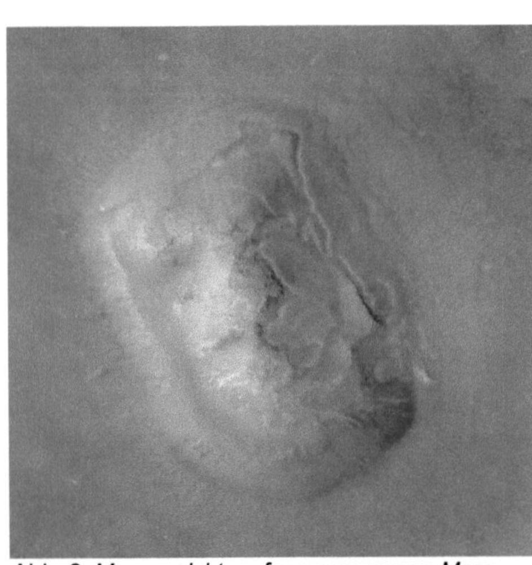

Abb. 8: Marsgesicht, aufgenommen von Mars Global Surveyor, 2001. Foto: NASA

Im Jahr 2001 kam dann die Lösung. Die neuerliche Marssonde Global Surveyor schickte ein detailreiches Foto vom »Marsgesicht« zur Erde. Nun konnte jeder erkennen, dass das Gesicht überhaupt kein Gesicht ist, sondern eine verwitterte Felsformation, die anscheinend durch natürliche Prozesse entstand.

Manche Menschen neigen regelrecht dazu, in Zufallsmustern oder total verrauschten Bildern am Bildschirm Gesichter zu erkennen, wie der Züricher Neuropsychologe Dr. Peter Brugger im Rahmen von

Experimenten nachwies. Er bezeichnete diese Menschen nach einem Bibelspruch (Matthäus 25, 32) als »Schafe«. Brugger konnte auch nachweisen, dass die zusätzliche Einnahme der Vorstufe des Botenstoffs Dopamin (L-Dopa), dazu führt, dass mehr fiktive Gesichter im Rauschen erkannt werden[2].

Offensichtlich scheint die Biochemie des Gehirns einen erheblichen Einfluss auf die Entstehung von Glauben bzw. Aberglauben zu haben. Und Aberglaube entsteht schnell, wie wir weiter oben gesehen haben. Diesen wieder zu verlieren bedarf es ungleich größerer Anstrengungen. Eine einfache Aufklärung genügt da selten. So kann es nicht verwundern, dass zahlreiche Menschen weiterhin glauben, beim Marsgesicht handele sich um das Werk intelligenter Wesen.

Was sind das für Gehirnfunktionen, die einerseits die Bildung von Aberglauben fördern, andererseits seine Auflösung erschweren. Seit wenigen Jahren zeichnen Hirnforscher die Umrisse eine Theorie, die allerdings erst durch Einzelfälle oder wenige Studien belegt ist. So können die Forscher nun durch die modernen bildgebenden Verfahren wie der funktionellen Magnetresonanztomographie (fMRI) dem Gehirn bei der Arbeit zusehen und sind auf erstaunliche Dinge gestoßen. Die fMRI ist eine relativ junge Weiterentwicklung der klassischen Magnetresonanztomographie. Durchblutungsänderungen im Gehirn stehen mit neuronaler Aktivität im Zusammenhang. Mit dem neuen Bildgebungsverfahren können diese Änderungen nun sichtbar gemacht werden, indem der Blutgehalt des Gewebes während des Experiments mit dem eines anderen Zeitpunkts verglichen wird.

Der oberste Lenker im Hippocampus.

Nach der Theorie werden Sinnesreize, die ins Gehirn dringen, zunächst in verschiedenen Arealen des Großhirns analysiert. Bei visuellen Reizen geschieht das beispielsweise in der Sehrinde des Hinterkopfs. Anschließend werden alle Informationen dem Schläfenlappen zugeführt. Dort wird Sprache verarbeitet, den Informationen Bedeutung verliehen und Inhalte mit der Gefühlswelt verwoben. In den tieferen Regionen dieses Hirnlappens werden wertfreie Informationen beispielsweise mit Wut, Ekel, Glück oder auch nur Gleichgültigkeit verknüpft. Die alles entscheidende höchste Verarbeitungsstufe sitzt aber noch ein kleines Stück tiefer im Inneren, nämlich in einem Gebilde,

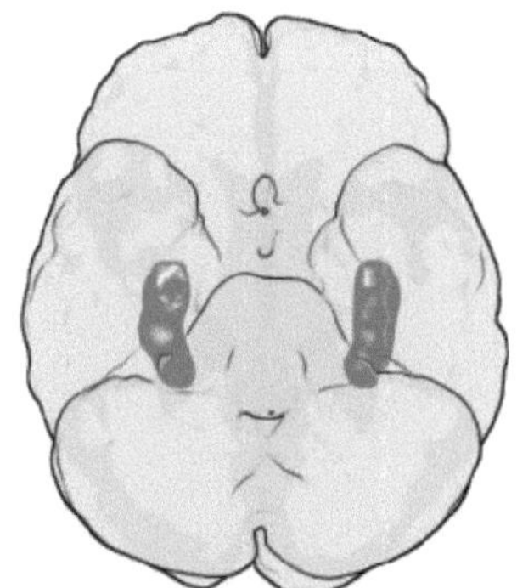

Abb. 9: Lage der Hippocampi im menschlichen Gehirn. Ansicht von unten (die Stirn liegt im Bild oben). Grafik: Washington irving, PD

2 Vgl. Bild der Wissenschaft 1/2010

das wegen seiner Form Hippocampus (Seepferdchen) getauft wurde.

Das Gehirn wird mit einer Unmenge von Daten überschwemmt, wichtigen und unwichtigen, sinnvollen und widersprüchlichen. Die Aufgabe des Hippocampus ist es das auszuwählen, was plausibel und wichtig ist. Das muss blitzschnell geschehen. Um der Aufgabe gerecht zu werden, vergleicht der Hippocampus das Wahrgenommene unentwegt mit Hypothesen, die parallel an anderer Stelle des Gehirns aufgestellt wurden. Beispielsweise werden halb verstandene Wortfetzen oder bruchstückhaft gehörte Sätze mit Hypothesen über das ganze Wort oder den ganzen Satz solange verglichen, bis eine der Hypothesen als die plausibelste Erklärung erscheint. Erst danach dringt das Ergebnis ins Bewusstsein. Wenn man so will, ist der Hippocampus der oberste Lenker oder Zensor im menschlichen Gehirn.

Wenn die Theorie stimmt, dann muss man davon ausgehen, dass der Plausibilitätsfilter im Hippocampus zwar effektiv arbeitet, aber auch fehleranfällig ist. Beispielsweise können Drogen oder ein Übermaß am Botenstoff Dopamin dazu führen, dass sich abergläubische Inhalte, Visionen und Halluzinationen leichter im Kopf bilden. Umgekehrt führt Dopaminmangel zu einer fantasielosen, rationalen Betrachtung der Welt.

Parkinson-Patienten, bei denen die Dopamin produzierenden Nervenzellen im Gehirn allmählich absterben, sind in ihrer Planungsfähigkeit beeinträchtigt, ohne dement zu sein. Ihre Religiosität ist stark vermindert gegenüber Patienten mit anderen schweren Krankheitsverläufen. Planungsfähigkeit ist aber die Voraussetzung für die Bildung jener Hypothesen, die der Hippocampus für die Wahl der plausibelsten Alternative benötigt.

Gott im Kopf eines Erleuchteten.

Ein weiteres Beispiel trug der renommierte US-amerikanische Hirnforscher Vilayanur Ramachandran vor. Eines Tages erschien der stellvertretende Leiter eines Heilsarmeebüros in seinem Labor an der University of California. Ramachandran gab ihm den Namen Paul. Der Patient erlebte immer wieder Momente großer Erleuchtung. Er fühlte sich dabei höchstbeglückt und eins mit dem Schöpfer.

Die genauere Untersuchung ergab, dass Paul in jenem Teil seines Gehirns regelmäßig von elektrischen Stürmen heimgesucht wurde, in dem Informationen Bedeutung erhalten und mit Emotionen verwoben werden, nämlich dem Schläfenlappen. Paul litt unter einer Schläfenlappenepilepsie, die ihn nicht bewusstlos werden ließ, sondern Halluzinationen bescherte. *»Ramachandran und seine Mitstreiter suchen nun nach Gott im Kopf«. »Noch allerdings steht die neu ausgerufene Disziplin der »Neurotheologie« am Anfang.«*[3]

Ramachandrans Eifer schießt wohl über das Ziel hinaus. Er hat die Rechnung ohne den obersten Zensor in Pauls Kopf, dem Hippocampus, gemacht. Denn dieser ist es, der ein »eins sein mit dem Schöpfer« als wahrscheinlichste Hypothese zulässt. Die Störungen durch das elektrische Gewitter des epileptischen Anfalls können vom Hippocampus nicht richtig bewertet werden, weil keine alternativen Hypothesen zur Verfügung stehen. Wenn man weiß, wie ein Gehirn gestrickt ist, verwundert es nicht, wenn jeder »normale« Mensch dem einen oder anderen Glauben, um nicht zu sagen Aberglauben, anhängt. Das gilt umso mehr, wenn es im Gehirn zu Fehlfunktionen kommt.

Wie aber sieht die Realität unserer Welt tatsächlich aus und wie ist sie entstanden?

1.3. Der Anfang des Seins in der Kosmologie.

Die moderne Kosmologie geht davon aus, dass unser Universum aus dem Nichts entstanden ist. Wenn man so eine Aussage liest oder hört, drängt sich sofort die Frage auf, wie denn aus nichts etwas entstehen kann. Nicht nur das physikalische Prinzip, dass es zu jedem physischen Ereignis eine physische Ursache geben muss, sondern auch der »gesunde Menschenverstand« lässt die Aussage eher als eine philosophische Idee erscheinen und weniger als eine wissenschaftlich fundierte Theorie. Eine wissenschaftliche Theorie muss empirisch überprüfbar sein. Wie kann aber der Anfang allen Seins durch ein Experiment überprüft werden? Welche Fakten sprechen für den Beginn von Raum, Zeit und Materie aus dem Nichts?

Trotz der Zweifel gibt es gute und rational nachvollziehbare Gründe, von einem Beginn des Universums aus dem Nichts auszugehen. Den Beginn, kurz Urknall, darf man sich nicht als eine riesige Explosion im Weltall vorstellen. Der Urknall ist ganz unspektakulär ein nicht näher bekannter physikalischer Zustand, bei dem Raum und Zeit sowie die beteiligten Energien in einem winzigen Bereich extrem hoher Dichte zusammenfallen (Singularität). Wenn die Theorie richtig ist,

3 Spiegel Special 4/2003

dann existierte das Weltall vor der Singularität genauso wenig, wie es davor Materie gab. Auch Zeit hätte ihren Ursprung erst im Urknall.

Der englische Astronom Fred Hoyle, der Anhänger eines ewigen, statischen Universums war, wollte durch die unwissenschaftliche Bezeichnung Urknall (engl. »Big Bang«) die Theorie der Urknall-Verfechter unglaubwürdig erscheinen zu lassen. Zu diesen Verfechtern gehörte sein belgischer Kollege, der Theologe und Astrophysiker, Georges Lemaître. Hoyle sprach sich dafür aus, dass sich das Universum in einem Zustand der Gleichförmigkeit (Steady-State-Theorie) ohne Anfang und ohne Ende befinde.

Wie begründete Lemaître die Idee vom Anfang allen Seins aus dem Nichts? Handelte es sich um seine theologische Vorstellung oder gab es harte Fakten?

Ein unerwartetes Ergebnis.

Lemaître konnte sich auf bereits etablierte wissenschaftliche Theorien und Beobachtungsergebnisse aus den Jahren 1912 bis 1926 stützen. Er bezog sich insbesondere auf Einsteins Allgemeine Relativitätstheorie[4] (ART). Die Grundgleichung der ART ließ die Existenz eines dynamischen Universums, das entweder expandiert oder sich zusammenzieht, evident erscheinen. Einstein selbst gefiel die Dynamik überhaupt nicht. So fügte er der Formel eine kosmologische Konstante hinzu, welche die Dynamik ausgleichen sollte. Das führte allerdings nur zu einem instabilen Gleichgewicht. So verwarf Einstein später wieder die Konstante. Offen blieb zunächst, ob das Universum expandiert oder kontrahiert. Außerdem, was nützt die schönste kosmologische Theorie, wenn sie nicht durch Beobachtungen gestützt wird? So suchte Lemaître nach geeigneten Beobachtungsergebnissen.

Abb. 10: M31 ***Andromedanebel.*** *Foto: Régnier, PD*

Als eines der interessantesten Beobachtungsobjekte galt seit früher Zeit der Andromedanebel, der bereits mit bloßem Auge im Sternbild Andromeda zu erkennen ist. Zwischen 1764 und 1782 katalogisierte der französische Astronom Messier insgesamt 110 Himmels-Objekte. In seiner Auflistung bekam der Nebel die Nummer M31. Die optischen Instrumente zu jener Zeit waren allerdings noch nicht geeignet, spezielle Eigenschaften festzustellen. Dies gelang erst dem

4 Siehe Kap. 2 S. 32 ff.

amerikanischen Astronomen Vesto Melvin Slipher im Jahr 1912. Er konnte ein damals wichtiges Problem lösen und die Rotation des Andromedanebels messen. Bei dieser Gelegenheit machte er eine noch viel bedeutendere Entdeckung. Während einer sieben Stunden dauernden Beobachtung nahm er die Verschiebung der optischen Spektrallinien des Andromeda-Lichtspektrums auf. Diese waren zum blauen Bereich hin verschoben (Blauverschiebung). Was hatte das zu bedeuten?

Lichtwellen verhalten sich ähnlich wie Schallwellen. Rast ein Polizeiauto mit eingeschaltetem Martinshorn auf uns zu, dann scheint die Tonhöhe des Heulgeräuschs höher zu sein, als das Heulen des sich entfernenden Fahrzeugs. Dieses Phänomen wird Dopplereffekt genannt. Zunehmende Tonhöhe bedeutet Verkürzung der Wellenlänge des Schalls. Auf Licht bezogen zeigt die Blauverschiebung eine Verkürzung der Lichtwellenlänge an: Das Licht aussendende Objekt kommt näher. Dass sich der Andromedanebel M31 uns annähert, war ein so unerwartetes Ergebnis, dass die Publizierung als eine hervorragende wissenschaftliche Leistung bewertet wurde.

Zieht sich das Universum zusammen?

Für Lemaître bedeutete das Ergebnis, dass es kein statisches Universum gibt. Aber die Annäherung des Andromedanebels, und eine vermutete Kontraktion des Universums, passten sicher nicht in sein Konzept. Es bedurfte somit solcher Beobachtungsergebnisse, welche die Idee eines expandierenden Universums unterstützten.

Zum Glück für Lemaître erweiterte Slipher seine Arbeit auf andere Objekte und gegen Ende 1914 hatte dieser die Spektren von fast 40 Nebeln und Sternhaufen gesammelt. Die Ergebnisse präsentierte Slipher auf der Konferenz der AAS (American Astronomical Society). Bei allen Objekten stellte er keinerlei Blauverschiebung, sondern eine Rotverschiebung des Lichtspektrums fest. Im Gegensatz zum Andromedanebel bedeutet das eine wachsende Entfernung der Objekte mit riesigen Fluchtgeschwindigkeiten zwischen 200 bis 1100 km/s.

An der Konferenz der AAS nahm auch Edwin Hubble teil, der sich später durch die Messung der Distanzen zu den fernen

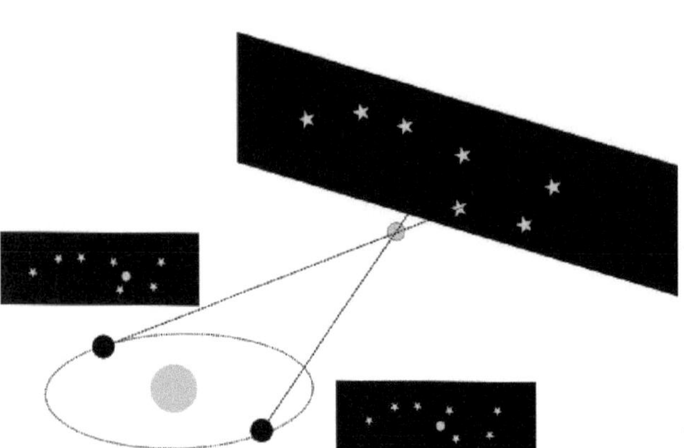

Abb. 12: *Sternparallaxe: Durch die jährliche Bewegung der Erde um die Sonne verschiebt sich ein naher Stern vor dem entfernten Hintergrund im Halbjahresrhythmus.* Grafik: WikiStefan, CC-BY-SA

astronomischen Objekten einen Platz in der Geschichte sicherte, denn die Distanzmessung ist eine heikle Angelegenheit. Die klassische Parallaxenmethode funktionierte beim Andromedanebel nicht. Und die Abschätzung der Distanz mit Hilfe der Rotverschiebung war erst Jahre später, nämlich ab 1929 möglich, als Hubble die nach ihm benannte Beziehung zwischen Fluchtgeschwindigkeit und der Distanz eines astronomischen Objekts entdeckte und veröffentlichte.

Ohne die Distanzen zu kennen, wollte Lemaître vermutlich nicht verkünden, das Universum würde expandieren. Zu angreifbar wäre seine Position gewesen.

Das Problem der Entfernungsmessung.

Warum die Anwendung der klassischen Parallaxenmethode ihre Grenze bei einer Distanz von etwa 500 Lichtjahren findet, versteht man leicht, wenn man weiß, dass diese Methode auf einer simplen Dreiecksberechnung beruht. Als Grundlinie des Dreiecks wählt man den Durchmesser der Erdbahn. Es werden zwei Messungen des astronomischen Objekts durchgeführt, die Zweite ein halbes Jahr später, nachdem die Erde sich auf der anderen Seite ihrer Bahn befindet. Dann stellt man bei nicht allzu weit entfernten Objekten eine Ortsveränderung gegenüber dem Himmelshintergrund fest. Diese Veränderung ist die Parallaxe. Eingesetzt in die einfache Formel

$$\text{Distanz} = 1/\text{Parallaxe}$$

erhält man als Ergebnis die Entfernung in astronomischen Längeneinheiten.

Die Parallaxenmethode funktioniert, solange überhaupt eine Parallaxe messbar ist. Und wenn nicht, was dann? Dem ehemals am Mount-Wilson-Observatorium beschäftigten Hubble gebührt der Verdienst, als Erster die Distanz zum Andromedanebel, bei dem keinerlei Parallaxe feststellbar ist, ermittelt zu haben. Das gelang ihm deshalb, weil er auf den Fotoplatten, die er vom Nebel anfertigte, in diesem veränderliche Sterne mit regelmäßiger Pulsation (Cepheiden) entdeckte. Wenige Jahre zuvor hatte Henrietta Swan Leavitt eine Beziehung zwischen der Periodendauer der Pulsation und der Leuchtkraft eines Cepheiden aufgestellt. Die so berechnete Leuchtkraft konnte in eine Distanzgleichung eingesetzt werden, die als Ergebnis die Distanz auswarf. Hubble wies 1923 nach, dass der Andromedanebel M31 weit außerhalb unserer Milchstraße liegt. Die Ergebnisse weiterer Beobachtungen und Entfernungsberechnungen veröffentlichte er 1925 in *Cepheids in Spiral Nebulae.*

Ferne Welteninseln

Nun gab es für Lemaître kein Halten mehr. Die Erkenntnis, dass die beobachteten Nebel Sterne enthalten und damit offenbar Welteninseln sind, Galaxien, die in ungeheurer Entfernung weit außerhalb unserer Milchstraße sein mussten und sich mit riesiger Geschwindigkeit von uns entfernten, ließ seine Idee reifen. Die Daten zeigten ihm: Je größer die Distanz zu einer Galaxie ist, desto schneller entfernt sie sich. Das Universum expandiert offensichtlich!

Und **wenn etwas permanent expandiert, dann muss es einen Anfang gegeben haben!**

Das Universum muss aus einem einzigen ursprünglichen Energiequantum hervorgegangen sein (»Superradioactive decay of a primeval atom«). Bereits im Jahr 1927 publizierte Lemaître eine erste Fassung seiner Überlegungen in den *Annales de la Société Scientifique de Bruxelles.*

Auch heute gelten nach wie vor die gemessenen Rotverschiebungen als das stärkste Argument für die Expansion des Universums. Diese Expansion ist aber keine Art Explosion, bei der sich Teilchen in einen bestehenden Raum hinein ausdehnen, sondern es handelt sich um die **Ausdehnung des Raumes selbst**. Wenn man sich die Galaxien als Rosinen in einem Hefeteig vorstellt, dann entspricht die Ausdehnung des Hefeteigs, der Ausdehnung des Raumes. Das ist eine Folge der Einstein'schen Relativitätstheorie. Ohne Materie existiert demnach auch kein Raum. Einstein formulierte das so: *»... einen leeren Raum, [...], gibt es nicht.«*[5].

Aus Nichts wird etwas.

Heute möchte man mehr darüber wissen, was in den ersten Augenblicken des Universums geschah und nach welchen physikalischen

5 Einstein (1973), S. 125

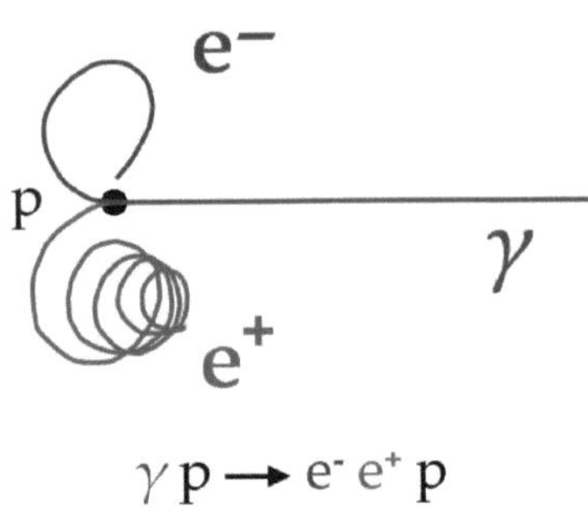

*Abb. 14: Die charakteristische Spur bei der **Paarerzeugung** in Blasenkammeraufnahmen. In einem starken Magnetfeld wird die Bahn der beiden geladenen Teilchen zu Spiralen mit entgegengesetztem Drehsinn geformt. Bild: Ivan Baev, CC-BY-SA*

Regeln alles ablief. Die allgemeine Relativitätstheorie kann hier keine Antworten liefern, denn die Formeln werfen für den Zeitpunkt 0 nur unendlich große Werte für Dichte und Temperatur aus. Der Teilchenbeschleuniger am CERN in Genf soll nun über die Physik im Zeitpunkt 0 nähere Aufschlüsse liefern. Versuche an wesentlich kleineren Teilchenbeschleunigern zeigen, dass neue Teilchen aus Bewegungsenergie entstehen können. Auch das Phänomen der Paarerzeugung, bei dem zwei ursprünglich virtuelle Teilchen auf einmal Realität werden, wurde schon häufig in einer Blasenkammer fotografiert. So darf man gespannt sein, was uns CERN für neue wunderbare Erkenntnisse liefern wird. Zumindest scheint es prinzipiell möglich zu sein, dass aus Nichts etwas entsteht, wenn das Nichts den höchsten Energiezustand darstellt, den das Universum kennt.

Seit Jahren wird zudem nach einer geeigneten Quantentheorie für die ersten Augenblicke des Universums gesucht. Bis jetzt gibt es zwar viele Kandidaten für diese Theorie der Quantengravitation, aber noch keine konnte sich richtig durchsetzen. Nur über einen Punkt haben sich die meisten Kosmologen wohl geeinigt: Demnach soll das Universum tatsächlich aus dem Nichts, durch eine Art Quantenfluktuation, entstanden sein.

So eine Quantenfluktuation, die auch Raum und Zeit entstehen lässt, kann man sich ein wenig unvollkommen durch eine plötzlich entstehende Seifenblase im großen Nichts vorstellen. Die Entstehung aus einer Quantenfluktuation funktioniert aber nur, wenn Raum und Zeit auch aus Quanten bestehen. Und es wirft neue Fragen auf: Grundfragen des Seins, die mehrere naturwissenschaftliche Fachbereiche betreffen und bis in die Philosophie hineinreichen. Die folgenden Kapitel werden die Fragen aufgreifen und versuchen naturwissenschaftliche Antworten zu finden. Dort wo die Naturwissenschaft ihre vielfach selbstgesteckte Grenze findet, versuche ich darüber hinauszublicken und Sie als Leser an meinen Schlussfolgerungen teilhaben zu lassen.

Abb. 15: Die 1954 erstmals entdeckte Spuren von geladenen Elementarteilchen in einem Teilchendetektor, der Blasenkammer.

1.4. Sind Naturkonstanten feinabgestimmt?

Manche Kosmologen postulieren eine »Feinabstimmung der Naturkonstanten«, welche die Entstehung eines lebensfreundlichen Universums mit Menschen überhaupt erst ermöglicht haben soll. Mit Feinabstimmung ist im Regelfall ein Schöpfer als letzte Ursache gemeint.

Was ist dran an der Feinabstimmung?

Fakt ist, dass nach dem gegenwärtigen Stand der Wissenschaft zur Beschreibung des beobachtbaren Universums bestimmte Konstanten benötigt werden, deren Zahlenwerte nicht rund sind, sondern zahlreiche Stellen nach dem Komma haben. Beispielsweise hat die Gravitationskonstante $G=6{,}67259\ 10^{-11}$ fünf Stellen nach dem Komma und die elektrische Elementarladung $e=1{,}60217733\ 10^{-19}$ acht Stellen. Für die Ruhemassen von Elektron und Proton wurden Werte mit sieben Stellen nach dem Komma ermittelt. Für die kosmologische Konstante hat man allerdings nur eine einzige Stelle. Ihre Größe wird auf 0,7 geschätzt. Die Zahl der Stellen ist unter anderem eine Frage der Messgenauigkeit und der physikalischen Theorie, die eine Konstante postuliert.

Nun wird behauptet, wenn die Zahlenwerte nur geringfügig anders wären, dann gäbe es kein lebensfreundliches Universum und Menschen würden gar nicht existieren. Dieses Argument impliziert folgende Schlussfolgerungen: Weil wir Menschen existieren, müssen die Naturkonstanten auf viele Stellen nach dem Komma fein abgestimmt worden sein. Und wer kann so eine Feinabstimmung vorgenommen haben? Das muss doch wohl ein allmächtiger Schöpfer gewesen sein, oder nicht?

Viele Naturwissenschaftler verziehen bedenklich ihr Gesicht, wenn sie die Phrase »Feinabstimmung der Naturkonstanten« hören. Die Zeit der Wettergötter, die für die Erklärung von scheinbar unerklärlichen Phänomenen und Naturereignissen herhalten mussten, ist vorbei. Warum sollen diese durch andere übernatürliche Mächte ersetzt werden?

Die Urmutter der Mystik.

Richtig denken ist keine leichte Angelegenheit. Besonders wenn es darum geht, mit dem Denkwerkzeug, gemeint ist das Gehirn, Erkenntnisse über unsere Wirklichkeit zu gewinnen. Da können auf einmal die unsinnigsten Dinge plausibel erscheinen. Durch die Gleichsetzung von unterschiedlichen Bedeutungsebenen resultiert

Unsinn, wenn auch die Aussage logisch richtig ist. Merke: »Mischobst sind keine Äpfel« wie das folgende Zitat des Mystikers Ottmar Spann (1878-1950) zeigt. Im Zitat wird sprachlich etwas verknotet, was nicht zusammengehört und wohl die von Mystikern beabsichtigten Knoten im Gehirn erzeugt: *»Mystik ist die Urmutter der Religion, der Urmutter der Kultur«.*

Wie kann eine Religion eine Urmutter haben? Und wie kann eine Religion die Urmutter der Kultur sein? Eine Mutter ist ein Wesen der Realitätsebene. Gilt das auch für die Urmutter? Und wer war die Mutter der Urmutter? Wenn die Urmutter keine Mutter hatte, dann muss ein Schöpfer diese Urmutter in die Welt gesetzt haben. Dieser Akt lässt ihn selbst zur Urmutter werden. Dann muss er die Mystik sein, die sich in ihrer Eigenschaft als Urmutter und Schöpfer selbst in die Welt gesetzt hat, indem er sich erschuf. Das bedeutet: Die Mystik hat sich selbst erschaffen.

Die Vermischung unterschiedlicher Bedeutungsebenen in einer Aussage mag zwar logisch nicht falsch sein, führt aber immer zu Ergebnissen, die nicht auf der Realitätsebene liegen. Der Schöpfer der Urmutter in obiger Aussage ist kein Wesen der Realitätsebene, da die Mystik auch nicht der Realitätsebene angehört, sondern der abstrakten geistigen Ebene.

Der Begriff »Urmutter der Religion« steht für das »Begründen« der Religion. »Begründen« ist ein Begriff der Realitätsebene. Die Mystik, die kein Wesen der Realitätsebene ist, kann nicht etwas begründen, auch keine Religion.

Interessant an dem Beispiel ist, dass sich in unserer Sprache offensichtlich so viel Vermischungen der Realitätsebene mit der geistigen Ebene eingeschlichen haben. Im Regelfall merken wir erst nach längerem Nachdenken, ob die Schlussfolgerungen von scheinbar logischen Aussagen der Realitätsebene angehören oder nicht.

Bevor die gewonnene Erkenntnis auf die Frage nach der Feinabstimmung der Naturkonstanten angewendet wird, soll mit einem weiteren Beispiel den Mystikern, die so gern Knoten in unseren Gehirnen erzeugen, auch etwas zu denken gegeben werden. Es handelt sich um das Allmachtsparadoxon: Ein allmächtiges Wesen erschafft ein Universum, welches den aristotelischen Gesetzen der Physik folgt. Könnte das Wesen in diesem Universum auch einen so schweren Stein erschaffen, dass es ihn selbst nicht heben kann?

Daraus ergibt sich für die Mystiker ein Problem. Denn wenn das

Wesen einen Stein erschaffen kann, welchen es nicht heben kann, so ist es nicht allmächtig. Kann es keinen Stein schaffen, welchen es selbst nicht heben kann, so ist es ebenfalls nicht allmächtig. Also ist ein allmächtiges Wesen nicht allmächtig. Über die Frage, welches Mischobst beim Allmachtsparadoxon für Äpfel ausgegeben wurde, können die Mystiker nun brüten.

Führte ein Trugschluss zum Postulat der »Feinabstimmung«?

Im Zusammenhang mit den Naturkonstanten ist der Begriff »Feinabstimmung«, beabsichtigt oder nicht, so gewählt, dass er bestimmte Schlussfolgerungen nahezulegen scheint. Besser wäre der Begriff »Koinzidenz« gewesen, der einfach ein Zusammentreffen bestimmter Werte meint.

Außerdem wäre zu klären, ob eine Feinabstimmung für bestimmte Konstanten überhaupt existiert, bevor man weitere Schlussfolgerungen zieht, denn physikalische Theorien, welche die Natur beschreiben, ändern sich im Lauf der Zeit immer dann, wenn neue Erkenntnisse vorliegen. So wird der Wert der kosmologischen Konstanten, die ursprünglich von Albert Einstein eingeführt wurde, heute auf 0,7 geschätzt. Durch die Entdeckung von Edwin Hubble, dass unser Universum nicht stabil ist, sondern sich ausdehnt, war die kosmologische Konstante lange Zeit in den Theorien entbehrlich. Was ohne die Konstante hätte fein abgestimmt werden können, ist deshalb nicht klar.

Eine in den 1980er Jahren entwickelte Theorie über die beschleunigte Ausdehnung des Universums in den ersten Sekundenbruchteilen nach dem Urknall, die sogenannte Inflationstheorie, benötigt wieder eine kosmologische Konstante. Das zeigt nur, dass Naturkonstanten in einer gewissen Abhängigkeit von der jeweiligen Theorie stehen. **Theorien und die dazugehörenden Konstanten sind aber nicht die Natur selbst, sondern die zum jeweiligen Erkenntnisstand gehörenden Beschreibungen der Natur.**

Ein weiteres Argument gegen eine Feinabstimmung ist die, dass eine solche im Rahmen eines offensichtlichen Trugschlusses postuliert wurde. Wie man zu einem ähnlichen und nicht ungefährlichen Trugschluss im Alltag kommen kann, zeigt folgendes Beispiel: Ein geschickter Heimwerker verlegt in seinem Haus neue Elektroleitungen. Bevor er ein blankes Kabel berührt, überlegte er als vorsichtiger

Mensch, ob der Strom ausgeschaltet ist. Um das zu prüfen, betätigt er den Lichtschalter. Da das Licht daraufhin nicht brennt, schließt er daraus, dass der Strom abgeschaltet ist. Er berührte das blanke Kabel. Der Rettungswagen kommt kurze Zeit später, um ihn zu reanimieren.

Der Heimwerker des Beispiels unterliegt einem häufig vorkommenden Trugschluss. Er übersieht, dass es hundert Gründe geben kann, warum das Licht nicht brennt. Und alle Gründe haben nichts damit zu tun, ob ein blankes Kabel Strom führt oder nicht.

Wird die Erkenntnis über den Trugschluss auf die Naturkonstanten angewendet, folgt, dass von einer Koinzidenz der Konstanten (das Nachfolgende) nicht auf die Wahrheit des Vorausgehenden, nämlich eine Feinabstimmung geschlossen werden kann. Tun wir es doch, kann es sein, dass so wie beim Heimwerker der Rettungswagen kommen muss, um uns zu reanimieren.

Ein letztes Argument gegen eine »Feinabstimmung« nimmt die Mystiker aufs Korn. Warum sollte ein nicht näher spezifizierter Schöpfer es überhaupt nötig haben, Leben dadurch zu ermöglichen, indem er Naturkonstanten mit fünf und mehr Stellen nach dem Komma erschafft und fein abstimmt? Ein Schöpfer, der machtvoll genug ist, Universen zu erschaffen, könnte sicher auch an einem beliebigen lokalen Ort dafür sorgen, dass die Bedingungen Leben ermöglichen, selbst wenn die Konstanten aufs Ganze gesehen weder fein abgestimmt sind, noch korrekte Werte haben. Wäre das Universum durch einen Schöpfer erschaffen worden, gäbe es keinen Grund für eine »Feinabstimmung«. Im Gegenteil, die Werte der Konstanten sind ein Argument dafür, dass kein übernatürlicher Eingriff bei der Entstehung des Universums stattgefunden haben kann.

So kehrt sich wieder einmal ein Argument um. Statt eine Annahme zu bestätigen, wird die »Feinabstimmung« zum Argument dagegen. Und woran liegt das? Das liegt daran, dass wir häufig Knoten im Gehirn haben, mit Argumenten arbeiten, welche die geistige mit der Realitätsebene vermischen oder gleich Trugschlüssen unterliegen, die kaum jemand merkt. Letztendlich setzt sich aber immer wieder diejenige Erkenntnis durch, die nicht mit der Realitätsebene kollidiert.

1.5. Das evolutionäre Prinzip der Natur.

Evolutionsbasierte Verfahren sind heute Alltag in gentechnischen Labors, im Gesundheitswesen, in der Forensik, im Ingenieurwesen oder in der Informatik. Möglicherweise hat ein kleiner Vogel, der Galápagos-Fink, den Weg zu den heutigen Anwendungen geebnet.

Der Besuch des Galápagos-Archipels im Jahre 1835 war für Charles Darwin ein Schlüsselerlebnis, auch wenn er es sich nicht träumen ließ, dass sich sein 1859 erstmals veröffentlichtes Werk, »Die Entstehung der Arten«, zu einer Säule der Naturwissenschaft entwickeln sollte. Denn bereits 1839 erwähnte Darwin in seinem Reisebericht »The Voyage of the Beagle« (Die Fahrt der Beagle), dass eine Spezies an Finken zu verschiedenen Zwecken modifiziert worden sei.

Abb. 16: ***Charles Robert Darwin*** *(* 12. Februar 1809 in Shrewsbury; † 19. April 1882 in Downe) war ein britischer Naturforscher, der wesentliche Beiträge zur Evolutionstheorie verfasste.*

Verblüffend ähnliche Galápagos-Finken-Arten.

Das Galápagos-Archipel besteht aus zehn größeren und zahlreichen kleineren Inseln vulkanischen Ursprungs. Es liegt 1100 Km westlich des südamerikanischen Festlands auf der Höhe des Äquators. Trotz der südlichen Lage bestimmt der kalte Humboldtstrom das Klima. Nur von Dezember bis März herrschen warme Meeresströmungen und das Wetter-Phänomen El-Nino bringt Regen. Auf jeder der Inseln herrschen zudem andere Verhältnisse. Von einer mit Kakteen übersäten trockenen Küstenzone, über Regenwald, bis zum grasbewachsenen baumlosen Hochland findet man die unterschiedlichsten Vegetationszonen.

Was Darwin besonders erstaunte, war, dass sich sämtliche dreizehn Vogelarten des Archipels verblüffend in Körperbau und Federkleid ähnelten. Die Unterschiede bestanden nur in der Lebens- und Ernährungsweise und in der Schnabelform. Vom spitzen dünnen Schnabel bis zum breiten kräftigen gab es alle Formen.

Abb. 17: Darwinsfinken.

Beispielsweise ernährt sich der Mittel-Grundfink (*Geospiza fortis*) hauptsächlich von Samen, die er mit seinem kräftigen Schnabel knackt. Der Vampirfink (*Geospiza difficilis*) trinkt mit seinem spitzen, dünnen Schnabel das Blut anderer Finken. Der im Mangrovenwald lebende Baumfink (*Camarhynchus heliobates*) besitzt eine mittlere Schnabelgröße und ernährt sich von großen Insekten und Larven.

Was den Klerus auf die Palme trieb.

Darwin kannte das Prinzip der Zuchtwahl, wie es beispielsweise von den Schafzüchtern seiner englischen Heimat angewendet wurde, um Schafe mit reichlich Wolle zu züchten. So musste sich ihm die Frage aufdrängen, wer auf den menschenleeren Galápagos-Inseln solch eine

Zuchtwahl betrieben und damit die Schnabelform der Finken passend zur jeweiligen Ernährungsweise modifiziert hat. Die Antwort, die er mehr als zwanzig Jahre später lieferte, ohne die Finken nochmals zu erwähnen, war eine Sensation, die manche Kleriker als schlimme Verunglimpfung des religiösen Glaubens einstuften.

Darwin kam zu dem Schluss, dass es außer der vom Menschen durchgeführten Zuchtwahl auch eine von den Lebensbedingungen abhängige »natürliche Zuchtwahl« gibt. In der Einleitung zu »Die Entstehung der Arten« schrieb er:

»Da viel mehr Einzelwesen jeder Art geboren werden, als fortleben können, und demzufolge das Ringen um Existenz beständig wiederkehren muss, so folgt daraus, dass ein Wesen, welches in irgendeiner für dasselbe vorteilhaften Weise von den übrigen auch nur etwas abweicht, **unter denselben komplizierten und oft wechselnden Lebensbedingungen mehr Aussicht auf Fortbestehen hat und demnach bei der natürlichen Zuchtwahl im Vorteil ist.** *Eine solche zur Nachzucht ausgewählte Varietät strebt dann nach dem strengen Vererbungsgesetz, jedes Mal seine neue und abgeänderte Form fortzupflanzen.«*

Was den Klerus auf die Palme trieb, war nicht, dass harte Lebensbedingungen zwangsläufig zu einer Selektion der Fittesten führen, sondern dass es offensichtlich keiner übernatürlichen Mächte bedarf, um auf diese Weise neue Arten entstehen zu lassen. Heutige Kreationisten können sich immer noch nicht damit abfinden.

Evolution ist überall.

Nach 150 Jahren hat Darwins Evolutionstheorie trotz aller Prüfungen mehr Bestand denn je. Wie es sich für eine wissenschaftliche Theorie gehört, wurde sie nur um die neu hinzukommenden Erkenntnisse, den Mendel'schen Regeln zur Vererbung und der Genetik, erweitert und abgewandelt.

Aus Darwins Erkenntnissen lässt sich ein evolutionäres Prinzip extrahieren, das heute in immer mehr praktischen Anwendungen genutzt wird. Dieses Prinzip kann auf jede beliebige Population von Individuen angewendet werden, bei denen die Individuen in ihren Eigenschaften und Merkmalen variieren. Als Individuen kommen nicht nur Lebewesen in Betracht, sondern beispielsweise auch Gene, Arzneistoffkombinationen, Bahnen von Kommunikationssatelliten, Brückenkonstruktionen, elektronische Schaltkreise, Robotersteuerungen oder Impfstoffe gegen die Geißeln der Menschheit.

Das evolutionäre Prinzip beruht auf einem Regelwerk, welches aus drei ganz einfachen Regeln besteht:

1. **Selektiere** die am besten geeigneten Individuen einer Population.
2. **Erzeuge** bei mindestens einem Individuum neue Eigenschaften oder Merkmale (Mutation).
3. Bilde eine neue Population durch **Neukombination** der Merkmale.

Bei der »natürlichen Zuchtwahl« führt die Natur die Erzeugungsregel selbst durch, indem sie in einer Population immer wieder Individuen entstehen lässt, die andere Merkmale haben: z.B. andere Schnäbel bei den Galápagos-Finken. Die dritte Regel bedeutet in der Natur eine Rekombination der Gene durch Fortpflanzung. Dabei sind die Gene die Träger der Merkmale des biologischen Individuums, von dem auf diese Weise immer neue Arten entstehen.

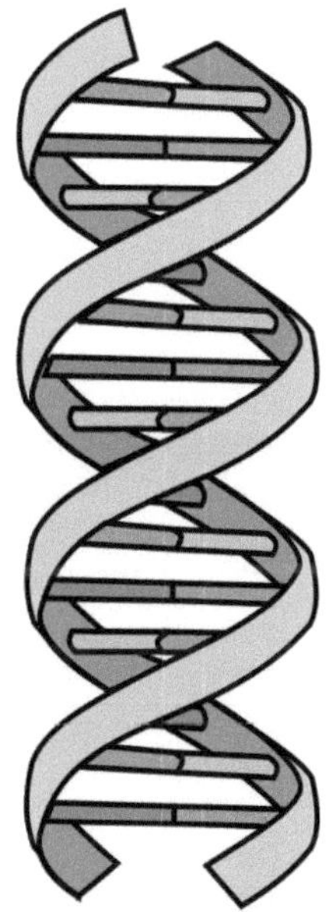

*Abb. 18: Die Desoxyribonukleinsäure (englisch **DNA**) ist ein in allen Lebewesen vorkommendes Biomolekül und die Trägerin der Erbinformation. Sie enthält die Gene mit der Information für die Herstellung der Proteine, welche für die biologische Entwicklung eines Organismus und den Stoffwechsel in der Zelle notwendig sind. Im Normalzustand ist DNA in Form einer Doppelhelix organisiert.*

Die Anwendung des evolutionären Prinzips.

Die Individuen einer im Labor erzeugten Evolution sind Proteine, Gene, Bakterien, Viren oder auch Lösungsvarianten technischer Probleme. Die Erzeugung neuer Eigenschaften bedeutet hier eine Genmanipulation, eine neue Zusammensetzung der Arzneistoffkombination oder die Modifikation einer Lösungsvariante.

Die Erfolge einer gerichteten Evolution, wie die Anwendung des evolutionären Prinzips auch heißt, sind gewaltig. Bei Interferonen führte die Methode bereits zu Varianten der Immunproteine, welche die Vermehrung von Viren 250.000-mal wirksamer bremsen. Die Anwendung auf die Umlaufbahnen von Kommunikationssatelliten führte zu besonders geringen Signalverlusten. Der Sony-Roboterhund AIBO verbesserte sein Laufverhalten noch mal um 20 %. Und die jährlich neuen Grippeimpfstoffe nehmen durch gerichtete Evolution sogar zukünftige Entwicklungen der Krankheitserreger vorweg, um Tausenden Menschen das Leben zu retten.

1.6. Leben aus toter Materie.

Die synthetische Biologie ist ein junger Forschungszweig, der sich anschickt, in einer Art zweiter Schöpfung nach vier Milliarden Jahren ein künstliches Lebewesen aus der Retorte zu erschaffen. Forscher wie

Tom Knight, Drew Endy und Randy Rettberg (MIT Cambridge, USA) entwerfen nach dem Legoprinzip zunächst modulare biologische Bausteine die sogenannten »BioBricks«. Diese BioBricks erfüllen definierte biologische Aufgaben, analog den elektronischen Schaltkreisen, wie sie in Mikroprozessoren (Computer) zu finden sind.

Biobricks befinden sich in der experimentellen Phase und werden bereits in die »Baupläne des Lebens« von Bakterien eingebaut. In ersten Erfolgen hat die kalifornische Firma LS9 das Darmbakterium Escherichia coli reprogrammiert. Nun erzeugt das Bakterium Biosprit aus Mais-Sirup und Zuckerrohr.

Als Bauplan des Lebens oder DNA bezeichnet man ein in allen Lebewesen vorkommendes Biomolekül, welches die komplette Erbinformation (Genom) trägt. DNA besteht aus zwei parallelen Strängen, die einander schraubenartig umlaufen (Doppelhelix). Die Stränge sind durch Sprossen miteinander verbunden. So eine Sprosse wird als Basenpaar bezeichnet, weil sie aus zwei sich ergänzenden Basen und einer Wasserstoffbrücke gebildet wird. Chemisch gesehen handelt es sich bei der Base um ein Nukleotid, welches zu den vier Gruppen der Biomoleküle gehört. Ein Basenpaar stellt die unterste Informationseinheit der DNA dar und entspricht zwei Bit herkömmlicher Information. Die Abschnitte der DNA, welche die Information über die einzelnen Erbanlagen enthalten, werden Gene genannt. Bei Katzen kann beispielsweise ein Gen das Merkmal kurzer oder langer Schwanz bedeuten, ein anderes Gen braunes oder weißes Haar. Menschen besitzen ca. 25.000 Gene mit 3 Billionen Basenpaaren, ein Bakterium 500 bis 7000 Gene mit 1 – 10 Millionen Basenpaaren.

Schöpfung biologischer Systeme.

Einer, dem es gelungen ist, das komplette Erbgut eines Bakteriums im Labor synthetisch herzustellen und zusammenzusetzen, ist der US-amerikanische Biochemiker Craig Venter. Venter hatte sich bereits früher einen Namen gemacht, als er im Jahr 2000 das menschliche Genom entschlüsselte. Auch wenn die Synthese von DNA unter den Forschern zwischenzeitlich als ein allseits bekanntes Verfahren gilt, ist das von Venter erzeugte synthetische Genom mit rund 500.000 Basenpaaren nach seinen Angaben zwanzigmal größer gewesen als alles, was man vor ihm zusammenhängend produziert hatte.

Im nächsten Schritt, dessen Vollzug die Venter umgebenden

Forschern im Jahr 2010 bekanntgaben, ist das synthetische Genom in eine lebende Bakterienzelle eingeschleust worden. In dieser übernahm es anstelle des natürlichen Genoms die Kontrolle. Dadurch wurde ein neuer künstlich hergestellter Organismus geschaffen und zum Leben erweckt. Der Erfolg stellte einen erneuten Durchbruch dar.

Komplette biologische Systeme nach Maß.

Das nächste Ziel wäre das Zusammenstellen kompletter biologischer Systeme aus BioBricks nach Maß. Die Forscher am Massachusetts Institute for Technology (MIT) haben, um das Ziel zu erreichen, schon mehrere tausend BioBricks in einer Datenbank gesammelt. Wie Elektroingenieure ein Schaltbild aus elektronischen Komponenten am Reißbrett zeichnen, wollen die Zellingenieure aus den Genabschnitten der BioBricks Gen-Systeme nach dem Baukastenprinzip zusammenstellen. Ein so entworfenes Genom wird dann produziert und leere Zellhüllen werden mit dem künstlichen Erbgut bestückt. Das geschaffene künstliche »Lebewesen« soll danach die geplanten Substanzen produzieren, beispielsweise Biokraftstoffe, Medikamente oder Biokunststoffe.

2. Wie Einsteins Uhren ticken.

2.1. Sein und Werden.

Abb. 20: ***Albert Einstein*** *(* 14. März 1879 in Ulm; † 18. April 1955 in Princeton, New Jersey) war ein theoretischer Physiker. Sein Hauptwerk, die Relativitätstheorie, revolutionierte das Verständnis von Raum und Zeit. Zur Quantenphysik leistete er ebenfalls wesentliche Beiträge. Für seine Erklärung des photoelektrischen Effekts wurde ihm im November 1922 der Nobelpreis für Physik verliehen.*

Raum und Zeit sind auch nicht mehr das, was sie einmal waren. Jahrhundertelang gab es nur den Raum unserer Anschauung und die Zeit verfloss überall gleichmäßig. Doch seit Albert Einsteins Relativitätstheorie ticken Uhren anders.

»Es erscheint [...] natürlicher, das physikalisch Reale als ein vierdimensionales Sein zu denken statt wie bisher als das Werden eines dreidimensionalen Seins«, so Einstein im Jahr 1916 über die spezielle und die allgemeine Relativitätstheorie[6]. Diese Vorstellung hat philosophische Konsequenzen. Bedeutet ein vierdimensionales Sein ohne ein Werden im Laufe der Zeit, dass alles vorherbestimmt ist? Oder dass es keine freien Entscheidungsmöglichkeiten gibt, indem alles schon festliegt? Wieso erleben wir dann ein Werden? Ein vierdimensionales Sein widerspricht der Alltagserfahrung, andererseits erhielt Einstein den Nobelpreis für Physik. An seinen Ideen muss also etwas dran sein, aber was?

Schon vor 2500 Jahren lehrte der altgriechische Philosoph Parmenides, dass die wahre Welt zeitlos sei. Veränderungen waren für ihn nur Erscheinungsformen einer in Wahrheit statischen, ewigen Wirklichkeit. Über alles, was nicht durch experimentelle Ergebnisse und damit Fakten bestätigt wird, lässt sich vortrefflich streiten. So kamen gegenteilige Meinungen auf.

Absoluter Raum und absolute Zeit.

Im Jahr 1687 veröffentlichte der englische Mathematiker und Physiker Isaac Newton ein Werk über die mathematischen Prinzipien der Naturlehre, die ein völlig anderes Bild der Wirklichkeit zeichnen. Newton sicherte sich dadurch einen vorderen Platz in der Geschichte. Er gilt seitdem als Begründer der exakten Naturwissenschaft. Denn er veröffentlichte in seinem fundamentalen Werk zum ersten Mal die korrekten Bewegungsgesetze der klassischen Mechanik. Beispielsweise lautet sein zweites Bewegungsgesetz:

»Die Bewegungsänderung (Beschleunigung) einer Masse ist der

6 Einstein (1973), S. 121

einwirkenden Kraft proportional und ihr gleichgerichtet.«

Beschleunigung kann in dem Zusammenhang nur bedeuten »Beschleunigung gegenüber dem Raum«. Der Raum muss dazu als unbeschleunigt oder ruhend gedacht werden. Zu einer Beschleunigung, d.h. einer Bewegungsänderung, gehört Zeit. Das Zeitmaß darf sich auch nicht ändern, wenn man eine Bewegungsänderung feststellen will. In der klassischen Mechanik muss man deshalb Raum und Zeit neben der Materie eine unabhängige reale Existenz zuschreiben.

Newton sah das selbst auch so, wie seine Worte beweisen. Über die Zeit sagte er: »*Die* **absolute**, *wahre und mathematische Zeit verfließt an sich und vermöge ihrer Natur gleichförmig und ohne Beziehung auf irgendeinen äußeren Gegenstand.*« Über den Raum äußerte er eine ähnliche Ansicht: *»Der absolute Raum bleibt vermöge seiner Natur und ohne Beziehung auf einen äußeren Gegenstand stets gleich und unbeweglich«.*[7]

Newtons Ansicht über den Raum und die Zeit kommt der Alltagserfahrung entgegen, wie der folgenden: Viele Menschen betreiben Kanusport und wissen auch ohne Physik, dass es viel schwerer ist, gegen den Strom zu paddeln, als flussabwärts mit Unterstützung der Strömung. Gegen den Strom ist die Geschwindigkeit des Kanus relativ zum Ufer um den Betrag der Strömungsgeschwindigkeit verringert. Paddelt der Kanute dagegen mit dem Strom, addiert sich die Strömungsgeschwindigkeit. Das Kanu ist dadurch wesentlich schneller. Zu dieser Erfahrung aus dem Leben liefert Newtons Lehre die passende Begründung: Zusammengesetzte Geschwindigkeiten können nach den Regeln für gerichtete Größen (Vektoren) addiert bzw. subtrahiert werden.

Das galt lange als unumstößliches Gesetz, bis im Jahr 1887 die fest gefügte Welt der klassischen Bewegungslehre durch den deutsch-amerikanischen Physiker Albert Abraham Michelson in ihren Grundfesten erschüttert wurde. Michelson vermutete genauso wie andere Physiker seiner Zeit, dass die Erde sich mit einer Geschwindigkeit von etwa 30 Kilometern pro Sekunde im Raum bewegt. Das wollte er durch eine Messung mit dem Interferometer bestätigen. Mit diesem Instrument kann man winzigste Änderungen der Lichtgeschwindigkeit feststellen. Er ging davon aus, dass bei seinen Messungen die Geschwindigkeit der Erde je nach Messrichtung, zu der Lichtgeschwindigkeit addiert oder subtrahiert wird, analog der Geschwindigkeit eines Kanuten, der mit oder gegen den Strom paddelt.

7 Born (1969), S. 48

*Abb. 22: Nachbau von **Michelsons Interferometer** ausgestellt im Michelsonhaus am Telegraphenberg in Potsdam. Foto: Boson, CC-BY-SA*

Wie Michelson sein Interferometer auch drehte und wendete, die Lichtgeschwindigkeit änderte sich nicht. Dass die Erde im Raum stillsteht, konnte nicht sein. Aber warum addierten sich dann die Geschwindigkeiten nicht? Michelson war ratlos. Immer wieder wiederholte er die Versuche, doch am Ergebnis änderte sich nichts. Die Lichtgeschwindigkeit blieb konstant.

Im Jahr 1887 wiederholte Michelson das Experiment erneut. Diesmal zusammen mit dem amerikanischen Chemiker Edward Morley. Dazu reiste er eigens nach Cleveland in Ohio (USA). Der Versuchsaufbau wurde weiter verfeinert, um eine noch größere Messgenauigkeit zu erreichen. Das musste doch zu einem Unterschied bei den zusammengesetzten Geschwindigkeiten von Licht und Erde führen, so die Vermutung. Die verfeinerte Messung wurde hoffnungsvoll durchgeführt. Das Ergebnis war dagegen für die Physiker frustrierend: Die Lichtgeschwindigkeit hatte unabhängig vom Bewegungszustand des Beobachters immer den gleichen Wert. Eine Bewegung gegenüber dem Raum konnte nicht festgestellt werden.

Irgendetwas stimmte nicht mit der Idee des absoluten Raums, in dem Geschwindigkeiten beliebig zusammengesetzt werden können. Allerdings wurde die liebgewonnene klassische Physik nicht sofort über Bord geworfen. Erst Albert Einstein blies im Jahr 1905 zum Generalangriff. Er untersuchte die Grundlagen, die hinter der klassischen Idee einer unabhängigen realen Existenz von Raum und Zeit stecken. Dabei fand er den Fehler im Begriff der Gleichzeitigkeit. Das nahm er zum Anlass eine neue Theorie zu entwickeln, die als spezielle Relativitätstheorie die Physik revolutionieren sollte. Er brachte die Vorstellung von einer absoluten Zeit und einem absoluten Raum zu Fall und er konnte zeigen, dass Raum und Zeit zu einer Einheit verschmolzen sind, der Raumzeit.

Das Ende der Gleichzeitigkeit.

In der klassischen Mechanik galt es als selbstverständlich, dass es Ereignisse an unterschiedlichen Orten gibt, die gleichzeitig stattfinden. Man glaubte also an die Existenz einer universellen Gleichzeitigkeit. Doch Glaube ist nicht die Grundlage der Naturwissenschaft. Für Physiker ist es deshalb wichtig herauszufinden, wo sich in den wissenschaftlichen Theorien ein unbewiesener Glaube eingeschlichen hat. Wenn ein Physiker glaubt, der Mond würde immer dann die Form eines Würfels annehmen, sobald dieser hinter dem Horizont verschwindet, dann weiß er dennoch, dass ein würfelförmiger Mond solange nicht zur physikalischen Realität gehört, bis die Form des Mondes durch eine Beobachtung oder Messung überprüft worden ist. Erst danach kann die Hypothese eines würfelförmigen Mondes bestätigt oder verworfen werden. Entsprechendes gilt für die Gleichzeitigkeit. Wenn nicht überprüft werden kann, ob Gleichzeitigkeit tatsächlich vorhanden ist, dann hat der Begriff keinen physikalischen Sinn.

Um die Gleichzeitigkeit zweier Ereignisse an verschiedenen Orten zu beurteilen, benötigt man Uhren, die synchron laufen. Wenn beispielsweise der gleiche Gang der Uhren in der Raumstation ISS und in der Raumfähre Columbia, die beide um die Erde kreisen, überprüft werden soll, dann gibt es zwei Möglichkeiten:

1. Beide Raumschiffe führen genau gehende Atomuhren mit, deren Gang vorher auf der Erde synchronisiert wurde.
2. Die Gang der Uhren beider Raumschiffe wird im Weltraum durch Zeitsignale verglichen, die untereinander ausgetauscht werden.

Nun ist es so, dass selbst die genauesten Atomuhren Gangabweichungen zeigen. Diese sind zwar winzig, aber doch vorhanden. Im Fall 1 wird es deshalb nach einiger Zeit Gangunterschiede zwischen den Uhren beider Raumfahrzeuge geben. Wenn die Uhren eine unterschiedliche Zeit anzeigen, dann kann nicht mehr überprüft werden, ob es eine absolute Zeit gibt. Somit bleibt nur die zweite Möglichkeit.

Die ISS-Raumstation sendet der Raumfähre Columbia mit Lichtgeschwindigkeit ein Zeitsignal, damit die Uhren verglichen werden können. Allerdings braucht das Zeitsignal selbst Zeit bis es auf der Columbia eintrifft. Es muss also korrigiert werden. Für die Korrektur muss man wissen, mit welcher Geschwindigkeit sich Raumschiff und

Raumstation gegenüber dem absoluten Raum bewegen. Wie kann man das herausfinden?

Es gibt keine Möglichkeit die Geschwindigkeitsmessung mit Hilfe von Licht durchzuführen, wie das Experiment von Michelson und Morley zeigt. Auch die Messung der Geschwindigkeit gegenüber der Erde bringt nicht die Lösung, denn man kann mit einem Lichtsignal nicht feststellen, wie schnell sich die Erde gegenüber dem Raum bewegt. Zudem muss für den Zeitvergleich mit Lichtsignalen der genaue Wert der Lichtgeschwindigkeit schon bekannt sein. Weil Geschwindigkeit definiert ist als Wegstrecke dividiert durch die Zeitdauer, die für den Weg benötigt wird, muss zur Messung der Lichtgeschwindigkeit eine Zeitdauer festgestellt werden. Für die Bestimmung der absoluten Zeitdauer wird demnach das benötigt, was gar nicht zur Verfügung steht: eine absolute Zeit.

Man kann statt einer absoluten eine relative Gleichzeitigkeit für alle Uhren definieren, die sich in relativer Ruhe zueinander befinden. Dazu dürfen sich zwei Raumschiffe nicht aufeinander zu oder voneinander wegbewegen. Wenn dann ein Satellit genau in der Mitte zwischen beiden stationiert ist und ein Zeitsignal sendet, braucht dieses nicht korrigiert zu werden, weil das Zeitsignal zur Raumstation genauso viel Zeit benötigt, wie zur Columbia. Beide Raumschiffe haben nach dem Stellen der Uhren die relativ gleiche Zeit.

Das Verfahren mit dem Satelliten in der Mitte ist umständlich. Und sobald ein weiteres Raumschiff vorbeifliegt, etwa eine russisches, werden dessen Uhren wieder eine andere Zeit anzeigen. Deshalb ist es einfacher, die Uhren vor dem Start der Raumschiffe auf der Erde zu synchronisieren, und danach kleine Gangunterschiede in Kauf zu nehmen.

Sowohl die Erde wie die ISS-Raumstation oder auch die Raumfähre Columbia könnten mit gleichem Recht den Anspruch erheben, die wahre, richtige Zeit zu haben. Wenn aber jeder das von seiner eigenen Zeit behaupten kann und wenn sich nicht entscheiden lässt, wer recht hat, dann

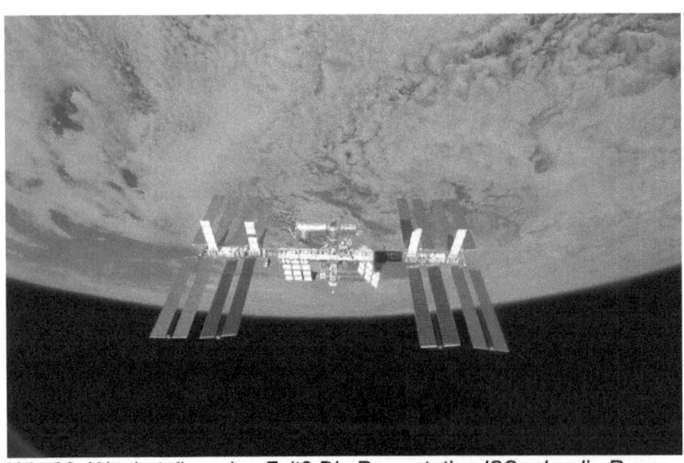

Abb. 23: Wer hat die wahre Zeit? Die Raumstation ISS oder die Raumfähre Columbia, von der aus diese Aufnahme gemacht wurde. Foto: NASA

ist der Anspruch selbst sinnlos. Das bedeutet: **Es gibt keine absolute Gleichzeitigkeit**. Die Zeit, die eine Uhr im eigenen Bezugssystem misst (Eigenzeit) ist gleichberechtigt zu den Eigenzeiten aller anderen Bezugssysteme. Welche Folgerungen hat diese Erkenntnis für Raum und Zeit vom physikalischen Standpunkt aus?

Die vierdimensionale raumzeitliche Realität.

Nach der klassischen Mechanik gilt der Satz, dass die Geschwindigkeit irgendeiner Bewegung verschiedene Werte für zwei Beobachter hat, wenn diese sich relativ zueinander bewegen. Weil sich jedoch unterschiedliche Werte im absoluten Raum selbst mit Hilfe von Lichtsignalen nicht feststellen lassen, ließ Einstein diesen Satz fallen und entwickelte seine neue Bewegungslehre. Und zwar zunächst für Systeme, in dem sich kräftefreie Körper geradlinig und gleichförmig bewegen (Inertialsysteme). Die Ergebnisse seiner Überlegungen gingen in die spezielle Relativitätstheorie ein. Die Voraussetzungen dieser sind

Ein **Inertialsystem** ist ein raum-zeitliches Bezugssystem, in dem sich kräftefreie Körper geradlinig und gleichförmig bewegen.

1. Das spezielle Relativitätsprinzip, das Einstein 1905 so definierte: *»Die Gesetze, nach denen sich die Zustände der physikalischen Systeme ändern, sind unabhängig davon, auf welches von zwei relativ zueinander in gleichförmiger Translationsbewegung befindlichen Koordinatensystemen diese Zustandsänderungen bezogen werden.«*[8]. Mit dem Koordinatensystem ist das gemeint, was oben mit Inertialsystem bezeichnet wurde.
2. Das Prinzip von der Konstanz der Lichtgeschwindigkeit: In allen Inertialsystemen hat die Lichtgeschwindigkeit den gleichen Wert, wenn sie auf gleiche Weise gemessen wird.

Aus diesen Prinzipien leitete Einstein Umrechnungsformeln zwischen Längen und Zeiten für verschiedene Systeme her, die sich geradlinig und gleichförmig gegeneinander bewegen. Stillschweigend gilt dabei, dass in jedem System ein ruhender, fester Maßstab der Länge 1 m, die gleiche Länge auch in einem anderen System hat, in dem die übrigen physikalischen Verhältnisse wie Schwerkraft, elektrische und magnetische Felder usw. die gleichen sind. Das Entsprechende gilt für Uhren in Bezugssystemen, in denen sie ruhen. Es ist eine Sekunde in einem System auch eine Sekunde im anderen.

Doch sobald die Uhr nicht vom eigenen, sondern von einem anderen System aus beurteilt wird, passiert etwas Seltsames: Sie geht

8 Einstein (1905)

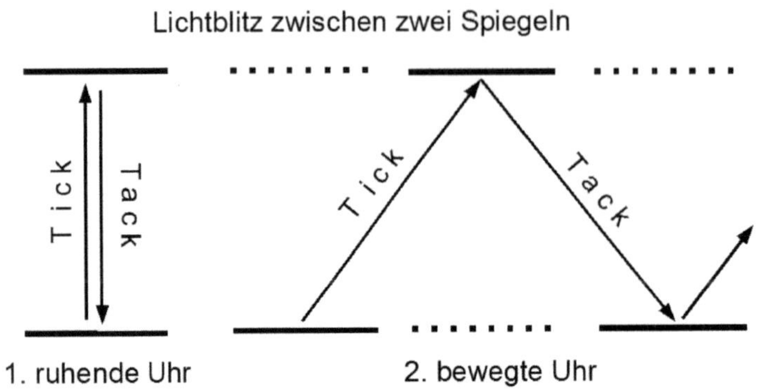

Abb. 24: Ein zwischen festen Spiegeln hin- und herhüpfender Lichtblitz stellt das Ticken einer Uhr dar. Da die Lichtgeschwindigkeit konstant ist, braucht ein Zyklus in der bewegten Uhr mehr Zeit. Sie geht langsamer für einen Beobachter, der sich selbst im Ruhezustand befindet (Zeitdilatation).

langsamer. Eine Sekunde der Eigenzeit erscheint dort länger **(Zeitdilatation)**. Dabei ist die Zeitdilatation umso stärker, je größer die Relativgeschwindigkeit der Uhr ist. Im Alltag merkt man wenig davon. Aber schon bei Satelliten, die ein GPS-Signal für Navigationszwecke aussenden, muss die Zeitdilatation berücksichtigt werden, wenn das GPS-System nicht in kürzester Zeit unbrauchbar werden soll.

Ähnlich Seltsames geschieht mit den Maßstäben, die von einem anderen System aus beurteilt werden. In Bewegungsrichtung verkürzen sich die räumlichen Abmessungen aller Gegenstände **(Längenkontraktion)**. Die Physiker staunten nicht schlecht, als sie auf Meereshöhe Myonen entdeckten. Myonen sind winzige Elementarteilchen, die Elektronen ähneln und durch kosmische Strahlung in 10 km Höhe über der Erdoberfläche erzeugt werden. Weil sie sehr schnell wieder zerfallen, dürften sie höchsten 600 m Richtung Erdoberfläche zurücklegen, bevor sie sich wieder auflösen. Doch die Physiker haben die Rechnung ohne das Myon gemacht. Dieses beurteilt die Entfernung zur Erdoberfläche nach der speziellen Relativitätstheorie. Danach verkürzen sich die 10 km zur Erdoberfläche auf weniger als 600 m und schon taucht es in Meereshöhe auf.

Dieses Verhalten lässt eine interessante Frage aufkommen. Sind Zeitdilatation und Längenkontraktion Veränderungen einer physikalischen Realität oder sind sie nur die subjektive Folge der Betrachtung aus einem anderen System heraus? Einerseits ist 10 km Höhe für uns Erdbewohner eine Realität, die sich nicht wegleugnen lässt. Andererseits ist die Längenkontraktion auf 600 m für Myonen eine Realität, die sich offensichtlich auch nicht wegleugnen lässt. Wie muss die physikalische Realität beschaffen sein, dass sich der Widerspruch auflöst?

Eines ist sicher: In einer physikalischen Realität, in welcher der Raum eine unabhängige dreidimensionale Existenz hat, oder in der es eine absolute Zeit gibt, würden weder Probleme mit dem GPS-Signal auftreten, noch würde es das Myon bis zur Erdoberfläche schaffen, bevor es sich auflöst. Die physikalische Realität von Raum und Zeit muss anders beschaffen sein, als wir es uns mit unserer Alltagserfahrung träumen lassen.

Das **Minkowski-Diagramm** wurde 1908 von Hermann Minkowski entwickelt. Es erlaubt ohne Anwendung von Formeln ein quantitatives Verständnis der mit den Eigenschaften von Raum und Zeit verbundenen Phänomene zu entwickeln, die in der speziellen Relativitätstheorie vorkommen, beispielsweise der Zeitdilatation und der Längenkontraktion.

Sind Zeitdilatation und Längenkontraktion real?

Das Wesen der Längenkontraktion ist nach der Relativitätstheorie diese: Ein materieller Stab der Länge 1 m (Meterstab), der sich verkürzt, je nachdem von welchem System aus er beurteilt wird, ist in Wirklichkeit kein raumartiges Gebilde, sondern ein raumzeitliches. Ab einem gewissen Zeitpunkt existiert der Meterstab in seinem Ruhesystem weiter und weiter bis zu seinem zeitlichen Ende. Ein Stab, der durch die Längenkontraktion geschrumpft ist, ist kein Objekt, bei dem alle seine Raumpunkte in einem einzigen Zeitpunkt zu beobachten sind, sondern eines, **bei dem jeder seiner Raumpunkte zu einem anderen Zeitpunkt gehört**. Ein Beobachter nimmt nicht ein raumartiges Gebilde wahr, sondern nur einen **Querschnitt seiner raumzeitlichen Struktur**.

Wie man sich das genau vorzustellen hat, wird in dem Minkowski-Diagramm (Abb. 25) verdeutlicht. Der Querschnitt der raumzeitlichen Struktur des Stabs ist als eindimensionale Strecke in einem Achsenkreuz eingetragen. Das Achsenkreuz ist als Bild eines Inertialsystems zu interpretieren. Die schräg nach oben weisende Achse soll die Zeit sein und die untere eine Raumdimension. Die raumzeitliche Struktur des Stabs **ist keine Strecke, sondern ein kompletter Streifen in Form einer**

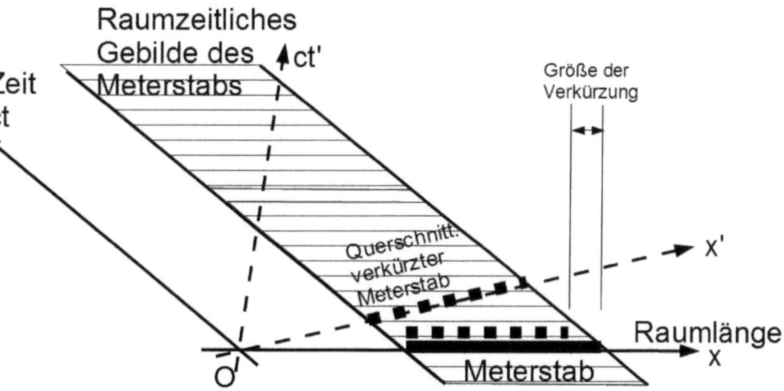

Abb. 25: Der Streifen in Form einer Raute stellt die raumzeitliche Realität des Meterstabs dar. Jeder waagrechte Strich der Schraffur ist der Meterstab in seinem Ruhesystem (x,ct) zu einem anderen Zeitpunkt. Es können nur Querschnitte des Streifens beobachtet werden. Im gestrichenen System (x',ct') erscheint der Meterstab verkürzt. Seine Punkte gehören jeweils zu anderen Zeiten ct.

Raute. Ein zweites Inertialsystem ist gestrichelt eingezeichnet, um zu zeigen, wie von einem anderen Bezugssystem aus der Stab beurteilt werden muss.

Die Längenkontraktion betrifft nicht den Streifen. Dieser bleibt unverändert, egal, von welchem Bezugssystem aus er beurteilt wird. **Nur der Streifen ist ein physikalisches Gebilde,** nicht aber der Querschnitt, der je nach Bezugssystem ein anderer ist. Das bedeutet: Das, was vom Stab gesehen wird, nämlich der raumzeitliche Querschnitt, ist eine Folge der Beschränkung des Beobachters. Die physikalische Realität des Streifens wird dadurch nicht verändert.

Auch nach dem zeitlichen Ende des Meterstabs in seinem Ruhesystem gibt es selbst nach unendlich langer Zeit ein anderes Inertialsystem (x',ct'), in dem er noch existiert. So betrachtet lebt der Meterstab oder irgendein anderes Objekt ewig.

Entsprechendes gilt für die Zeitdilatation, da jeder Querschnitt eine andere Folge von Punkten mit der Dimension Raum **und Zeit** ist. Deshalb ist es aus physikalischer Sicht sinnlos von Raum und Zeit als getrennte Gebilde der Wirklichkeit zu reden. Raum und Zeit bilden eine Einheit, nämlich die sogenannte Raumzeit. **Objekte sind nicht dreidimensionale und räumliche, sondern vierdimensionale raumzeitliche Gegenstände.**

Abb. 26: ***Johann Carl Friedrich Gauß*** *(* 30. April 1777 in Braunschweig; † 23. Februar 1855 in Göttingen) war ein deutscher Mathematiker, Astronom, Geodät und Physiker. Er machte zahlreiche bedeutende Entdeckungen, die er meist nicht veröffentlichte, sondern in Briefen seinen Freunden mitteilte oder sie in Tagebüchern notierte, die erst 1898 entdeckt wurden.*

Das Versagen der euklidischen Geometrie.

Zu Newtons Raum gehört eine Geometrie, die sich aus der Anschauung herleitet. Wie in vielen anderen Bereichen leisteten auch hier altgriechische Philosophen Pionierarbeit. Der Mathematiker Euklid schrieb um 300 vor der Zeitrechnung das einflussreichste Mathematikbuch aller Zeiten mit dem Titel »Die Elemente«. Dort findet sich das berühmte Parallelenaxiom, das vereinfacht ausgedrückt besagt: *Zwei parallele Geraden schneiden sich nicht im Endlichen.* Eine Geometrie, in der dieses Parallelenaxiom gilt, heißt euklidische Geometrie. Mit dem Parallelenaxiom lässt sich beweisen, dass die Summe der Innenwinkel eines beliebigen Dreiecks 180�beträgt. Die Erkenntnis über die Winkelsumme wird seit dem Altertum bei der Landvermessung in relativ kleinen Dreiecken verwendet. Ist aber diese Winkelsumme universell gültig?

Die Legende berichtet, dass schon der berühmte Mathematiker Johann Carl Friedrich Gauß seine Zweifel gehabt haben soll. Es heißt, er habe die Winkelsumme in einem Dreieck vermessen, das vom Brocken im Harz, dem Inselsberg im Thüringer Wald und dem Hohen Hagen bei Göttingen gebildet wird, um empirisch zu überprüfen, ob die Winkelsumme tatsächlich 180◈ ist. Die Messgenauigkeit der Instrumente zu seiner Zeit war allerdings nicht so groß, dass er zu einem anderen Ergebnis hätte kommen können. Was hätte er mit modernen Instrumenten entdecken können?

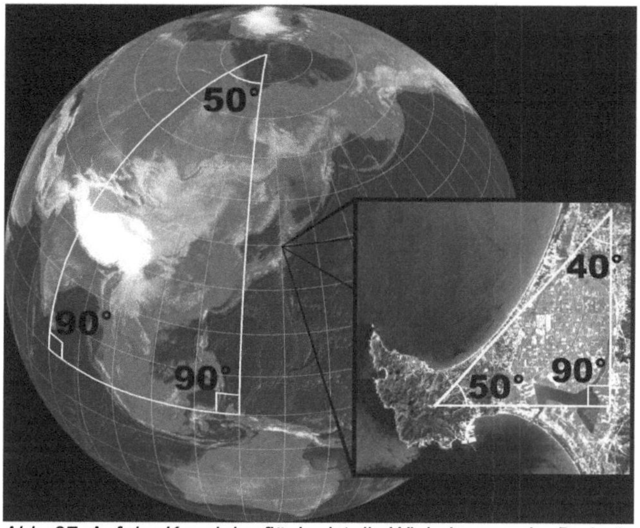

Zur Beantwortung betrachten wir das Bild vom Erdglobus (Abb. 27), in dem ein Dreieck eingezeichnet ist, dessen Grundseite mit dem Äquator zusammenfällt und dessen Spitze auf dem Nordpol liegt. Die beiden Schenkel sind Parallelen, aber dennoch schneiden sie sich am Nordpol. Das bedeutet: Auf einer Kugeloberfläche gilt nicht mehr das Parallelenaxiom. Die Winkelsumme eines Dreiecks ist nicht 180°. Eine Geometrie, in der diese Winkelsumme nicht gilt, ist eine nichteuklidische Geometrie. Lokal gelten die Gesetze der euklidischen Geometrie allerdings ziemlich genau, wie der kleine Bildausschnitt rechts in Abb.27 zeigt. Das ist wohl auch der Grund, warum man erst in der Neuzeit auf die Idee einer nichteuklidischen Geometrie kam.

Abb. 27: Auf der Kugeloberfläche ist die Winkelsumme im Dreieck größer als 180 Grad. *Bild: Lars H. Rohwedder, Sarregouset ,CC-BY-SA*

Erst einmal darauf gekommen, dass die euklidische Geometrie nicht universell gilt, kann man untersuchen, wo sie denn gilt und wo nicht. Einstein wollte das für die Umgebung von Körpern herausfinden, in der die Schwere oder Gewichtskraft wirkt **(Gravitationsfeld)**. Als Gravitation, Schwerkraft oder Massenanziehung bezeichnet man die von ihren Massen abhängige gegenseitige Anziehung der Körper. Sie lässt Gegenstände zu Boden fallen und sie hält die Erde und die anderen Planeten auf einer Bahn um die Sonne. Dadurch spielt sie eine bedeutende Rolle in der Astronomie und Kosmologie.

Als **Feld** bezeichnet man die Gesamtheit aller Punkte eines Raumes, denen Werte physikalischer Größen zugeordnet werden können. Ein einfaches Beispiel für ein Feld ist das Temperaturfeld im Wetterbericht für Deutschland. Jedem Punkt auf der Deutschlandkarte kann eine Temperatur zugeordnet werden. In einem Gravitationsfeld kann man jedem Raumpunkt eine bestimmte Schwerkraft zuordnen, die in dem Raumpunkt wirkt.

> Unter **Trägheit** oder **Beharrungsvermögen** versteht man die Eigenschaft eines Körpers, in seinem Bewegungszustand zu verharren, solange keine äußere Kraft auf ihn einwirkt.

Wie unterscheiden sich Gravitation und Trägheit?

Schwere kommt nicht nur im Zusammenhang mit dem Fallen von Gegenständen oder in der Astronomie vor. Körper wehren sich gegen Geschwindigkeitsänderungen und zeigen dadurch ihre Schwere. Schwere wirkt der Beschleunigung eines Autos entgegen. Hier heißt es aber nicht Schwerkraft oder Gravitation, sondern Trägheit. Ein Auto der Oberklasse mit doppelt so großer träger Masse wie ein Kleinwagen, wehrt sich doppelt so stark gegen ein Beschleunigen von 50 auf 100 Stundenkilometer. Aufgrund der Trägheit versucht es, seine bisherige Geschwindigkeit beizubehalten. Deswegen benötigt das große Auto die doppelte Motorkraft wie der Kleinwagen, um in gleicher Zeit auf 100 Stundenkilometer zu kommen.

Wenn das Auto eine bestimmte Geschwindigkeit erreicht hat und der Fahrer nimmt den Fuß vom Gaspedal, dann stoppt es nicht abrupt, sondern versucht aufgrund seiner Trägheit mit gleicher Geschwindigkeit weiterzurollen. Das gelingt ihm allerdings nur unvollkommen, weil Gegenkräfte die Geschwindigkeit verringern. Es wird negativ beschleunigt durch die bremsende Wirkung der Reibung in den mechanischen Teilen, der Luftreibung und der Reibung zwischen Rädern und Straßenbelag. Wären diese Reibungskräfte nicht vorhanden, würde das Auto auch ohne Motorkraft ewig weiterrollen. Im Weltraum, wo es keine Luftreibung gibt, fliegen manche Raumsonden immer weiter und weiter fort, bis sie eines Tages so weit entfernt sind, dass sie nicht mehr geortet werden können.

Damit das Wesen von Gravitation und Trägheit noch klarer hervortritt, kann man folgendes einfache Experiment machen. Zwei unterschiedlich schwere Münzen werden auf den flachen Handteller gelegt, etwa ein Zwei-Euro-Stück und ein Cent-Stück. Die Zwei-Euro-Münze wiegt etwa viermal soviel wie das Cent-Stück. Wenn man nun die Hand schnell nach unten bewegt, bleiben die Münzen zurück und lösen sich vom Handteller. Welche wird schneller fallen? Ist es das Zwei-Euro-Stück, weil es viermal schwerer ist, oder ist es das Cent-Stück wegen des geringeren Luftwiderstands?

Die Durchführung des Experiments zeigt ein anderes Ergebnis. Der Luftwiderstand spielt so gut wie keine Rolle. Beide Münzen bleiben auf gleicher Höhe. Sie fallen gleich schnell. ▤ Wie ist das zu erklären?

Einerseits wirkt auf die viermal schwerere Münze auch die vierfache Gravitationskraft. Andererseits wehrt sich die Münze aufgrund ihrer Trägheit gegen eine Geschwindigkeitsänderung. Die der Gravitationskraft entgegengerichtete Trägheitskraft einer viermal so schweren Münze ist auch viermal so groß. Das gleicht die Gravitationskraft insoweit aus, als beide Münzen, die schwere und die leichte, gleich schnell fallen. Es gibt offensichtlich einen merkwürdigen Zusammenhang zwischen der Gravitation und der Trägheit: **Schwere und träge Masse sind gleich** groß. Hat dieser Zusammenhang womöglich eine gemeinsame Wurzel? Und wenn ja, welche? Zur Beantwortung müssen wir eine weitere Eigenschaft der Gravitation betrachten.

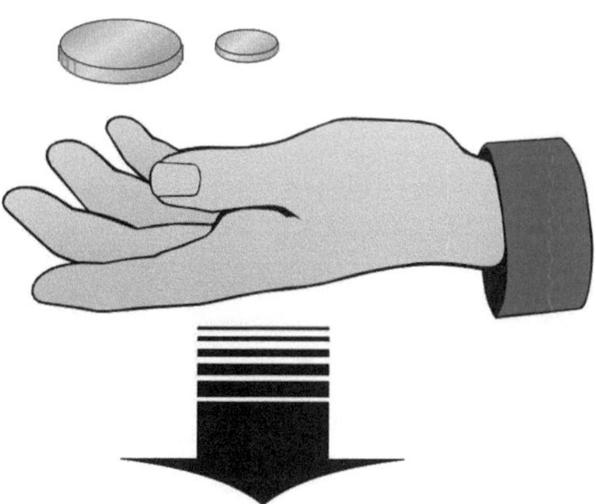

Abb. 28: Gravitation und Trägheit wirken auf die Münzen ein: Welche Münze fällt schneller nach dem Lösen vom Handteller?

Der englische Astrophysiker Stephen Hawking hatte zwischen 1979 und 2009 einen berühmten Lehrstuhl an der Universität Cambridge inne. Er war einer der Nachfolger von Isaac Newton. Dadurch fühlte er sich nicht nur geehrt, er sah seine Stellung auch als eine Verpflichtung an. So veröffentlichte er hervorragende Arbeiten zur Kosmologie. Da Einsteins allgemeine Relativitätstheorie von großer Bedeutung für die Kosmologie ist, ließ es sich Hawking auch nicht nehmen, anlässlich eines Besuchs der US-amerikanischen Weltraumorganisation NASA, selbst die Zusammenhänge zwischen Gravitation und Trägheit zu überprüfen. Er durfte am 26. April 2007 an einem Parabelflug teilnehmen, der ihn kurzzeitig in den Zustand der Schwerelosigkeit versetzte.

Wie die Abb. 29 zeigt, genießt Hawking (Mitte) die fehlende Schwerkraft an Bord einer umgebauten Boeing 727, die sich im Besitz der Zero Gravity Corp. (Zero G) befindet. Hawking, der unter Lateralsklerose leidet, wird in der Luft von Peter Diamandis (rechts) und Byron Lichtenberg (links) gedreht. Diamandis ist der Gründer der Zero G und Lichtenberg deren Präsident.

Nehmen wir einmal an, Hawking wäre in der letzten Flugphase, wenn das Flugzeug wieder in den Normalflug übergeht, nicht auf den Boden gesunken, sondern zur Decke geschwebt, um dort für einige Sekunden hängenzubleiben. Er hätte also eine Beschleunigung, d.h. eine Geschwindigkeitsänderung in Richtung Decke erfahren. So eine Beschleunigung kann von der Wirkung der Schwere herrühren, wenn das Flugzeug sich beispielsweise mit der Oberseite nach unten dreht.

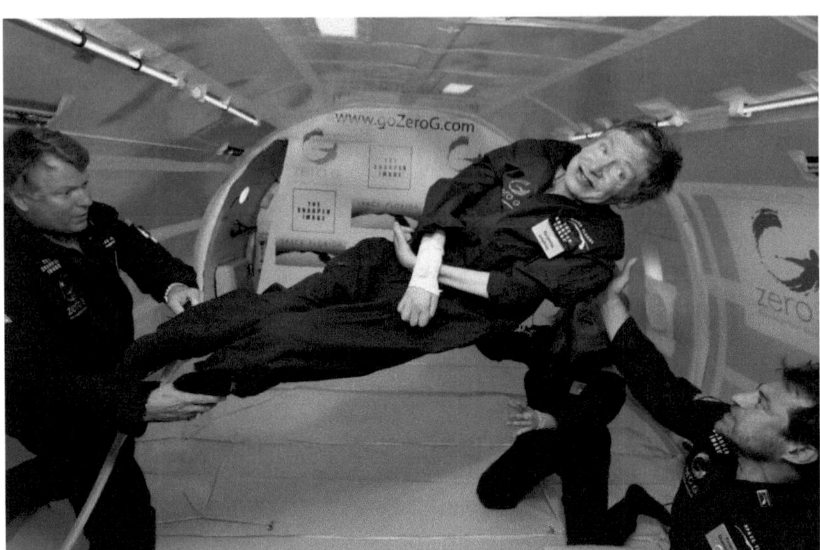

Abb. 29: Hawking auf einem Parabelflug bei fehlender Schwerkraft. Kann er zwischen Gravitations- und Trägheitskräften unterscheiden? Foto: NASA

Oder es kann sich um Trägheit handeln, wenn das Flugzeug sich wie die Hand beim Experiment mit den Münzen, schneller abwärts bewegt, als die Passagiere fallen. Gäbe es für die Passagiere eine Möglichkeit zwischen beiden Alternativen zu unterscheiden?

Die Frage muss verneint werden. Unter der Voraussetzung, dass es keine Fenster gibt, um nach draußen zu schauen, gibt es für Passagiere auf dem Parabelflug keine Möglichkeit zu unterscheiden, ob eine beschleunigte Bewegung durch Gravitation oder Trägheit erzeugt wird. Die Größen von schwerer und träger Masse sind nicht nur gleich, die Phänomene können auch nicht unterschieden werden. Wenn die Phänomene, die hinter zwei verschiedenen Begriffen stecken, nicht unterscheidbar sind, dann ist es nicht berechtigt, von zwei verschiedenen Phänomenen zu sprechen. Schwere und träge Masse sind nicht nur gleich groß, sondern sie sind tatsächlich das gleiche **(Äquivalenzprinzip)**. Das ist die große Entdeckung Einsteins. Hawking kann das Äquivalenzprinzip aus eigener Erfahrung bestätigen.

Man kann nun fragen, ob generell in beschleunigten Bezugssystemen wie im Schwerefeld der Erde, in dem jeder Gegenstand eine Beschleunigung Richtung Erdmittelpunkt erfährt, die euklidische Geometrie gilt oder eine andere? Wie aber könnte ein Physiker das herausfinden? Eines der Kennzeichen einer euklidischen Geometrie ist die Gültigkeit des Parallelenaxioms. Parallelen sind Geraden.

Sind Lichtstrahlen geradlinig?

Die Antwort soll ein Gedankenexperiment geben, das nicht in Wirklichkeit durchgeführt werden muss. Von zwei Beobachtern sitzt einer am Scheibenrand (Mann) und dreht sich mit dieser im Kreis. Der andere steht auf festem Boden (Frau). Mit der Scheibe verbunden ist ein Bezugssystem S'(x'y'z'). Die Drehung erfolgt gleichförmig um die Rotationsachse z' (Abb. 30). Aufgrund seiner Trägheit wirkt auf den mitbewegten Beobachter eine Kraft F (Fliehkraft), die ihn versucht von der Scheibe zu schleudern. Wie wir oben gesehen haben, ist nach dem Äquivalenzprinzip Trägheit und Gravitation das Gleiche. Das bedeutet: Im rotierenden Bezugssystem S' herrscht ein nach außen gerichtetes Gravitationsfeld.

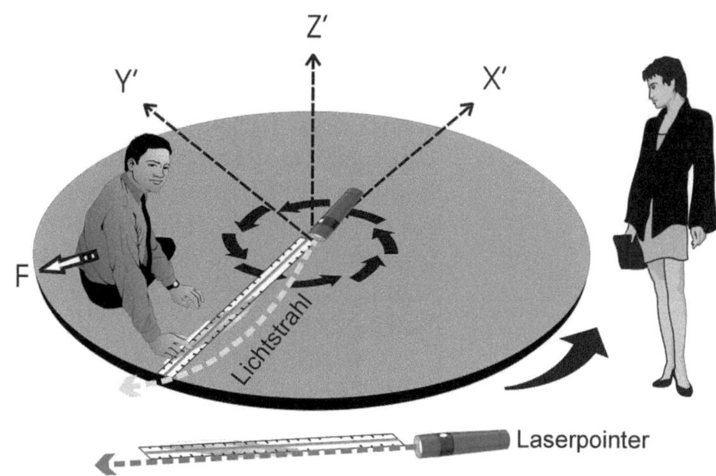

Abb. 30: Eine Kreisscheibe rotiert relativ zu einem auf festem Boden stehenden Beobachter (Frau). Auf den mitbewegten Beobachter (Mann) wirkt ein nach außen gerichtetes Gravitationsfeld. Gibt es in so einem Bezugssystem parallele Geraden, die sich nicht schneiden?

Geraden sind geometrische Gebilde der Mathematik und damit etwas Geistiges. Als Physiker muss man geistigen Schöpfungen erst eine physikalische Realität zuordnen, bevor man Experimente mit diesen anstellen kann. Es reicht allerdings nicht, eine Gerade mit der verlängert gedachten Kante eines beliebigen Lineals gleichzusetzen. Woher weiß man, ob das Lineal gerade ist? Wenn man verschiedenen Autoritäten ein Lineal zeigt und fragt, ob es gerade ist, gibt es mehrere Meinungen, die sich möglicherweise widersprechen und man ist so schlau wie vorher. Eine der Antworten scheint aber plausibel. Diese lautet: Sicherheit bringt nur eine objektive Messung, welche die Geradheit der Kante bestätigt. Für die objektive Messung der Geradheit eignet sich der Lichtstrahl eines Laserpointers. Wenn die Kante des Lineals in jedem Punkt mit dem Laserstrahl zusammenfällt, dann sei diese als gerade anzusehen.

Im Gedankenexperiment stellt die stehende Frau mit einem Laserstrahl die Geradheit von zwei Linealen fest. Ein Lineal erhält danach der Mann auf der rotierenden Kreisscheibe zusammen mit einem Laserpointer. Diesen legt er ins Zentrum der Scheibe und das Lineal vom Pointer ausgehend senkrecht zum Rand. Er soll in seinem

Gravitationsfeld zunächst die Geradheit der Linealkante bestätigen und danach die Gültigkeit des Paralellenaxioms.

Das Unterfangen erweist sich als unmöglich. Der Laserpointer sendet einen Lichtstrahl aus, dessen Geschwindigkeit konstant ist. Das bedeutet, ein Punkt des Lichtstrahls braucht eine bestimmte Zeitspanne vom Verlassen des Pointers, bis er den Rand der Scheibe erreicht. In dieser Zeitspanne hat sich die Scheibe ein Stück weitergedreht. Die Kante des Lineals fällt nicht mit jedem Punkt des Lichtstrahls zusammen. Die Geradheit der Linealkante kann deshalb nicht bestätigt werden.

Geraden, die im System des ruhenden Beobachters durch die Geradlinigkeit eines Lichtstrahls definiert werden, sind im rotierenden Bezugssystem keine Geraden. Ohne Geraden gibt es kein Parallelenaxiom und ohne Parallelenaxiom keine euklidische Geometrie. Im Gravitationsfeld muss eine nichteuklidische Geometrie zur Anwendung kommen, ähnlich der Geometrie auf der Oberfläche der Erdkugel.

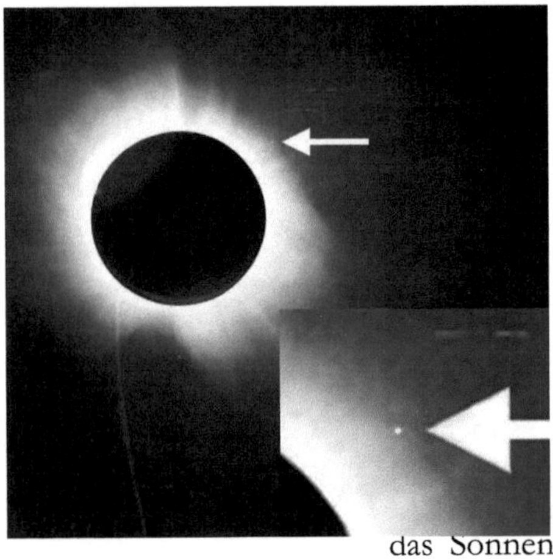

So ein Gedankenexperiment ist ja schön und gut, aber kann man auch in Wirklichkeit feststellen, dass der Lichtstrahl in einem Gravitationsfeld gekrümmt ist?

Einstein suchte lange nach der Möglichkeit das zu bestätigen. Im Jahr 1919 bot sich ihm eine einmalige Gelegenheit: Die totale Sonnenfinsternis vom 29. Mai 1919. Seine allgemeine Relativitätstheorie postuliert, dass das Gravitationsfeld in der Umgebung der Sonne in der Lage ist, den Raum deutlich zu krümmen. Lichtstrahlen von Fixsternen, die dieses Gravitationsfeld durchqueren, müssten demnach abgelenkt werden. Man braucht zur Beobachtung des Effekts eine totale Sonnenfinsternis, da das Sonnenlicht sonst die geringe Helligkeit der Sterne völlig überstrahlt. Einstein berechnete mit Hilfe seiner Theorie für Lichtstrahlen eine Ablenkung von 1,75 Bogensekunden am Sonnenrand. Würde er wenigstens einen einzigen Fixstern entdecken, der ohne eine solche Ablenkung von der Sonnenscheibe verdeckt wäre? Einstein konnte zwar nicht selbst zur Beobachtung des Phänomens nach Afrika reisen, aber der britische Astrophysiker Arthur Stanley Eddington bot ihm seine Hilfe an. Er gehörte zu den Ersten, die die Bedeutung von Einsteins allgemeiner Relativitätstheorie erkannten.

Eddingtons Expedition wurde zur Beobachtung der Sonnenfinsternis auf die Vulkaninsel Príncipe im Golf von Guinea an der Westküste Afrikas ausgesandt. Ein weiteres britisches Expeditionsteam ging zum gleichen Zweck nach Nord-Brasilien. Beide kehrten mit einer Anzahl Fotografien zurück. Die Auswertung der Platten brauchte ein halbes Jahr. Am 6. November 1919 war es soweit.

Auf einer der Platten konnte ein Fixstern an einer Position entdeckt werden, wo er nicht hingehört. Fixsterne ändern nie ihre Position. Wie also war das Phänomen zu erklären? Der vom Fixstern kommende Lichtstrahl, der an der Sonne vorbeistreicht, beschreibt aufgrund der Raumkrümmung eine leicht konkave Bahn. Die Ablenkung betrug genau 1,75 Bogensekunden, wie vorausberechnet. Einstein war überglücklich. Das war die Bestätigung, auf die er gehofft hatte.

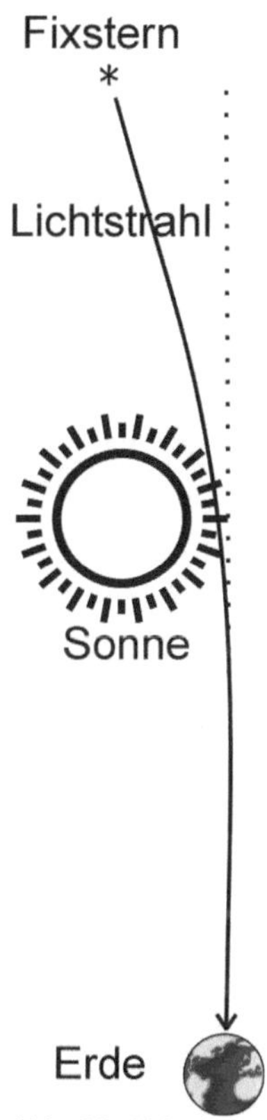

Abb. 32: Ablenkung des Lichts von einem Fixstern durch das Gravitationsfeld der Sonne.

Das Relativitätsprinzip für beliebige Bewegungen.

Wie hat es Einstein geschafft, die Ablenkung des Lichts so genau zu errechnen? Einfach zu antworten, dass er eben ein Genie war, genügt nicht. Wir wollen es ein wenig genauer wissen. Seine Überlegungen haben ihm gezeigt: Die Methoden der gewöhnlichen euklidischen Geometrie können nur auf kleine Gebiete angewendet werden (vgl. Beispiel mit der Erdkugel). Er war überzeugt, dass die Geometrie der wirklichen Welt, die Geometrie für die unendlichen Weiten des Weltraums, nichteuklidisch ist. Er brauchte auf das große Ganze bezogen eine andere Geometrie. Und für diese musste er eine ähnliche Forderung aufstellen, wie das spezielle Relativitätsprinzip für gleichförmige Bewegungen: das **allgemeine Relativitätsprinzip** für beliebige Bewegungen.

Nach dem Relativitätsprinzip lässt sich grundsätzlich nicht entscheiden, ob die Erde sich dreht oder die ISS-Raumstation um sie kreist, ob die Raumfähre Columbia sich einer ruhenden Raumstation annähert oder die Raumstation einer ruhenden Raumfähre. Wenn aber nicht entschieden werden kann, wer sich nun wirklich bewegt, dann behauptet das Relativitätsprinzip, dass für die physikalische Beschreibung der Naturvorgänge keines der Bezugssysteme Erde, Raumfähre, Raumstation oder ein sonstiges sich vor irgendeinem anderen auszeichnet. Die allgemeinen Naturgesetze lauten in jedem der Bezugssysteme genau gleich.

Einzig, wenn man als Beobachter ein naturgesetzliches Geschehen beobachtet, das nicht im eigenen, sondern im anderen System stattfindet, kommen für dessen Beschreibung Transformationsformeln zum Einsatz, die den relativen Bewegungszustand zwischen den beiden Systemen berücksichtigen.

Um physikalische Gesetze durch Formeln auszudrücken, braucht man häufig ein Koordinatensystem. Für das spezielle Relativitätsprinzip genügt ein Koordinatensystem, wie wir es vom Schulunterricht her kennen: rechtwinklige Koordinaten (kartesische Koordinaten), mit denen sich viele geometrische Sachverhalte am einfachsten beschreiben lassen. Wenn man die allgemeinen Naturgesetze in einem beliebigen Bezugssystem ausdrücken will, ohne ein Bezugssystem auszuzeichnen, funktioniert das allerdings nicht mit kartesischen Koordinaten, weil die Formeln sonst in jedem Bezugssystem eine andere Form hätten. Das soll aber unter allen Umständen vermieden werden. Es kann nicht angehen, dass im Flugzeug auf Hawkings Parabelflug andere Naturgesetze gelten, als auf festem Boden. Es muss also ein Koordinatensystem sein, das notfalls auch die Krümmung der Raumzeit mitmacht, wie sie in einem Gravitationsfeld vorkommt. In dem Zusammenhang sei daran erinnert, dass der Mann auf der rotierenden Kreisscheibe mit seinem »geraden« Lineal nichts anfangen konnte, weil der Lichtstrahl in seinem System offensichtlich gekrümmt ist. Das Gleiche gilt für die Umgebung der Sonne oder anderer Massen im Kosmos.

Einstein musste sich für die Entwicklung seiner allgemeinen Relativitätstheorie kein neuartiges Koordinatensystem ausdenken. Es existierte schon etwas Passendes. Gauß hatte im Jahr 1827 eine Theorie der krummen Flächen entworfen und dafür gleich ein geeignetes Koordinatensystem. Andere Mathematiker erweiterten die Theorie und entwickelten dazu einen handlichen mathematischen Werkzeugkasten, auf den Einstein nun zurückgreifen konnte.

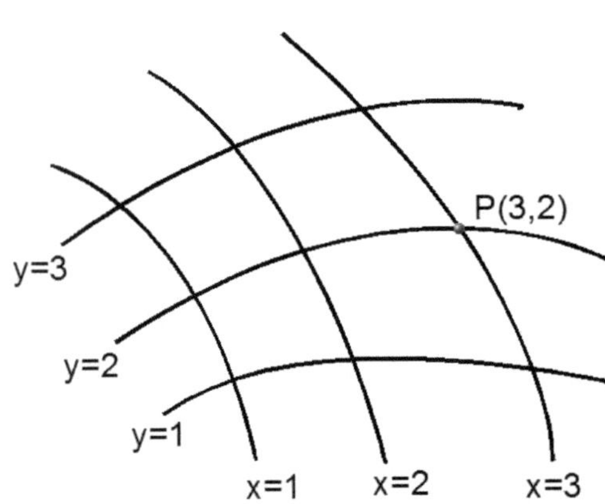

Abb. 33: Gekrümmte Koordinaten ***(Gauß'sche Koordinaten)*** *auf einer gekrümmten Fläche. Die Zahlen bedeuten nur Nummern, aber keine Längen oder andere geometrisch messbaren Größen.*

Gauß hat die Vorgehensweise für die Einführung krummliniger Koordinaten aus seiner praktischen Tätigkeit als Feldmesser übernommen. Will ein Feldmesser ein hügeliges und waldiges Gelände ausmessen, muss er methodisch vorgehen. Im hügeligen Gelände gibt es keine geraden Linien. Er muss deshalb den Boden zunächst mit einem Netz an meist gekrümmten Linien (siehe Abb. 33) bedecken, die durch Messlatten und Markierungen an Bäumen gekennzeichnet sind. Jede Linie erhält eine Nummer. Die Nummern bedeuten keine Längen oder andere geometrisch messbaren Größen. Danach werden die Kreuzungspunkte der Linienscharen durchnummeriert. Die Bestimmung der Geometrie ist die nächste Aufgabe des Feldmessers. Er beginnt folglich Masche für Masche auszumessen, und das Maß in eine Karte für jede Masche einzutragen. Für jede Masche des Netzes benötigt er jeweils drei Daten: die Längen von zwei Seiten und den Winkel dazwischen. Dadurch hat er viel zu tun.

Mindestens genauso viel hatte Einstein zu tun, bevor er die Geometrie des Raumes in einem Gravitationsfeld bestimmen konnte, denn er wollte das allgemeine Gesetz des Gravitationsfeldes und das Verhalten von Maßstäben und Uhren relativ zu einem beliebigen Gaußschen Koordinatensystem herauszufinden. Über die Gesetze wusste er vorläufig Folgendes:

1. Sie dürfen sich nicht ändern, wenn man die Gaußschen Koordinaten wechselt (allgemeines Relativitätspostulat).
2. Für die Erregung des Gravitationsfeldes ist allein die träge Masse bzw. deren Energie maßgebend. Deshalb müssen die Gesetze durch die Verteilung der Masse (Energie) auf die Gaußschen Koordinaten vollständig festgelegt sein.
3. Da Energie- und Impulserhaltungssatz zu den unabdingbaren Gesetzen der Physik gehören, müssen Gravitationsfeld und Materie zusammen diesen Gesetzen genügen.

In der Physik drückt man das Wissen über die Welt möglichst in Form von Gleichungen aus, damit man daraus Vorhersagen über zukünftige Zustände berechnen kann. Eine Gleichung besteht bekanntlich aus zwei mathematischen Ausdrücken, die durch ein Gleichheitszeichen verbunden sind. Beide Ausdrücke sollen das Gleiche bedeuten. Sie enthalten meist Unbekannte. Man kann die Unbekannten bestimmen, indem man sie durch Umformung auf einer Seite der Gleichung isoliert. Auf der anderen Seite steht dann das Ergebnis. Eigentlich ganz einfach. Nur nicht in dem Fall, den Einstein zu lösen hatte.

> Der **Impuls** ist eine physikalische Größe zur Beschreibung der Intensität der Bewegung eines Körpers.
>
> Der **Impulserhaltungssatz** besagt, dass der Gesamtimpuls in einem System, das keine Wechselwirkungen mit seiner Umgebung hat, konstant ist.

Die Gleichungen die Einstein aufstellte, wurden unter dem Namen »Feldgleichungen« bekannt. Die Mehrzahl deutet darauf hin, dass es sich nicht um eine einzelne Gleichung handelte, sondern um eine ganze Menge. »Feld« im Begriff bedeutet, dass die Gleichungen für jeden Punkt der Raumzeit eine Aussage liefern sollten. Insgesamt

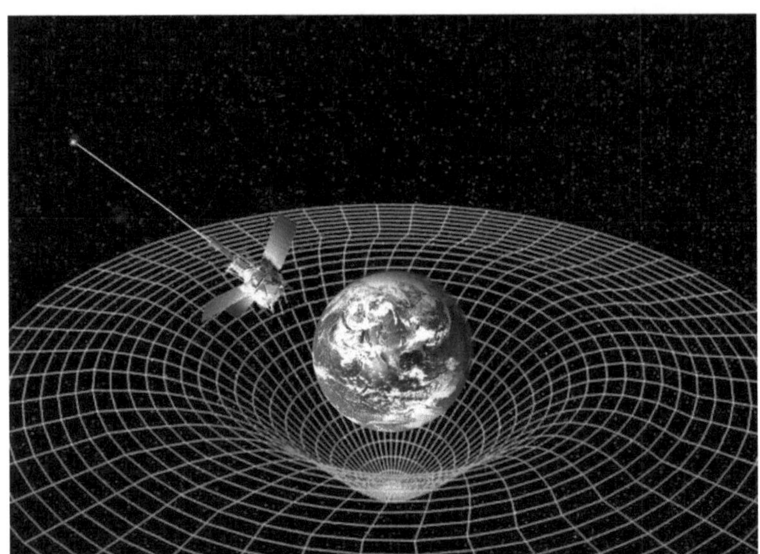

Abb. 34: Die Masse der Erde krümmt die Raumzeit, die durch Gauß'sche Koordinaten dargestellt ist. Der Satellit dient zur Erforschung der Schwerkraft. Bild: NASA

stellte er 16 Gleichungen auf, von denen einige doppelt waren, so dass letztendlich noch 10 übrigblieben. Auf die linke Seite dieser Gleichungen setzte er alle geometrischen Unbekannten, auf die rechte die bekannten mathematischen Ausdrücke für die Massen, Impulse und Energien, die sich über das Gauß'sche Koordinatensystem verteilten. Das ermöglichte ihm, mit Hilfe der Materie die Geometrie der Raumzeit zu berechnen. Bevor er aber etwas ausrechnen konnte, musste er sich noch in die komplizierte Mathematik für seine Feldgleichungen einarbeiten.

Im Jahr 1915 war es endlich soweit. Er hatte ein Ergebnis und trug am 25. November seine Theorie, die allgemeine Relativitätstheorie (kurz ART), der Preußischen Akademie der Wissenschaften vor. Das sensationell Neue an der ART: Sie deutet Gravitation nicht als Kraft, sondern als geometrische Eigenschaft einer gekrümmten vierdimensionalen Raumzeit und sie beschreibt die Wechselwirkung zwischen Masse (bzw. Energie), Raum und Zeit.

Die Anwesenheit von Masse und Energie bewirkt, dass materielle Objekte den Konturen **(Geodäten)** der Raumzeit folgen. Ohne Massen und Energien könnten zu den Gauß'schen Koordinaten keine geometrischen Größen ermittelt werden. Gauß'sche Koordinaten ohne Bezug zu etwas real Existierendem sind ein geistiges Konstrukt, dem keine physikalische Realität zukommt. Deshalb gäbe es in so einem Fall weder Raum noch Zeit, also gar nichts. Raum und Zeit existieren nicht selbstständig, denn sie sind abhängig von den Gravitationsfeldern, die von Massen und Energien erzeugt werden. Etwas, das nicht selbstständig existieren kann, ist aus philosophischer Sicht eine Eigenschaft, wie beispielsweise Gewicht eine Eigenschaft von Objekten ist. Daraus ergibt sich die wichtige Erkenntnis: **Die vierdimensionale Raumzeit**

ist eine Eigenschaft der Gravitationsfelder.

Mit Einsteins Relativitätstheorie haben wir eine recht gute Beschreibung der raumzeitlichen Eigenschaften unseres Universums. Da es im Urknall entstanden sein soll[9], stellt sich die Frage, ob es das einzige seiner Art ist, oder ob es nicht schon woanders einen Urknall gegeben hat und weitere Universen parallel zu unserem existieren. Und tatsächlich für die Existenz paralleler Universen gibt es Anzeichen.

2.2. Paralleles Universum entdeckt?

Der Kosmologe Lawrence Rudnick von der University of Minnesota traute seinen Augen nicht, als er die vom WMAP-Satelliten aufgenommene Hintergrundstrahlung genauer untersuchte. Er entdeckte etwas, was es eigentlich gar nicht geben darf: ein Superloch in der südlichen Himmelssphäre. Es könnte durch den Einfluss eines Paralleluniversums gebildet worden sein, mutmaßt Rudnicks Kollegin, die Professorin Laura Mersini-Houghton von der University of North Carolina.

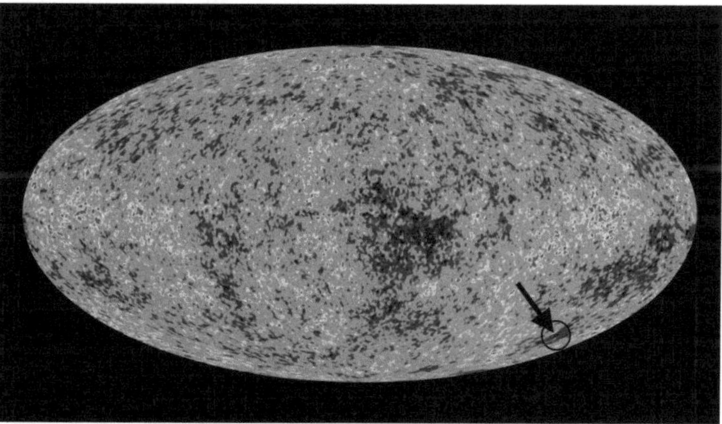

Abb. 35: Mit dem WMAP-Satelliten aufgenommene Karte der Hintergrundstrahlung.Der Pfeil markiert die Stelle des »WMAP Cold Spot«. Bild: NASA

Die elektromagnetische Strahlung aus dem All, die von keinen bestimmten Himmelsobjekten stammt und die in allen Richtungen auftritt, bezeichnet man als kosmische Hintergrundstrahlung. Die Eigenschaften des Mikrowellenhintergrunds gelten als empirischen Beweis für die Entstehung unseres Universums in einem Urknall, weil die Vorhersagen der Urknalltheorie sehr gut mit den gefundenen Messwerten übereinstimmen. Die Hintergrundstrahlung hat eine Temperatur von ca. drei Grad über dem absoluten Nullpunkt (minus 273,15 Grad Celsius) und ist außerordentlich gleichförmig, in welche Richtung man auch schaut. Die Temperaturschwankungen in kleinen Bereichen betragen nur etwa 0,001 % und sind das Abbild der Dichteschwankungen der Materie aus der Frühzeit des Universums. Aus solchen Dichte-

9 Vgl. Kap. 1.3 S. 17 ff.

schwankungen hat dann die Schwerkraft im Laufe von Milliarden Jahren die Sterne und Galaxien geformt.

Was Rudnick stutzig machte, ist ein kalter Fleck ('WMAP Cold Spot') auf der Temperaturkarte der kosmischen Hintergrundstrahlung, die der WMAP-Satellit erstellt hat. Der kalte Fleck befindet sich mitten im Sternbild Eridanus und umfasst einen Winkel von 10 Grad am Himmel. Das entspricht der unvorstellbaren Größe von 900 Millionen Lichtjahren Durchmesser in 8 Milliarden Lichtjahren Entfernung. Die Temperatur des Flecks ist um Größenklassen geringer, als nach der durchschnittlichen Temperaturschwankung sein dürfte. Die Wahrscheinlichkeit für eine Schwankung solchen Ausmaßes beträgt höchstens eins zu einer Milliarde und ist damit rund hundertmal geringer, als sechs Richtige im Lotto zu erzielen.

Es gibt verschiedene exotische Erklärungen für das Phänomen, das es eigentlich nicht geben darf. Der kalte Fleck könnte beispielsweise eine Art Knoten in der Raumzeit sein. Die einfachste Erklärung jedoch, die in der Wissenschaft im Regelfall vorzuziehen ist, geht von einem gigantischen Leerraum aus, dessen Volumen das 1000-fache eines typischen Leerraums zwischen den Galaxien beträgt. Die der seriösen Wissenschaft angehörende Kosmologin Mersini-Houghton vermutet, das Superloch sei durch den Einfluss eines parallelen Universums entstanden. Sie hat die Existenz eines solchen Lochs bereits vor seiner Entdeckung, nämlich im Jahr 2006 vorausgesagt.

Mersini-Houghton geht wie der Großteil ihrer Kosmologen-Kollegen davon aus, dass der Urknall kein einzigartiges Ereignis war, sondern nur der Anfang eines Universums unter vielen, das sich ähnlich einer Blase im Schaumbad bildet. Und es gibt nahezu unendlich viele Blasen. Jede Einzelne enthält ein Universum mit eigenen Eigenschaften, eigenen Naturgesetzen und eigenen Naturkonstanten.

Von dem europäischen PLANCK-Satelliten und dem Teilchenbeschleuniger LHC in Genf erhofft man sich weitere Erkenntnisse, welche die Existenz eines Paralleluniversums beim »WMAP Cold Spot« widerlegt oder bekräftigt. Die tatsächliche Entdeckung eines Paralleluniversums wäre die Bestätigung für zahlreiche bisher kontrovers diskutierte Hypothesen.

Die Viele-Welten-Interpretation der Quantenphysik und der freie Wille.

Es waren aber nicht die Kosmologen, sondern die Quantenphysiker, die als Erste beim Versuch die quantenphysikalischen Formeln zu interpretieren auf die Idee vieler Welten oder paralleler Universen kamen. Die parallelen Universen der Quantenphysik unterscheiden sich grundsätzlich von denen der Kosmologie. Nach der **Viele-Welten-Interpretation** der Quantenphysik, die ursprünglich von dem US-amerikanischen Physiker Hugh Everett (* 11. November 1930; † 19. Juli 1982) stammt, verzweigen sich die bereits existierenden Universen jedes Mal, wenn Messungen durchgeführt werden oder Entscheidungen fallen. Dadurch werden alle Alternativen, die laut Wellenfunktion der Quantenmechanik eine positive Wahrscheinlichkeit besitzen, in irgendwelchen parallelen Universen realisiert.

Seit Jahrhunderten sind ganze Bibliotheken mit Büchern gefüllt, in denen kontrovers diskutiert wird, ob der Mensch einen freien Willen besitzt oder nicht. Neu ist die Idee, dass zwischen der Verzweigungsmöglichkeit in parallele Universen gemäß Everetts Vorstellung und einem freien Willen ein Zusammenhang besteht. Wenn man davon ausgeht, dass die vierdimensionale Raumzeit der Einstein'schen Relativitätstheorie etwas Statisches, aber das Leben des Menschen dennoch nicht uhrwerkartig determiniert ist, müssen parallele Raumzeit-Universen existieren, damit es für den freien Willen Alternativen gibt, in die aufgrund von Entscheidungen verzweigt werden kann. Rudnicks Entdeckung eines Superlochs im All kann für diese Hypothese allerdings nur dann eine Bestätigung liefern, wenn es einen Zusammenhang zwischen parallelen Universen im Weltall und parallelen Universen der Quantentheorie gibt. Eine Theorie dazu ist aber derzeit nicht in Sicht.

3. Sind Quanten noch ganz normal?

3.1. Wie Quanten den Alltag infiltrieren.

Quanten sind winzige Energiepakete, die sich je nach Art der Messung als Wellen oder als Teilchen zeigen. Aufgrund dieser Eigenschaft gelten Atome, Elektronen, Photonen (Lichtteilchen) und dergleichen - gleichgültig, ob die Objekte zur Materie zählen oder nicht - alle als Quanten.

Alles nur graue Theorie!« So lautet eine häufig geäußerte Meinung über die Quantenphysik. Ergänzend wird hinzugefügt: »Mit dem Alltag hat das nichts zu tun!« Die Meinung ist populär, zeugt aber von Unkenntnis der tatsächlichen Verhältnisse. Die Wissenschaftler sind nicht ganz unschuldig an dem Unwissen, weil sie es versäumt haben, die Allgemeinheit auf verständliche Weise über die Quantenphysik aufzuklären und auf deren enorme wirtschaftliche Bedeutung hinzuweisen. Mehr als ein Drittel der Weltwirtschaft hängt von Produkten ab, die mit Hilfe der Quantenphysik entwickelt wurden.

Die Quantenmechanik ist der mathematische Werkzeugkasten der Quantenphysik um die Natur für Physiker und Ingenieure berechenbar zu machen. Einer der die Quantenmechanik anwendet und demnächst Science-Fiction in den Alltag einführt, ist der US-Physiker Jordin Kare. Kare hat eine Laserstrahlenwaffe entwickelt, mit der er der Anopheles-Mücke den Garaus machen will. Die von Malaria geplagten Dorfbevölkerungen in weiten Teilen Afrikas werden es ihm danken. Denn mit Hilfe der Laserwaffe, die für ein paar Dollar hergestellt werden kann, können die Überträger der Malaria zu Milliarden pro Nacht abgeschossen werden.

William Anderson[10] ist Quantenphysiker genauso wie Kare und sein Spezialgebiet sind Laserstrahlen. Aber Anderson ist sich auch bewusst, wie die Quantenphysik den Alltag von jedem Menschen infiltriert hat. Schon morgens, wenn ihn der Radiowecker mit leiser Musik weckt, weiß er, dass seine Kollegen die Entwicklungsingenieure den mathematischen Formalismus der Quantenmechanik benutzt haben, um die im Radio eingebaute Halbleiterelektronik zu berechnen.

Wenn Anderson später an seinem Arbeitsplatz den PC einschaltet, denkt er an die Quantenphysiker, welche die Computerchips entwickelt haben. In der Mittagspause geht er in den Supermarkt, um für die abendliche Geburtstagsfeier daheim noch ein paar Delikatessen einzukaufen. Nachdem er sieht, wie die Verkäuferin an der Kasse mit einem Laserstrahl die Warenetiketten scannt, lächelt er die gute Frau

10 Name von der Redaktion geändert.

an, die nicht weiß, dass sie ein Gerät in der Hand hält, das nur mit Hilfe der Quantenphysik entwickelt werden konnte.

Abends bei der privaten Geburtstagsfeier daheim werden Familienfotos mit einer Digitalkamera geschossen. Anderson lächelt zum wiederholten Male, damit freundlich aussehende Lichtquanten auf den Fotosensor der Kamera fallen. Ihm ist bewusst, dass die Quantenphysik mit dem Fotosensor und der Digitalkamera nicht den Geburtstag, sondern einen weiteren Triumph bei der Infiltrierung der Alltagswelt feiert.

Nachdem alle Gäste gegangen sind, zieht sich Anderson noch kurz vorm Schlafengehen eine Dokumentation im Fernsehen über die Photovoltaik rein. Er sieht, dass es um Solarzellen geht, deren Funktionsweise allein durch die Quantenmechanik zutreffend beschrieben werden kann. Ohne Quantenmechanik wäre die Stromversorgung im Weltraum genauso wenig denkbar, wie die Stromerzeugung in der zukünftigen Welt, die lernen muss, ohne fossile Brennstoffe auszukommen.

Doch was ist das Geheimnis der Quantenmechanik, die bereits den heutigen Alltag durchdrungen hat und offensichtlich auch wichtig für die Zukunft der Menschheit ist? Wenn man Kerr darum bitten würde, möglichst einfach und leicht verständlich die Quantenmechanik zu erklären, dann würde er sicher Folgendes antworten: **Quantenmechanik ist der mathematische Teil der Theorie des Lichts und der Materie**. Ohne sie könnte heute weder die Physik noch die technische Welt auskommen.

Die Quantenmechanik fußt auf drei wichtigen Entdeckungen, welche die Physiker in den letzten hundert Jahren gemacht haben. Die erste Entdeckung ist die, dass Licht auch in Form von Teilchen existiert oder in anderen Worten: aus winzigsten Energiepaketen, nämlich den Quanten besteht. Die Lichtteilchen werden auch Photonen genannt. Jeder, der schon mal mit der Digitalkamera ein Foto unter schlechten Lichtverhältnissen geschossen hat, kann die Existenz von Quanten nachvollziehen. Schlecht belichtete Bilder sehen körnig oder verrauscht aus. Die Körnchen sind eine direkte Folge von zu wenig Lichtteilchen bzw. Quanten.

Bevor die Physiker Lichtteilchen entdeckten, nahmen sie an, dass sich Licht wie eine Welle ausbreitet. Anders wäre es auch heute nicht zu erklären, wenn eine Polaroid-Sonnenbrille die Lichtreflexe am Meer oder der sich im Sonnenlicht spiegelnden Flächen reduziert. Denn das

Abb. 36: **Louis-Victor de Broglie** (* 15. August 1892 in Dieppe,; † 19. März 1987 in Louveciennes) ist französischer Adliger. Für seine Entdeckung der Wellennatur des Elektrons und der daraus resultierenden Theorie der Materiewellen erhielt er 1929 den Nobelpreis für Physik. Foto: PD

Abb. 37: **Werner Karl Heisenberg** (* 5. Dezember 1901 in Würzburg; † 1. Februar 1976 in München). Der Nobelpreisträger H. gilt als einer der bedeutendsten Physiker des 20. Jahrhunderts. Foto: Bundesarchiv, Bild183-R57262 / CC-BY-SA

Material der Polaroid-Brillen enthält feine Gitterlinien, durch deren Zwischenräume alle Wellenberge die quer zum Gitter verlaufen, zurückgehalten werden. Teilchen könnten die Zwischenräume dagegen ungehindert durchqueren.

Teilchen und Wellen sind zwei gegensätzliche Dinge, die sich nicht vereinbaren lassen. Licht hat sowohl Teilchencharakter als auch Wellencharakter, wie vorher gezeigt wurde. Um den Widerspruch nicht als solchen erscheinen zu lassen, sagen die Physiker, die beiden Eigenschaften Wellencharakter und Teilchencharakter seien komplementär zueinander, d. h., die Eigenschaften würden sich ergänzen und die Physiker sprechen vom **Welle-Teilchen-Dualismus**.

Wenn es schon verrückt klingt, dass Licht außer der Welleneigenschaft auch Teilcheneigenschaft besitzt, so ist es noch verrückter, wenn Materie auch Welleneigenschaft besitzen soll. Doch es ist so. Der Physiker de Broglie entdeckte 1924 die Welleneigenschaft von Materie[11] und beschrieb diese in seiner Doktorarbeit. Er erhielt dafür 1929 den Nobelpreis der Physik. Aufgrund dieser Entdeckung begann die Erfolgsserie der Quantenmechanik, denn Materie konnte fortan wie Licht und Licht wie Materie behandelt und berechnet werden.

Ganz im Tollhaus der Naturwissenschaft glaubt sich der Laie, wenn er von der zweiten wichtigen Entdeckung der Quantenphysik hört. Der Physiker Werner Heisenberg versuchte die Lichtteilchen genauer zu vermessen. Er wollte ihren Ort und Impuls exakt bestimmen. Er hatte keinen Erfolg, denn immer wenn er das Lichtteilchen an einem bestimmten Ort lokalisieren konnte, gelang es ihm nicht mehr den Impuls exakt zu messen. Wenn er gerade dabei war, den Impuls zu messen, konnte er nicht mehr feststellen, wo das Lichtteilchen geblieben war. Das Problem war verteufelt und nicht lösbar. Schließlich stellte Heisenberg eine Formel auf, die das Problem mathematisch beschreibt. Diese Formel ist die Heisenberg'sche **Unschärferelation** , für deren Entdeckung der Physiker 1932 den Nobelpreis bekam[12].

Heisenbergs Entdeckung schlug wie eine Bombe in die deterministische Philosophie der vorquantischen klassischen Physik ein. Je mehr man sich anstrengte eine physikalische Größe akkurat zu messen, desto ungenauer wurden die anderen Größen. Wenn die Anfangswerte zur Berechnung der Bahnkurve eines Teilchens nicht mehr

11 Ein Experiment zur Welleneigenschaft der Materie ist auf S. 67 ff. beschrieben.

12 Weitere Aussagen zur Unschärferelation siehe S. 63

genau gemessen werden können, dann ist die Vorstellung man könne den Weg eines Teilchens exakt berechnen, unhaltbar. Statt deterministischer Berechnungen musste man sich fortan mit Wahrscheinlichkeitsberechnungen begnügen. Der österreichische Physiker Schrödinger stellte dafür die nach ihm benannte Wellengleichung[13] auf, welche in der Quantenphysik die Rolle der klassischen Newton'schen Gesetze übernahm. Die Schrödinger Wellengleichung ist praktisch der mathematische Eckpfeiler der Quantenphysik. Auf ihr fußen alle mathematischen Berechnungen für die technologischen Errungenschaften unseres heutigen Alltags, seien es Laser, DVD-Rekorder oder der Kernspintomograph für medizinische Untersuchungen.

Abb. 38: **Erwin Rudolf Josef Alexander Schrödinger** (* 12. August 1887 in Wien-Erdberg; † 4. Januar 1961 in Wien) Der österreichische Physiker gilt als einer der Begründer der Quantenmechanik. Er erhielt gemeinsam mit Paul Dirac 1933 den Nobelpreis für Physik.. Foto: PD

Die dritte wichtige Entdeckung der Quantenphysik stammt vom Quantenphysiker Wolfgang Pauli. Er entdeckte, dass kein Teilchen sich dort befinden kann, wo sich bereits ein anderes Teilchen aufhält (Pauli-Prinzip, 1925/1926). Das erscheint in der klassischen Physik selbstverständlich. Es ist aber nicht mehr selbstverständlich seit de Broglie die »weiche« Welleneigenschaft der Materie entdeckte. Das Pauli-Prinzip erklärt, warum man dennoch nicht mit dem Kopf durch die Wand kann. Aber es erklärt auch dem Chemiker, wie das Periodensystem der Elemente funktioniert, und hat damit erst die Entwicklung moderner Werkstoffe ermöglicht.

Ein Physiker weiß aufgrund der Entdeckung des Pauli-Prinzips, wie ein Laser funktioniert und Jordin Kare kann deshalb daran gehen, seinen Moskito-Laser zu vervollkommnen. Nach Angaben der Forscher soll der Laserstrahl des Mückenkiller-Geräts Milliarden von Mücken in einer Nacht töten, ohne Schmetterlingen oder Menschen Schaden zuzufügen. Wenn dadurch in Schwarzafrika jedes Jahr Hunderttausenden das Leben gerettet wird, weil die Menschen von der todbringenden Malaria verschont bleiben, dann handelt es sich um einen erneuten großen Triumph der Quantenmechanik.

Abb. 39: **Wolfgang Ernst Pauli** (* 25. April 1900 in Wien; † 15. Dezember 1958 in Zürich). Quantenphysiker und Nobelpreisträger. Foto: Bettina Katzenstein, CC-BY-SA.

3.2. Schrödingers Katze.

Stephen Hawking soll einmal gesagt haben: »Jedes Mal, wenn ich von Schrödingers Katze höre, würde ich am liebsten zum Gewehr greifen.« Was ist das für eine Katze, die dem populären englischen Physiker solche Mordgedanken kommen lässt? Und was hat ihm das Tier angetan?

13 Siehe Wellenfunktion, S. 58

Abb. 40: Die Anwendung der quantenmechanischen Wellenfunktion führt zur Behauptung, dass die Katze bis zum Öffnen des Kastens gleichermaßen tot wie lebendig ist. Grafik: Dhatfield,

Schrödingers Katze, nennen wir sie einfach Mieze, ist gar keine reale Katze. Mieze ist der Star eines sogenannten Gedankenexperiments, das so weit bekannt, nie in echt ausgeführt wurde. Erwin Schrödinger wollte damit 1935 demonstrieren, wie unvollständig die Quantenmechanik ist, wenn man vom Verhalten winzig kleiner Quantenobjekte, z. B. von Atomen, Elektronen oder Lichtteilchen, auf die großen Gegenstände unserer Welt schließt.

Die Quantenmechanik benutzt eine mathematische Formel mit Namen Wellenfunktion, um den Zustand der winzigen Energiepakete, den Quanten, zu beschreiben. Die Wellenfunktion gilt als extrem zuverlässig und erfolgreich, denn ohne Quantenmechanik gäbe es weder Handy noch Computer, weder Internet noch die riesige Quantenschleuder LHC am Kernforschungszentrum CERN in Genf. Im Umkehrschluss bedeutet das: Die Quantenmechanik muss wohl richtig sein, wie die Existenz all dieser Dinge beweist.

Die quantenmechanische **Wellenfunktion** ist die – meist komplexe – Lösung von Schrödingers Wellengleichung. Sie beschreibt den Zustand eines Elementarteilchens oder eines Systems von Elementarteilchen vor ihrer Messung. Das Quadrat der Wellenfunktion bestimmt die Aufenthaltswahrscheinlichkeit der Elementarteilchen in einem Bereich des dreidimensionalen Raums.

Schrödinger schlug vor - natürlich nicht in echt - Mieze in einen allseitig geschlossenen Kasten einzusperren, in dem sich außerdem noch ein radioaktives Atom, ein Geigerzähler und eine Mordapparatur mit Giftflasche befinden. Die Wahrscheinlichkeit, dass das Atom innerhalb einer Stunde zerfällt und damit den Geigerzähler zum Ticken bringt, sollte 50% betragen. Durch das Ticken des Geigerzählers sollte dann der Hammer der Mordapparatur ausgelöst werden und die Giftflasche zertrümmern. Mieze würde in solch einem Fall schmerzlos getötet werden. Nach einer Stunde sollte der Kasten geöffnet werden, um nachzusehen, ob Mieze tot oder lebendig ist.

Schrödinger ging es weniger um die Beantwortung der Frage, ob Mieze nach einer Stunde noch lebt, als darum, in welchem Zustand sich Mieze befindet, bevor man den Kasten öffnet. Ist sie vor dem Öffnen tot oder lebt sie noch?

Miezes Mörder oder das Dilemma der Quantenphysik.

Um die Frage nach dem Zustand von Schrödingers Katze zu beantworten, ziehen Quantenphysiker die Wellenfunktion heran. Die

Deutung der Wellenfunktion und die Beschreibung von Miezes Wirklichkeit gleichen den Aussagen des griechischen Orakels der Antike: Mieze sei vor dem Öffnen des Kastens weder tot noch lebendig. Sie sei gleichzeitig tot und lebendig. Sie würde sich in Superposition der beiden Zustände tot und lebendig befinden.

Der vernünftige Bürger langt sich an den Kopf und bemüht sich, den Unsinn schnell zu vergessen. Doch gleichgültig, wie falsch die Aussage über Mieze scheint, die Quantenphysiker halten ihre Beschreibung von Miezes Wirklichkeit für richtig, denn wenn die Deutung der Wellenfunktion falsch wäre, gäbe es keine moderne Welt, keinen Computer und keinen LHC am CERN.

Seit mehr als 70 Jahren versuchen die Quantenphysiker das Paradoxon von Schrödingers Katze zu lösen, das sie an den Rand des Wahnsinns treibt. Die Quantenmechanik mag zwar gut für die Vorhersage von Messergebnissen sein, beschreibt aber nicht eine Wirklichkeit.

Mit einem einfachen Beispiel kann man das einsehen. Wenn man eine Münze in der Hand hält, um sie zu werfen, dann sagt die Wahrscheinlichkeitsrechnung, dass in 50% der Fälle Kopf erscheint und in den anderen 50% die Zahl. Stellt man ganz analog zu der Frage nach dem Zustand von Mieze vor dem Öffnen des Kastens, die Frage nach dem Zustand der Münze vor dem Wurf, kann die Aussage: »Sie befindet sich in Superposition der beiden Zustände Kopf und Zahl« wohl kaum die Beschreibung einer Wirklichkeit sein. Die Beschreibung der Wirklichkeit lautet vielmehr: »Die Münze befindet sich vor dem Wurf in der Hand«. Das gilt unabhängig davon, was die Formeln der Wahrscheinlichkeitsrechnung über den Ausgang eines Münzwurfs sagen.

Was für die Beschreibung des Zustands der Münze so einfach erscheint, bereitet den Quantenphysikern nach wie vor Kopfzerbrechen. Sie argumentieren, dass vor dem Öffnen des Kastens die Regeln der Quantenphysik gelten. Durch das Öffnen finde ein Messvorgang statt. Der bewusste Beobachter bewirke durch diesen Messvorgang eine Veränderung von Miezes Zustand. Wenn man Mieze tot vorfinde, wäre nach den Regeln der Quantenphysik derjenige ihr Mörder, der den Kasten öffnet und nicht die Mordapparatur. Die Physiker nennen das, was beim Öffnen geschieht, den »Kollaps der Wellenfunktion«. Anschließend nach diesem Kollaps verhält sich der Inhalt des Kastens nach den Regeln der klassischen Physik und nicht mehr nach denen der Quantenphysik.

Kann »kosmisches Bewusstsein« das Dilemma lösen?

Der amerikanische Physiker und Nobelpreisträger Eugene Paul Wigner (* 17. November 1902, † 1. Januar 1995) kannte Schrödingers Katze, wenn auch nicht persönlich. Er schrieb resigniert: *»Es war nicht möglich die Gesetze [der Quantentheorie] widerspruchsfrei zu formulieren, ohne dabei Bewusstsein ins Spiel zu bringen.«* Aber er löste das Dilemma nicht. Doch Tierfreunde können aufatmen. Mieze wird das schlimme Schicksal erspart bleiben, welches ein reales Experiment mit sich brächte, denn immer mehr Quantenphysiker glauben, es müsse ein kosmisches Bewusstsein geben, welches das Universum erfüllt. Dieses würde den Kollaps der Wellenfunktion bewirken, unabhängig davon, ob der Kasten geöffnet wird oder nicht. Die Paradoxien bei der quantenphysikalischen Beschreibung von Miezes Wirklichkeit würden sich dadurch auflösen.

Muss man aber gleich nach den Sternen greifen und für die Argumentation »kosmisches Bewusstsein« heranziehen? Insbesondere ist nicht klar, was »kosmisches Bewusstsein« sein soll. Das Geschehen in dem verschlossenen Kasten lässt sich auch ohne »kosmisches Bewusstsein« und ohne ein quantenphysikalisches Paradoxon beschreiben, wenn man davon ausgeht, dass bereits einzelne Quanten Bewusstsein zeigen[14]. Der Zerfall des radioaktiven Atoms in Miezes Kasten wäre dann mit der bewussten Entscheidung des Quants verbunden und das käme dem Messvorgang gleich, der den Kollaps der Wellenfunktion bewirkt. Die Person, die den Kasten öffnet, hätte dann keinen Einfluss auf Miezes Wirklichkeit, sie wäre nicht ihr Mörder. So wird wohl Hawking nicht zum Gewehr greifen müssen, um Schrödingers Katze zu erschießen.

3.3. Schwarze Löcher am Kernforschungszentrum CERN.

Die Inbetriebnahme der 27 km großen Urknallmaschine mit Namen Large Hadron Collider (LHC) am Kernforschungszentrum CERN in Genf bereitete vielen Menschen Sorgen.

Schwarze Löcher wollen die Forscher mit der Urknallmaschine er-

---

14 Siehe Kap. 8.5 S. 173 ff.

zeugen, indem sie winzige Quantenobjekte fast auf Lichtgeschwindigkeit beschleunigen und miteinander kollidieren lassen! Schwarze Löcher, von denen man immer wieder hört, sie seien alles verschlingende Riesenmonster im All. Quanten dagegen sind kleinste Energiepakete von atomarer Größe, die möglicherweise sogar Bewusstsein zeigen[15].

Allerdings geht es in Genf bei den schwarzen Löchern gar nicht um die alles verschlingenden gigantischen astronomischen Objekte, die bis zu einigen Milliarden Sonnenmassen haben können. Es geht um winzig kleine schwarze Löcher, sogenannten »mini Black Holes«. Auftreten können solche mikroskopischen schwarzen Löcher, wenn die Kerne von zwei Wasserstoffatomen fast mit Lichtgeschwindigkeit aufeinander zu rasen und kollidieren. Nach aktuellen Berechnungen könnten so einige Dutzend »mini Black Holes« pro Sekunde entstehen. Die Forscher hoffen, dass diese »mini Black Holes« einen stabilen Zustand (Relikt) besitzen, damit sie sich untersuchen lassen. Man fragt sich unwillkürlich, wozu »mini Black Holes« oder ihr stabiler Relikt-Zustand gut sein sollen.

Prof. Dr. Horst Stöcker vom Institut für theoretische Physik an der Universität Frankfurt hat die Frage auf seine Weise beantwortet. Er hat nämlich schleunigst ein Patent angemeldet, wie man mit Hilfe eines Konverters aus einem Relikt Energie erzeugen kann. Wenn alles klappt, könnte ihn das Patent zum reichsten Mann der Welt machen, denn man würde nur 10 Tonnen Wasserstoff benötigen, um die ganze Welt ein ganzes Jahr lang komplett mit Energie zu versorgen. Da würden die Ölscheichs sicher in die Röhre gucken!

Die Frage ist nur, ob sich die 10 Tonnen Masse gemäß Einsteins berühmter Formel $E=mc^2$ so einfach in Energie umwandeln lassen wollen. Denn wir haben es mit Quanten zu tun, die ein äußerst seltsames Verhalten an den Tag legen.

3.4. Das »Gottesteilchen«.

Wenn Physiker wieder einmal merken, dass sie die Welt nicht erklären können, machen sie Witze. So auch der Nobelpreisträger für Physik des Jahres 1988, Leon Ledermann. Zur Erklärung dessen, woraus die Welt in ihren kleinsten Einheiten besteht, dient das **Standardmodell der Elementarteilchenphysik**. Allerdings kann diese Theorie nicht

15 Vgl. »Die Vakuum-Theorie.« S. 175 ff.

*Abb. 41: Der Large Hadron Collider **(LHC)** ist ein ringförmiger Teilchenbeschleuniger mit 26,7 km Umfang am Europäischen Kernforschungszentrum CERN bei Genf. Darin werden Protonen gegenläufig auf nahezu Lichtgeschwindigkeit beschleunigt und miteinander zur Kollision gebracht. Ziel ist der Nachweis des »Gottesteilchens«, dem Higgs-Boson.*
Foto: Julian Herzog, CC-BY-SA

erklären, warum ein bestimmtes Teilchen eine Masse hat. So witzelte Ledermann: *»Die Masse stammt von Gott.«* Laut Standardmodell werden alle physikalischen Eigenschaften durch Teilchen verursacht. Deshalb ist das Teilchen, von dem andere Teilchen ihre Masse empfangen das »Gottesteilchen«.

Das Standardmodell der Elementarteilchenphysik beschreibt durch mathematische Formulierungen die Erscheinungen und Wechselwirkungen der Teilchen in der subatomaren Welt. Zur Erklärung, wie die Grundkräfte der Physik zwischen den Elementarteilchen vermittelt werden, dienen sogenannte Austauschteilchen (Eichbosonen). Beispielsweise ist das Lichtteilchen (Photon) so ein Austauschteil. Das Standardmodell wird durch physikalische Experimente gut bestätigt. Allerdings ist die Theorie unvollständig. Es gibt in ihr freie Parameter, die nicht durch eine Formel, sondern nur durch Schätzung oder Messung bestimmt werden können. Die Masse ist so ein freier Parameter. Um eine der Lücken im Standardmodell zu schließen, postulierte der britische Physiker Peter Higgs in den 1960er Jahren ein Gottesteilchen. Es ist ein Austauschteilchen, das seinen Namen trägt: Higgs-Boson. Dieses Higgs-Boson soll den zunächst masselosen Elementarteilchen ihre Masse geben.

Seit Jahren suchten die Teilchenphysiker der ganzen Welt mit immer größerem technischem Aufwand nach dem Gottesteilchen. Denn die Theorie der Materie und der Elementarteilchen steht auf den schwankenden Füßen des Higgs-Bosons. Mit der Existenz oder Nichtexistenz dieses Teilchens steht und fällt ein ganzes Theoriengebäude der Physik. Jahrelang brachte die Forschung keinen einzigen Hinweis auf seine Existenz. Nun soll es der größte Tempel der modernen Physik, das Kernforschungszentrum CERN in Genf mit der gigantischen Teilchenschleuder LHC richten. Das wohl teuerste Experiment der Erde soll das hervorbringen, was andere schwächere Teilchenbeschleuniger vorher nicht vermochten, die Erscheinung des Gottesteilchens auf Erden.

Im Juli 2018 wurde bekannt gegeben, dass am CERN der lang gesuchte Zerfall des Higgs-Bosons in zwei Bottom-Quarks endlich nachgewiesen wurde.

3.5. Fluktuationen.

Leben ist gekennzeichnet durch die prinzipielle Unvorhersagbarkeit des Verhaltens. Die Flugbahn eines Steins kann man zuverlässig vorhersagen. Für die Bahn des Vogelflugs gilt das nicht, denn Vögel können sich entschließen ihre Flugrichtung zu ändern. Andererseits ist die Welt toter Materie im Kleinen ungeahnt lebendig.

Die Unterschiede zwischen der Welt im Großen und jener in den Dimensionen von Atomen oder kleiner können an einem Beispiel verdeutlicht werden. Ein Pendel der klassischen Physik, wie das Pendel einer alten mechanischen Uhr, hängt für alle Zeiten regungslos senkrecht herunter, wenn die Uhr nicht aufgezogen wird. Nicht so das Pendel von atomarer Größe. Denn in dieser Größenordnung gelten die Gesetze der Quantenmechanik. Danach ist das Pendel immer in Unruhe. Es fluktuiert um die Ruhelage herum, befindet sich jedoch nie exakt an deren Position. Unter Fluktuation versteht man hier eine permanente und zufällige Veränderung des Zustands oder der Lage, so dass man nie genau sagen kann, welche Auslenkung es gerade hat.

Es war der Physiker Werner Heisenberg, der diesen Umstand im Zusammenhang mit sogenannten Doppelspaltexperimenten[16] entdeckte. Seine Entdeckung wurde wie schon weiter oben erwähnt[17] unter dem Namen Unschärferelation bekannt.

Das Prinzip der Natur, das aus nichts etwas entstehen lässt.

Eine der Aussagen der Unschärferelation ist es, dass kein Teilchen einen bestimmten Ort und eine bestimmte Geschwindigkeit gleichzeitig besitzen kann. Würde sich demnach das Pendel am Ort der Ruhelage befinden, könnte es nicht gleichzeitig die Geschwindigkeit null haben. Hätte es andererseits die Geschwindigkeit null, könnte es nicht gleichzeitig am Ort der Ruhelage sein. Die Konsequenz ist, dass das quantenmechanische Pendel weder an einem genau bestimmten Ort zu finden ist, noch eine genau bestimmte Geschwindigkeit besitzt. Es fluktuiert einfach um den Ort der Ruhelage herum und das für alle Ewigkeit. Niemals ist es in Ruhe. Sein Verhalten ist genauso unvorhersagbar, wie man es von etwas Lebendigem gewohnt ist. Kann man

16 Siehe Kap. 3.7 Seite 67 ff.
17 Siehe S. 56

daraus auf eine Art Beseeltheit der Materie und der Naturkräfte schließen, so wie das Max Planck tat?[18]

Fluktuation ist das Prinzip der Natur, das aus nichts etwas entstehen lässt. Aus der Unschärferelation folgt, dass selbst im bestmöglich leeren Raum, dem quantenphysikalischen Grundzustand oder Vakuum, etwas fluktuiert. Das bedeutet, dass elektromagnetische Wellen in diesem Vakuum zwar im Mittel verschwinden, aber dennoch als Energieschwankungen vorkommen, die der Unschärferelation genügen. Die fluktuierenden elektromagnetischen Wellen treten als Wärmestrahlung und bei höheren Temperaturen sogar als Licht auf.

Materie aus dem Nichts.

Fügt man einem physikalischen Vakuum auf irgendeine Weise Energie hinzu, geschieht etwas Seltsames. Fluktuationen sorgen dafür, dass die Energie in reale Teilchen-Antiteilchen-Paare umgewandelt wird, z.B. einem Elektron und seinem Antiteilchen dem Positron (Paarerzeugung)[19]. Praktisch aus nichts ist dann Materie entstanden und die Energie zu Masse kondensiert. Einerseits wählt die Fluktuation eine Alternative unter allen Möglichkeiten, andererseits löst sie den Prozess selbst aus.

Im Gegensatz zur klassischen Physik, in der es für jedes physische Ereignis eine Ursache gibt, bedarf es für Fluktuationen keinerlei Ursache. Weil der Vorgang aber nicht ohne Einsatz von Energie ablaufen kann, borgt sich die Fluktuation die benötigte Energie im Nichts des Vakuums aus. Wie im täglichen Leben muss über kurz oder lang der Kredit zurückgezahlt werden. Die dabei geltende Regel, die Heisenberg herausfand, lautet: Energiereiche Fluktuation dauern nur kurz, energiearme kann es länger geben. Wenn aufgrund zugeführter Energie reale Teilchen-Antiteilchen-Paare entstehen, können diese allerdings auch nach Beendigung der sie verursachenden Fluktuation weiter existieren.

In der Praxis führt man den Schöpfungsprozess, nämlich die Paarerzeugung, regelmäßig in Teilchenbeschleunigern durch. Zu dem Zweck wurde auch der weltgrößte Teilchenbeschleuniger am Forschungszentrum CERN in Genf in Betrieb genommen. Im Vakuum von Teilchenbeschleunigern werden winzigste Elementarteil-

---

18 Siehe »Haben Quanten eine Art Bewusstsein?« S. 169 ff.

19 Siehe Abb. 14 S. 22

Fluktuationen.

chen auf extrem hohe Geschwindigkeiten beschleunigt. Hohe Geschwindigkeit bedeutet einen entsprechenden Gehalt an Bewegungsenergie. Durch den gewollten Zusammenprall mit anderen Teilchen wird diese plötzlich in Wärmeenergie umgewandelt. Die Fluktuation im Vakuum sorgt dann dafür, dass die Energie verwendet wird, um reale Teilchen-Antiteilchen-Paare zu erzeugen. Je nachdem wie viel Energie zur Verfügung steht, entstehen aus dem Nichts andere Arten von Teilchen und vernichten sich gegebenenfalls auch wieder.

Wie aus Fluktuationen sogar ein ganzes Universum entsteht, wird weiter unten entwickelt.

3.6. Elektronen auf frischer Tat beim Tunneln ertappt.

Was sich wie ein Delikt anhört, nämlich das »Tunneln« ist ein ganz normaler quantenphysikalischer Vorgang. Erstmals ist es nun gelungen Elektronen live zu beobachten, wie sie die Atome verließen, von denen sie gefangen gehalten wurden (Heraustunneln).

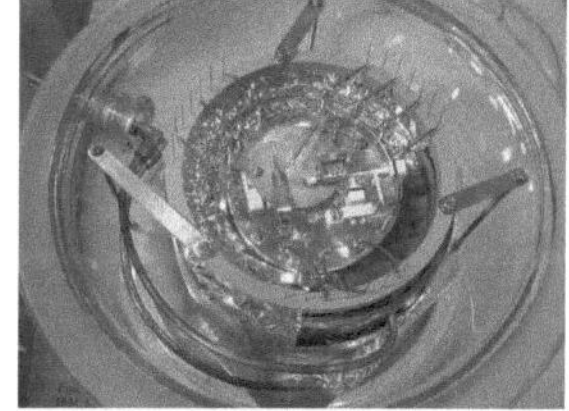

Abb. 42: Das erste Rastertunnelmikroskop (RTM) von Rohrer und Binnig. Foto: J Brew, CC BY SA

Der Tunneleffekt erklärt unter anderem, wie es zur Kernfusion in der Sonne kommt oder auch die Funktionsweise des Rastertunnelmikroskops (RTM), mit dem man bis zu 100-Millionenfach vergrößern kann. Der Fernsehprofessor der Physik, Harald Lesch, demonstriert in der Bildungssendung Alpha Centauri eindrucksvoll, was es mit diesem Phänomen »Tunneleffekt« auf sich hat. Zu Beginn schwebt er durch die Tafelwand der Fernsehkulisse, so wie ein Geist, den keine Barriere von einem Spuk abhalten kann. Gleich darauf nimmt er wieder eine feste Gestalt an und erklärt, dass der Zuschauer seine Vorführung mit Vorsicht genießen soll. Mit dieser Warnung hat er wohl recht. Denn wenn ein Zuschauer es ihm gleich tun wollte, würde er nur Beulen und blaue Flecke davontragen. Die Wahrscheinlichkeit, dass Menschen durch Wände gehen können, ist verschwindend gering. Nur mikroskopischen Quantenobjekten wie Elektronen oder Protonen gelingt dieses Kunststück mit deutlich höherer Wahrscheinlichkeit.

Man kann den Effekt am Beispiel einer Kugel erklären, die ein Mensch mit Schwung einen Hügel hochrollen lässt. Wenn die Energie, die der Kugel mitgegeben wird, nicht genügt, rollt die Kugel immer wieder zurück, anstatt die Kuppe zu überwinden und ins nächste Tal zu gelangen. In der Quantenphysik besteht dagegen für Quantenobjekte die Möglichkeit den Potenzialwall, wie der Hügel genannt wird, zu durchtunneln.

Im Gegensatz zur Demonstration des Kunststücks im Fernsehen verläuft das Tunneln mit Quantenobjekten ein wenig anders. In einem Augenblick befindet sich das Quantenobjekt noch vor dem Potenzialwall und im nächsten Augenblick schon dahinter im nächsten Tal. Es ist ein plötzlicher Übergang, bei dem keine Zwischenzustände vorkommen. Der Übergang benötigt möglicherweise eine endliche Zeit, aber über den Zustand des Systems während dieser Zeit, kann grundsätzlich nichts ausgesagt werden.

In der frühen Quantenphysik nannte man so einen plötzlichen Übergang auch **Quantensprung**. Der Begriff wird heute in der Fachwelt nicht mehr gern verwendet, weil er in die Umgangssprache eingedrungen ist und einen Bedeutungswandel erfahren hat. Umgangssprachlich wird er verwendet, wenn von einem großen und ungewöhnlichen Fortschritt die Rede ist. In der Physik geht es jedoch um sehr kleine, wenn auch sprunghafte Zustandsänderungen.

Heraustunneln von Elektronen aus Atomen

Noch niemand konnte bis vor kurzem das Quanten-Tunneln in Echtzeit beobachten. Dieses Kunststück ist nun Physikern des Max-Planck-Instituts für Quantenoptik gelungen. Sie haben das Heraustunneln von Elektronen aus einem Atom erstmals live verfolgt. Die elektrischen Kräfte innerhalb eines Atoms halten normalerweise jene Elektronen fest, die sich in seinem Inneren aufhalten. Die Kräfte bilden den Potenzialwall, den es zu überwinden gilt, wenn sich ein Elektron aus dem Atom herauslösen soll.

Der Trick der Max-Planck-Physiker bestand darin, mit Hilfe von Attosekunden-Laserblitzen die Elektronen näher an den Rand ihres Atomgefängnisses zu bringen. Eine Attosekunde ist milliardster Teil einer milliardstel Sekunde und damit unvorstellbar kurz. Der Laserblitz vergrößert die Wahrscheinlichkeit, dass die Elektronen aus ihrem Atomgefängnis entkommen können. Und tatsächlich, nach einem zweiten Laserblitz, der die Breite des Potenzialwalls ein wenig verringerte, nutzen die Elektronen die Gelegenheit, um herauszutunneln.

Atome, denen ein Elektron fehlt, sind positiv geladen. Als die Physiker im Anschluss an das Experiment die positiv geladenen Atome zählten, waren sie nicht schlecht überrascht, dass zahlreiche

Elektronen entkommen waren. Noch interessanter ist aber die Feststellung, dass der Zeitbedarf für das Heraustunneln praktisch kaum messbar ist, so dass die Physiker annehmen, der Tunnelprozess benötige überhaupt keine Zeit. Die Erkenntnisse sollen helfen, bessere Röntgenlaser für die medizinische Therapie zu entwickeln.

3.7. Das schönste Experiment aller Zeiten.

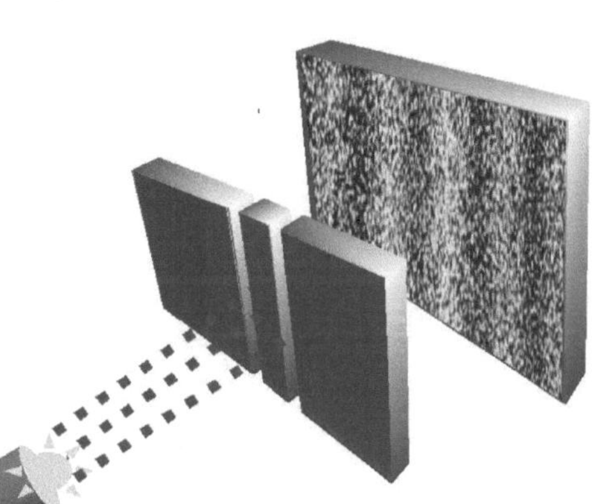

In einer Umfrage der englischen Zeitschrift »Physik World« im Jahr 2002 nach dem schönsten Experiment aller Zeiten wählten die Leser ein Doppelspaltexperiment mit Elektronen auf den ersten Platz.

Dieses Experiment führte der deutsche Physiker Claus Jönsson im Rahmen seiner Doktorarbeit im Jahr 1959 durch. Er konnte nachweisen, dass zur Materie zählende unteilbare Elektronen nicht nur Teilcheneigenschaften haben, sondern gleichzeitig auch Welleneigenschaften aufweisen. Man spricht von »Materiewellen«.

Bereits im Jahr 1802 wurde von Thomas Young das Doppelspaltexperiment mit Licht durchgeführt. Young ging es darum, die Wellennatur des Lichts zu beweisen, was ihm auch gelang. Eine Wellennatur, die im Zusammenhang mit Licht noch einigermaßen verständlich erscheint, führt bei dem, was man landläufig unter »fester Materie« versteht bei Nichtphysikern zu ungläubigem Kopfschütteln.

Und dennoch ist das Doppelspaltexperiment mit Elektronen von zentraler Bedeutung für die Quantentheorie, da es die Existenz von Materiewellen bestätigt.

Wie funktioniert nun dieses Experiment? Der prinzipielle Versuchsaufbau ist denkbar einfach und besteht aus drei Teilen. Erstens benötigt man eine Elektronenquelle, z.B. eine Lampe mit rot leuchtendem Glühfaden. Es werden dann genügend Elektronen das glühende Metall verlassen. Zweitens braucht man einen Beobachtungsschirm, der in angemessenem Abstand aufgestellt ist. Einzelne auf dem Schirm auftreffende Elektronen werden von diesem als winzige helle Punkte registriert, eine große Elektronenmenge als helle Bereiche. Drittens muss zwischen Elektronenquelle und Beobachtungsschirm eine Blende mit zwei schmalen parallelen Spalten

(Doppelspalt) stehen. Welche genauen Abmessungen und Abstände beim Versuchsaufbau zu wählen sind, damit das Experiment gelingt, braucht uns hier nicht zu interessieren, da es nur um die Beantwortung prinzipieller Fragen geht.

Was wird wohl auf dem Beobachtungsschirm zu sehen sein, wenn dieser von einer größeren Anzahl an Elektronen getroffen wird? Über den ganzen Schirm unregelmäßig verteilte helle Punkte? Zwei helle Streifen? Oder etwas anderes? Die klassische Erwartung ist: Wenn genügend Elektronen durch die zwei parallelen Spalten hindurchgehen, dann wird man auf dem Schirm zwei parallele helle Streifen sehen.

Tatsächlich aber häufen sich die Elektronen nicht an den Schnittstellen, wo die Verbindungslinie von Lichtquelle und Spalt den Schirm trifft, sondern daneben. An den Schnittstellen der Verbindungslinie ist es dagegen dunkel. Außerdem treten mehr als zwei helle Streifen auf.

Physiker nennen das Muster ein »Interferenzmuster«. Diese treten normalerweise dort auf, wo sich Wellen überlagern. Die dunklen Streifen lassen sich als Wellental interpretieren, die hellen als Wellenberg. Da Elektronen sich einerseits wie Teilchen verhalten, andererseits beim Doppelspaltexperiment Interferenzmuster erzeugen, spricht man von »Welle-Teilchen-Dualismus«.

Eine für die Allgemeinheit verständliche Erklärung dieses Phänomens konnten die Physiker bisher nicht vorlegen. Aber mathematisch hat man das Phänomen völlig im Griff. Es lässt sich mit Hilfe von Formeln exakt beschreiben. Das zugehörige mathematische System, mit dem sich Voraussagen berechnen lassen, ist die Quantenmechanik.

Wenn das Doppelspaltexperiment ein wenig abgeändert wird, erhält man weitere überraschende Ergebnisse:

Versucht man beispielsweise herauszufinden, welchen Weg ein bestimmtes Teilchen genommen hat, ob durch Spalt 1 oder durch Spalt 2, verschwindet das Interferenzmuster. Auf dem Schirm erscheinen nur zwei helle Streifen. Dabei ist es völlig gleichgültig, wie trickreich die Messapparatur aufgebaut wird. Die Teilchen lassen sich nicht mehr dazu bewegen, ein Interferenzmuster zu bilden, selbst wenn die Versuchsanordnung erst nachträglich die Feststellung des Weges zulässt.

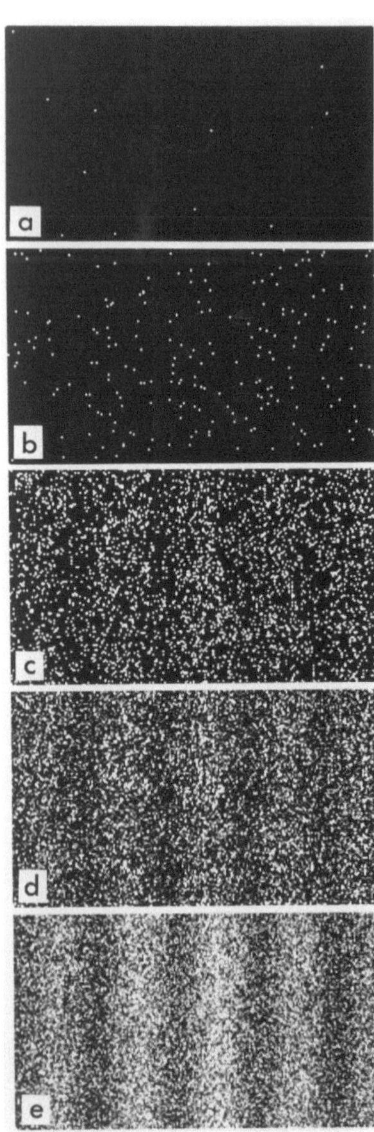

Abb. 45: Ergebnis eines Doppelspaltexperiments, welches das Interferenzmuster von Elektronen zeigt. Anzahl Elektronen: 11 (a), 200 (b), 6000 (c), 40000 (d), 140000 (e). Foto:Tanamura, CC-BY-SA

Das gleiche Ergebnis erhält man, wenn abwechselnd oder zufällig eine der beiden Spalten geschlossen ist. Obwohl nun Elektronen durch beide Spalten gehen, bildet sich kein Interferenzmuster.

Man hat versucht, dieses seltsame Verhalten durch die sogenannte Kopenhagener Deutung der Quantenmechanik zu erklären. Die Deutung ist unbefriedigend, wenn man sich das Gedankenexperiment »Schrödingers Katze« vergegenwärtigt, aus dem absurderweise gefolgert wurde, die in einer Kiste eingeschlossene Katze müsste vor dem Öffnen des Deckels gleichzeitig tot und lebendig sein[20].

Die **Kopenhagener Deutung** ist eine Interpretation der Quantenmechanik, die 1927 von Niels Bohr und Werner Heisenberg während ihrer Zusammenarbeit in Kopenhagen formuliert wurde. Sie interpretiert die Werte, die das Quadrat der Wellenfunktion (siehe S. 58) eines quantenmechanischen Systems liefert, als Wahrscheinlichkeit für dessen potenziell mögliches Verhalten. Erst im Augenblick der Messung wird die Entscheidung für ein tatsächliches Verhalten getroffen.

Kann man nichts über den Weg eines Teilchens wissen, hängt das sich dann bildende Interferenzmuster nicht von der Anzahl oder Gleichzeitigkeit der beteiligten Elektronen ab. Je mehr Teilchen auf dem Beobachtungsschirm eintreffen, desto deutlicher lässt sich das Interferenzmuster erkennen.

Wie ist das möglich, dass die Teilchen etwas über die Versuchsanordnung und deren aktuellen Zustand wissen, um sich entscheiden zu können, ob sie solche Stellen aufsuchen, die zum Interferenzmuster führen?

Haben sie die notwendigen Informationen von ihren Brüdern oder Schwestern erhalten, die mehr oder weniger erfolgreich bereits einen der möglichen Wege eingeschlagen haben? Oder können die Teilchen etwa in die Zukunft blicken?

Selbst wenn man annimmt, dass keines der Teilchen Informationen über die Wege der früher oder später eintreffenden Teilchen hat, muss doch wohl spätestens beim Durchgang durch einen der beiden Spalte die Entscheidung fallen, welche Art von Verteilung es zu wählen hat, um eine passende Position auf dem Beobachtungsschirm anzusteuern. Dafür muss es wissen, ob beide Spalten geöffnet sind oder nicht. Aber woher kommt dieses Wissen?

Wenn das Teilchen im Augenblick des Durchgangs durch zwei Spalten gar kein Teilchen ist, sondern eine Welle, die mit sich selbst interferiert, dann muss es ebenfalls wissen, wann es sich als Teilchen und wann als Welle verhalten soll. Man muss allerdings bedenken, dass ein einzelnes Teilchen noch nie als Welle beobachtet wurde. Denn die begrenzten Lichtpunkte auf dem Schirm lassen sich nicht als Welle, sondern nur als Teilchen interpretieren.

Gleichgültig, welche der aufgeführten Alternativen die richtige ist, immer benötigt das Teilchen zusätzliche Informationen, entweder über

20 Siehe Kap. 3.2 S. 57 ff.

die Zahl der geöffneten Spalten oder über die Positionen der Brüder und Schwestern, die bereits angekommen sind oder darüber, wann es sich wie eine mit sich selbst interferierende Welle zu verhalten hat und wann eher wie ein klassisches Teilchen.

Vielleicht sind auch alle aufgeführten Beschreibungs-Alternativen falsch und in Wirklichkeit verhält es sich ganz anders. Aber man kann es drehen oder wenden, wie man will, nur aus sich heraus und ohne zusätzliche Information kann kein Teilchen oder was auch immer es ist, sich so verhalten, wie beim Doppelspaltexperiment beobachtet. Niemand weiß bis jetzt, **wie das Teilchen die Information über die Versuchsanordnung und die äußeren Umstände erfährt oder wie sein Verhalten gesteuert wird[21].** Das macht dieses Experiment so mysteriös. So verwundert es nicht, wenn die Leser der »Physik World« es zum schönsten Experiment aller Zeiten gewählt haben.

3.8. Würfelt er doch?

Vor 2400 Jahren hielt der Philosoph Platon die Welt um uns her für eine Illusion. Wir würden wie die Gefangenen in seinem berühmten Höhlengleichnis nur die Schatten der wahren Welt sehen. Aber zu welchem Ergebnis kommt die moderne Quantenphysik?

Besteht Materie aus Wellen?

Als Erwin Schrödinger, einer der Väter der Quantenphysik, im Jahr 1926 die nach ihm benannte Wellengleichung aufstellte, änderte sich das Bild, das sich die Physiker von der Welt machten. Vorher funktionierte die Welt nach den herrschenden Modellvorstellungen ähnlich wie ein mechanisches Uhrwerk, nachher glich sie einem Meer, in dem der reine Zufall das Wasser zu Wellen formt.

Die Wellengleichung beschreibt Materie als Wellen. Wellen können sich neben anderen Eigenschaften auch überlagern. Das bedeutet, dass beispielsweise eine Katze, die durch eine Wellengleichung beschrieben wird, gleichzeitig tot und lebendig sein kann (bekannt als »Schrödingers Katze«). Eine Zombie-Katze, die halb tot und halb lebendig ist, erscheint als kein Wesen der Realität. So sah man zunächst die Wellengleichung als einen rein mathematischen Formalismus an, der nur dazu dienen sollte, Beobachtungsergebnisse über das Verhalten

21 Auf welchem Weg das Teilchen seine Information tatsächlich bekommt, wird im Kapitel über die »Die Vakuum-Theorie.« S. 175 ff. erklärt.

der kleinsten Bausteine unseres Universums, den Quanten, vorhersagen.

Die Vorhersagedaten für einzelne Atome, Moleküle, Elektronen oder Lichtteilchen waren zudem keine exakten Werte, sondern stellten nur die Wahrscheinlichkeit dar, ein bestimmtes Ergebnis zu erhalten. So, als wenn man vor dem Wurf einer Münze vorhersagen würde, dass diese mit 50 % Wahrscheinlichkeit auf der Zahlseite zum Liegen käme. Das tatsächliche Ergebnis ließ sich auf diese Weise nicht vorausberechnen. Das wirkte wie ein Schlag auf die Köpfe der Physiker. Sollte etwa der reine Zufall in die Physik Einzug halten? Dass es andererseits keinen Zweifel an der Richtigkeit der Vorhersagen der Schrödingergleichung gibt, beweist heutzutage die Existenz von Handys, DVD-Playern und Scannerkassen im Supermarkt. Denn ohne Schrödingers Wellengleichung gäbe es das alles nicht.

Der Ausspruch »Gott würfelt nicht!« wird Albert Einstein zugeschrieben. Er wollte es nicht wahrhaben, dass Wellen und der Zufall in der Welt des Kleinsten regieren und er wehrte sich vehement gegen die Vorstellung, den Wahrscheinlichkeitswellen in den Formeln der Quantenphysik irgendeine Form der physikalischen Realität zuzugestehen. Genauso wie er, verneinten viele Physiker seiner Zeit die Existenz einer physikalischen Realität für Schrödingers Wahrscheinlichkeitswellen. Einzig den vorhergesagten Messwerten wurde Realität zugestanden.

Was ist real?

Um seine Sicht der Dinge abzusichern, stellte Einstein zusammen den Physikern Podolski und Rosen im Jahr 1935 ein Kriterium auf, wann man davon ausgehen muss, dass ein Element der physikalischen Realität existiert: das EPR-Realitätskriterium. Danach existiert sinngemäß dann ein Objekt der physikalischen Realität, wenn sich seine physikalischen Größen mit Sicherheit, also 100%-Wahrscheinlichkeit, voraussagen lassen, ohne das System, zu dem das Objekt gehört, zu verändern.

Für die Voraussagen benötigt man eine geeignete wissenschaftliche Theorie. Beispielsweise ist die Himmelsmechanik eine Theorie, mit der man die Stellung des Mondes am Nachthimmel mit Sicherheit voraussagen kann, ohne dass eine amerikanische Mondmission den Mond in die vorausgesagte Stellung schieben müsste. Deshalb ist der Mond nach dem EPR-Realitätskriterium ein Objekt der physikalischen Realität und nicht der Illusion oder sogar der Wahnvorstellung irrer Menschen.

Einstein war zweifellos gewitzt, als er das EPR-Kriterium zusammen mit seinen Physikerkollegen veröffentlichte, denn er wusste genau, dass Schrödingers Wellengleichung im Regelfall keine Wahrscheinlichkeitswerte von 100% für die zu messenden Elemente und Größen voraussagte. So konnte er beruhigt davon ausgehen, dass nach seinem Kriterium die in die Schrödingergleichung eingehenden Elemente keine physikalische Realität besäßen. Die uhrwerkartig funktionierende Welt sah er als gerettet an. Seiner Meinung nach war die quantenphysikalische Beschreibung unvollständig. Es sei nur nötig die »verborgenen Variablen« zu entdecken, welche vorhanden sein mussten. Er glaubte, die Welt sei durch diese verborgenen Variablen deterministisch gesteuert. Darüber hinaus nahm er wie selbstverständlich an, dass die Wirklichkeit unserer Welt unabhängig von einem Beobachter oder einer Messung feststeht.

Allein die Dinge entwickelten sich dramatischer, als er sich vorstellen konnte.

Quantenverschränkung.

Eine **Korrelation** beschreibt das gemeinsame Auftreten von zwei oder mehr Merkmalen, Ereignissen oder Zuständen. Aus dem gemeinsamen Auftreten kann man nicht auf einen kausalen, ursächlichen Zusammenhang schließen, wie das folgende Beispiel zeigt: In Sommern mit hohem Speiseeisumsatz treten viele Sonnenbrände auf (der Speiseeisumsatz ist nicht ursächlich für die Sonnenbrände!).

Einstein wehrte sich vehement gegen einige weitere Konsequenzen der Quantenmechanik. Schrödinger prägte für ein besonders seltsames Verhalten von zwei auf eine bestimmte Weise miteinander verbundenen Teilchen den Begriff »Verschränkung« (auch **Quantenverschränkung** oder Quantenkorrelation). Darunter versteht man ein physikalisches Phänomen, bei dem zwei Teilchen so miteinander verbunden sind und eine Einheit bilden, dass die Messung von einem Teilchen die Eigenschaft des anderen unmittelbar ohne zeitliche Verzögerung beeinflusst, und seien die beiden Teilchen noch so weit voneinander entfernt.

Weil Einstein solch eine quantenmechanische Verschränkung in der Realität für unmöglich hielt, bezeichnete er sie abfällig als »spukhafte Fernwirkung« und stellte ihr das EPR-Realitätskriterium entgegen. Sein Standpunkt wird als lokaler Realismus bezeichnet. Der **Realismus**, den er vertrat, ist die Überzeugung, alle physikalischen Größen eines Systems seien mit Sicherheit vorhersagbar und die Ergebnisse physikalischer Effekte würden feststehen, unabhängig von einem Beobachter, selbst dann, wenn keine Messung durchgeführt wird. Von **Lokalität** redet man, wenn keine Fernwirkung schneller als mit Lichtgeschwindigkeit vorkommt. Die beiden Annahmen Lokalität und Realismus werden auch als **EPR-Annahmen** bezeichnet.

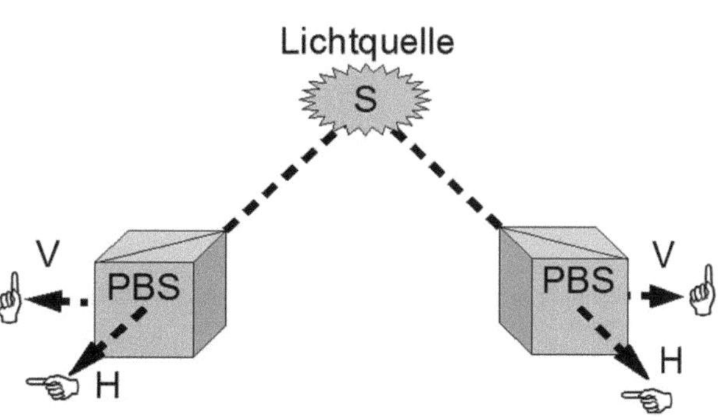

Abb. 46: Prinzipieller Versuchsaufbau zum Nachweis der »spukhaften Fernwirkung« (PBS = polarisierende Strahlenteiler).

Wie selbstverständlich nahm Einstein an, dass nichts anderes als eine »lokale Realität« in unserer Welt existiert. An einen nichtlokalen transzendenten physikalischen Bereich wollte er schon gar nicht glauben, deshalb gebrauchte er auch eine abfällige Bezeichnung für die Verschränkung.

Wie sieht ein Experiment prinzipiell aus, das Verschränkung feststellen kann?

Man benötigt dazu nur eine Lichtquelle, die verschränkte Photonenpaare erzeugt und zwei polarisierende Strahlenteiler mit zugehörigen Messinstrumenten, die Photonen registrieren können.

Heute benutzt man als Quelle sogenannte nichtlineare optische Kristalle, die angeregt von Laserlicht verschränkte Paare von Photonen abgeben. Die beiden Photonen eines Paars werden in verschiedene Richtungen abgegeben, die in Zusammenhang stehen mit der Richtung des einfallenden Laserlichts. Die Verschränkung bezieht sich hauptsächlich auf die Polarisation (Schwingungsebene). Misst man beispielsweise bei einem Photon eine horizontale Polarisation (H), ist dadurch die Polarisation des anderen Photons auf vertikal (V) festgelegt.

Das zuerst gemessene Photon wählt selbst eine Polarisierung V oder H aus. Diese Wahl lässt sich durch keinerlei Verfahren beeinflussen. Zwischen beiden Photonen findet keine messbare Kommunikation statt, deshalb kann das zweite Photon des Paars eigentlich nicht wissen, welche Polarisierung das zuerst gemessene gewählt hat. Man erhält die beiden zufälligen Kombinationen VH und HV bei der Polarisationseigenschaft des Photonenpaars.

Spukhaft an dem Vorgang ist die Wirkung auf das zweite Photon des Paars. Es zeigt nach der Messung des Ersten immer eine Polarisation rechtwinklig zum vorherigen Messergebnis, auch wenn beide Photonen beliebig weit entfernt sind. Bei neueren Experimenten

Die **Polarisation** einer Lichtwelle beschreibt die Richtung ihrer Schwingung (Schwingungsebene). Ändert sich diese Richtung schnell und ungeordnet, spricht man von einer unpolarisierten Welle. Zur praktischen Anwendung der Polarisation gehören Sonnenbrillen mit einem Polarisationsfilter, der nur Lichtwellen einer bestimmten Schwingungsrichtung durchlässt und dadurch Reflexionen wegfiltert.

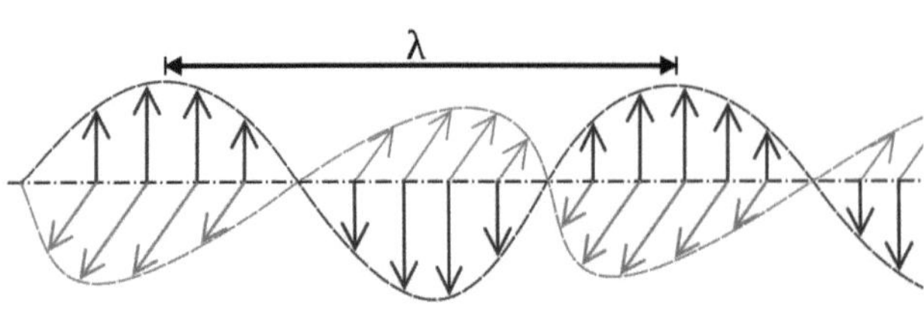

Abb. 47: Schwingungsebenen von Lichtwellen. λ= Wellenlänge.
Grafik: SuperManu, CC-BY-SA

liegen die Messorte mehr als 17 km auseinander.

Gegner des Spuks, die nach einer klassischen Erklärung suchten, gingen von einer Art Absprache zwischen den Photonen des Paars aus, die vor dem Verlassen der Lichtquelle stattgefunden haben soll. In der Sprache der Physiker sagt man, dass »verborgene lokale Variable« existieren. Welche Variablen das sind, war allerdings nicht bekannt, deshalb wurde die Variablen als »verborgen« bezeichnet.

Wenn im lokalen Bereich so eine Absprache zwischen den Photonen tatsächlich vorkommt, dann determiniert die lokale Information das Messergebnis. Dieses würde selbst dann feststehen, wenn keine Messung erfolgte und es keine Beobachter gäbe.

Die Diskussion der unterschiedlichen Ansichten sollte Jahrzehnte andauern. Zunächst war nicht abzusehen, ob die Anhänger der Quantenmechanik und damit der spukhaften Fernwirkung oder die der verborgenen lokalen Variablen recht bekommen würden.

Eine zusätzliche Variante brachte das Konzept der sogenannten Bohm'schen Mechanik in die Diskussion ein. Anstelle von verborgenen lokalen Variablen ging diese Variante von nichtlokalen verborgenen Variablen aus. Nichtlokal bedeutet, dass sich die beiden Photonen des Paars in einem wie auch immer gearteten Jenseits abgesprochen haben. Allerdings führte auch diese Variante nicht zu einer Entscheidung zwischen den unterschiedlichen Ansichten.

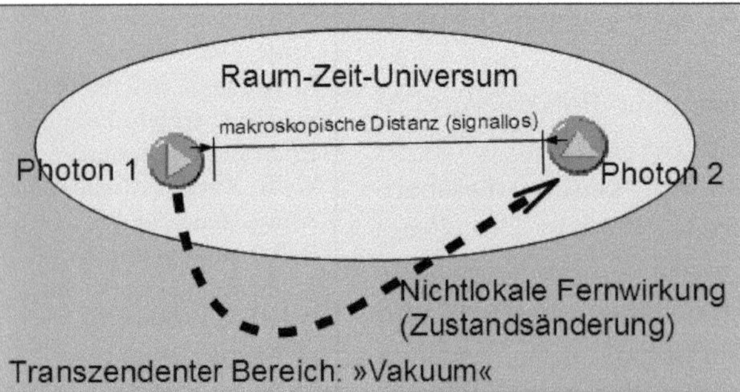

Abb. 48: Quantenverschränkung bei einem Photonenpaar. Die Fernwirkung ändert den Zustand von Photon 2 ohne zeitliche Verzögerung sobald die Polarisierung von Photon 1 gemessen wird.

Die Erschütterung des lokalen Realismus.

Erst im Jahr 1964 und Jahre nach Einsteins Ableben, versetzte der nordirische Physiker John Bell den Anhängern des lokalen Realismus einen Schlag, von dem sie sich nicht mehr erholen sollten. Lokaler Realismus bedeutet wie bereits erwähnt, dass die Wirklichkeit dieser Welt völlig unabhängig davon existiert, ob wir sie beobachten oder nicht und dass es keine Fernwirkung schneller als mit Lichtgeschwindigkeit gibt. Was konnte diese Welt des lokalen Realismus erschüttern?

Unter der Voraussetzung von Lokalität und Realität stellte Bell Überlegungen an, die im Prinzip besagen, dass die Messfehlerraten auf den Wegen der beiden Photonen des Paars sich allenfalls addieren dürfen, um auf eine Gesamtfehlerrate zu kommen. Wenn beispielsweise auf dem Weg 1 des ersten Photons eine Fehlerrate von 25% gemessen wird und die gleiche Fehlerrate auf Weg 2 des anderen Photons, dann beträgt die Gesamtfehlerrate 50%. Wenn man davon ausgeht, dass sich manche Fehler gegenseitig aufheben, weil aus zweimal falsch wieder richtig wird, dann muss der Gesamtfehler sogar kleiner als 50% sein. Bell formulierte seine Überlegungen in den nach ihm benannten »Bell'schen Ungleichungen«. Eine spezielle Bell'sche Ungleichung ist diese:

Gesamtfehlerrate <= Fehlerrate Weg 1 + Fehlerrate Weg 2

Nun ist es aber so, dass die Formeln der Quantenmechanik einen deutlich höheren Gesamtfehler voraussagen, als die addierten Werte, nämlich 75%. Wenn 75% richtig sind, dann ist die Bell'sche Ungleichung verletzt und das ist äußerst seltsam. Sollte die Grundschulmathematik nicht mehr gültig sein? Ist etwa eins und eins nicht mehr zwei, sondern drei? Oder ist die Quantenmechanik unvollständig? Enthält sie etwa einen Riesenfehler?

Die bisherigen Erfolge der Quantenmechanik sprechen gegen einen Riesenfehler, denn alle aus ihren Formeln berechneten Voraussagen stimmen aufs Genaueste mit den Messwerten überein.

Wenn man einerseits die gewohnte Grundschulmathematik für richtig hält, andererseits aber theoretische Überlegungen im Verdacht stehen, an ihnen könnte etwas nicht stimmen, prüft man sicherheitshalber noch mal die Voraussetzungen, unter denen die theoretischen Überlegungen angestellt wurden.

Die Voraussetzung eines lokalen Realismus scheint plausibel zu sein. Da wegen der Verletzung der Bell'schen Ungleichung durch die Quantenmechanik dennoch etwas nicht stimmt, kann nur ein Experiment entscheiden, ob man die Annahme fallenlassen muss oder ob die Quantenmechanik unvollständig, wenn nicht gar fehlerhaft ist.

Wie das Aspect-Experiment die Entscheidung bringt.

Abb. 49: **Alain Aspect** (* 15. Juni 1947 in Agen) ist ein französischer Physiker. Foto: Easy n, PD

Im Jahr 1982 führte der französische Physiker Alain Aspect gemeinsam mit Jean Dalibard und Gérard Roger ein Experiment durch, das die Verletzung der Bell'schen Ungleichungen bestätigte sollte.

Im Prinzip entspricht der Versuchsaufbau dem bereits besprochenen Experiment für den Nachweis der Verschränkung[22]. Hinzu kommt jetzt in jedem der beiden Strahlengänge (Weg 1 und Weg 2) eine sogenannte Halbwellenplatte (HWP). Diese kann gedreht werden und verdreht dadurch die Polarisation der Photonen. Die veränderte Polarisation bewirkt nun Fehler gegenüber einer perfekten Korrelation der Photonen des Paars. Wenn ursprünglich die Kombinationen VH oder HV perfekt waren, so kommen nun auch fehlerhafte Kombinationen VV oder HH vor.

Die Halbwellenplatte auf Weg 1 kann so gedreht werden, dass zu 25% fehlerhafte Kombinationen verursacht werden. Das bedeutet, jede vierte Kombination ist VV oder HH. Diese Fehlerquote wird bei einer Verdrehung um 30 Grad erreicht.

Mit der Halbwellenplatte auf Weg 2 kann man auf die gleiche Weise verfahren. Auch diese verursacht dann 25% Fehler gegenüber der perfekten Korrelation.

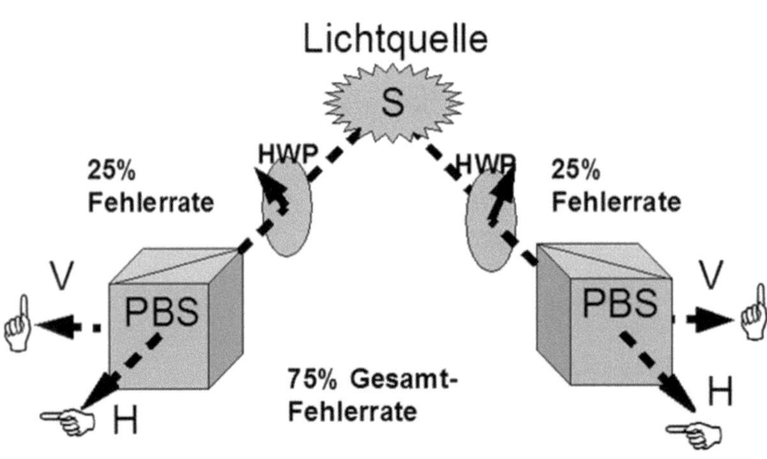

Abb. 50: Prinzipieller Versuchsaufbau zum Aspect-Experiment. Da die Gesamtfehlerrate größer als die Summe der Einzelfehlerraten ist, wird die Bell'sche Ungleichung verletzt. (HWP = Halbwellenplatte zur Verdrehung der Polarisationsebene).

Wenn nun beide Halbwellenplatten gleichzeitig so verdreht werden, dass jede für sich 25% Fehler verursacht, dann müsste die Gesamtfehlerrate wie weiter oben im Zusammenhang mit der Bell'schen Ungleichung besprochen, 50% oder geringer sein.

Das Ergebnis von Aspects Messungen brachte die Sensation. Die Gesamtfehlerrate betrug 75%, also nicht maximal 50%, sondern viel mehr. Das war eine Verletzung der Bell'schen Un-

22 Siehe S. 73

gleichungen, wie sie deutlicher nicht sein konnte. **Das Experiment widerlegt die EPR-Annahme Lokalität und Realismus. Mindestens eine der Annahmen trifft nicht zu.**

Die seltsame »spukhafte Fernwirkung« kommt unbestreitbar vor. Man muss davon ausgehen, dass die Photonen des Paars sich nicht vor ihrer Aussendung abgesprochen haben. In der Sprache der Physiker bedeutet das: Es gibt keine verborgenen Variablen innerhalb von Raum und Zeit, die für die unerklärliche Fernwirkung ursächlich sind. Auch nach der Aussendung haben die Photonen nicht in der realen Welt miteinander kommunizieren können. Sie hätten sonst Informationen schneller als mit Lichtgeschwindigkeit austauschen müssen, damit das zweite Photon ohne zeitliche Verzögerung einen komplementären Zustand annehmen kann. Das ist aber laut Einsteins Relativitätstheorie innerhalb der Raumzeit nicht möglich. Demzufolge gibt es keine Kommunikation schneller als mit Lichtgeschwindigkeit. Dennoch kommt die Fernwirkung viele Tausend Mal schneller zustande, wie neuere Experimente zeigen[23].

Letztendliche bleiben der Mainstreamphysik nur zwei Deutungsmöglichkeiten übrig:

1. Die Quantenverschränkung ist tatsächlich ein Phänomen mit einer spukhaften Fernwirkung.
2. Die Objekte der Quantenmechanik können vor ihrer Messung **nicht als reale Objekte** aufgefasst werden. Das entspricht genau der Kopenhagener Interpretation[24] der Quantenmechanik, die von Niels Bohr und Werner Heisenberg stammt.

Welche gravierenden Folgerungen sich aus beiden Deutungen für unser Universum und unser Leben ergeben, werde ich ab Kapitel 8.5 (Eine physikalische Theorie vom Jenseits.) beschreiben.

Die Diskussion über die Interpretation der Quantenverschränkung ist mit der Durchführung des Aspect-Experiments noch lange nicht beendet, denn Physiker sind skeptische Menschen und überprüfen immer wieder und wieder ihre Theorien und Erkenntnisse.

3.9. Tausende Male schneller als das Licht.

Die Suche nach einer Antwort auf die Frage, mit welcher Ge-

23 Siehe Kapitel 3.9

24 Siehe »Kopenhagener Deutung« S. 69

schwindigkeit die Fernwirkung zwischen verschränkten Photonen tatsächlich zustande kommt, beschäftigte die Wissenschaftler auch nach 1982 unentwegt. Zweifel blieben, ob die Fernwirkung tatsächlich schneller als mit Lichtgeschwindigkeit geschieht, weil Einsteins Relativitätstheorie mit ihrer Hypothese, dass kein Informationsaustausch schneller als das Licht möglich ist, als ein Pfeiler der Physik gilt. Ohne diesen Pfeiler wackelt das moderne physikalische Gebäude.

Im Jahr 2008 stellten dann der Physiker Nicolas Gisin und sein Team von der Universität Genf erneut ein Experiment an, um endlich Klarheit über die Geschwindigkeit der Fernwirkung verschränkter Photonen zu bekommen. Diesmal schickten die Physiker die im Labor erzeugten verschränkten Photonen der Paare durch je ein eigenes 17,5 km langes Glasfaserkabel in entgegengesetzte Richtungen. Die Endpunkte der Kabel lagen in zwei verschiedenen schweizer Dörfern. Dort hatten die Forscher ihre Messgeräte aufgebaut.

Sie stellten 24 Stunden lang ununterbrochen Zeitmessungen mit extrem genauen Atomuhren an. Diese zeigten immer die gleiche Zeit für das Eintreten der Fernwirkung auf das zweite Photon nach der Zeit- und Polarisationsmessung des ersten.

Um überhaupt eine Geschwindigkeit zu ermitteln, die sich von unendlich schnell unterschied, mussten die Forscher die Messgenauigkeit der Instrumente und die Bewegung der Erde in eine komplizierte Ergebnisrechnung einfließen lassen. Schließlich ergab sich, dass die Geschwindigkeit, mit der die Fernwirkung zwischen den beiden Photonen stattfand, mindestens 10.000-mal größer sein musste, als die Lichtgeschwindigkeit. Der Wert sei die Untergrenze schreiben die Forscher im Wissenschaftsmagazin Nature. Wahrscheinlich ist die Geschwindigkeit unendlich, glaubt zumindest einer der beteiligten Physiker. Für Gisin ergibt das Ganze keinen Sinn, wie er ehrlich zugibt.

Der Sinn kann wohl erst dann erschlossen werden, wenn die Physiker bereit sind, die Bühne, auf der die physikalischen Prozesse stattfinden, um einen transzendenten Bereich jenseits von Raum und Zeit, zu erweitern.

Welche anderen Schlussfolgerungen können wir bereits an dieser Stelle aus Gisins Untersuchung ziehen? Zumindest **die Annahme, es gäbe keine Fernwirkung schneller als das Licht (Lokalität) ist eindeutig widerlegt**.

Was ist aber mit der Annahme, alle physikalischen Größen eines Systems seien mit Sicherheit vorhersagbar (Realismus)? Realismus trifft auch nicht zu, weil die gemessene physikalische Größe, nämlich die Polarisation des Photonenpaars, nicht mit Sicherheit vorhergesagt werden kann. Nicht nur eine, sondern **keine der beiden EPR-Annahmen trifft zu**. Die Fernwirkung existiert unzweifelhaft, aber ihre Ursachen liegen nicht in der lokalen Wirklichkeit unserer Welt. Wo sind aber dann ihre Ursachen zu suchen? Die Antwort darauf werde ich in einem späteren Kapitel geben.[25]

3.10. Wo es sonst noch spukt.

Obwohl sich Einstein vehement gegen einen Spuk wehrte, wissen wir seit dem Aspect-Experiment, dass es nur zwei alternative Deutungsmöglichkeiten gibt. Spuk in der Quantenphysik als eine der beiden Alternativen, kann deshalb nicht mehr ganz ausgeschlossen werden. Bis jetzt ist das allerdings erst im Zusammenhang mit der Quantenverschränkung deutlich geworden. Gibt es etwa noch andere physikalische Phänomene, die womöglich ähnlich spukhaft verlaufen?

Zur Beantwortung der Frage können wir die kleinsten Einheiten betrachten, in die sich Materie mit chemischen oder mechanischen Mitteln zerlegen lässt, die Atome.

Es hat Jahrtausende gebraucht, bis die Naturwissenschaft Modelle und Theorien über das Innere von Atomen aufstellen konnte. Zwar wurde das Konzept, dass Materie aus Grundbausteinen besteht, bereits im 6.Jh. v. Chr. von indischen Philosophen erwähnt und wenig später auch von den griechischen Philosophen Leukipp und Demokrit, aber erst im 20. Jahrhundert war es aufgrund experimenteller Untersuchungen möglich, genauere Aussagen über das Innenleben der Atome zu machen.

Im Jahr 1897 entdeckte Joseph John Thomson bei seiner Arbeit mit Kathodenstrahlen das Elektron als einen Bestandteil von Atomen.

Kurz danach im Jahr 1909 beschoss eine Forschungsgruppe um Ernest Rutherford eine Goldfolie mit Heliumatomkernen (Alphastrahlung) und stellte fest, dass ein kleiner Anteil der Teilchen um sehr viel größere Winkel abgelenkt wurde, als man erwartete. Rutherford schloss aus diesem Experiment, dass der Großteil der Masse in einem Atomkern in der Mitte des Atoms konzentriert sei und die Elektronen um diesen Kern kreisten wie die Planeten um die Sonne (Rutherford'sches Atommodell).

---

25 Siehe »Eine physikalische Theorie vom Jenseits.« S. 173 ff.

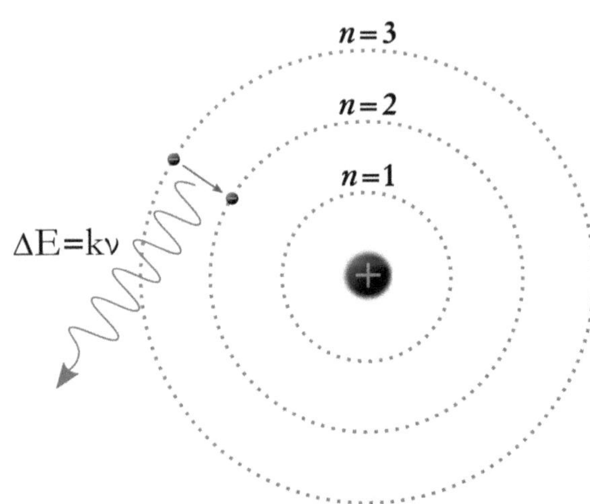

Abb. 51: Illustration des Bohr'schen Atommodells mit einem Elektron, das vom Niveau n=3 in n=2 übergeht und dabei ein Photon mit einer bestimmten Frequenz v abstrahlt. Die Niveaus sind aus Gründen der besseren Sichtbarkeit nicht maßstäblich zu den Größenverhältnissen gezeichnet. Grafik: Myself, PD

Niels Bohr verfeinerte im Jahr 1913 dieses Modell. Er nahm an, dass sich die Elektronen nur auf bestimmten quantisierten Umlaufbahnen (Niveaus) aufhalten können. Es ist ihnen möglich von einem festen Niveau zum anderen zu wechseln und wieder zurück, aber ein Aufenthalt in Zwischenzuständen kommt nicht vor.

Um zu wechseln, muss das Elektron eine quantisierte Menge an Energie aufnehmen oder abgeben. Deswegen spricht man auch von Energieniveaus.

Der Übergang von einem höheren auf ein tieferes Energieniveau erfolgt wie beobachtet unter Abgabe (Emission) eines Photons. Der Wechsel des Elektrons in ein höheres Energieniveau geschieht dagegen durch Aufnahme (Absorption) eines Photons.

Erwin Schrödinger entwickelte 1926 ein weiteres Atommodell, das die Elektronen als dreidimensionale Wellen und nicht als Teilchen beschreibt. Sein Atommodell passt einerseits besser zur Welle-Teilchen-Dualität der Quantenmechanik. Andererseits können dadurch nur Wahrscheinlichkeitsverteilungen für die Werte von Ort und Geschwindigkeit der Elektronen angegeben werden. Weil sich sein Modell zudem nur schwer bildlich darstellen lässt, begnügen wir uns mit dem Bohr'schen Atommodell, um zu beschreiben, wo es spukt.

Der Spuk findet beim Übergang eines Elektrons auf ein anderes Energieniveau statt. Um das zu verdeutlichen, verwende ich zur Beschreibung der Übergänge folgende leicht verständliche Metapher:

Stellen wir uns das Elektron als einen Ball vor, der auf der obersten Stufe einer Treppe liegt. Die darunter liegenden Treppenstufen sind weitere Niveaus. Wenn der Ball irgendwie in Bewegung kommt und die Treppe hinunterhüpft, hält er sich auf jeder Stufe kurz auf. Andere Aufenthaltsorte gibt es für ihn nicht.

Soweit ist noch alles normal. Spukhaft wird es erst, wenn man sieht, wie der Ball auf jeder Stufe ein wenig rollt, es aber kein Fallen auf ein tieferes Niveau gibt. Plötzlich, wie durch Zauberkraft verschwindet er auf der höheren Stufe und taucht auf der nächsttieferen

Stufe wieder auf.

Und tatsächlich, diese Metapher beschreibt das Verhalten der Elektronen beim Übergang auf ein anderes Niveau ziemlich genau. Übergänge zwischen den Zuständen in der Welt der atomaren und subatomaren physikalischen Systeme sind niemals kontinuierlich, sondern immer plötzlich und quantisiert. So ein Verhalten wurde schon einmal im Kapitel 3.6 beschrieben, wo es um das quantenmechanische Tunneln ging. Jede Wechselwirkung zwischen Quantenobjekten passiert auf diese Weise, und zwar irgendwie **spukhaft, nämlich ohne beobachtbare Zwischenzustände**.

Die Übergänge bewirken nur sehr kleine Änderungen der Wirklichkeit. Aber es sind die einzig möglichen Zustandsänderungen in atomaren und subatomaren Systemen. Und weil die gesamte Wirklichkeit um uns herum ausschließlich aus solchen Systemen zusammengesetzt ist, kann man auch sagen, dass es überall und ständig spukt.

4. Sind nichtmaterielle Einflusszonen übernatürlich?

Albert Einstein, dem wir die Relativitätstheorie verdanken, wendete Jahrzehnte seines Lebens auf, um einen weiteren großen Coup zu landen. Er wollte eine Theorie entwickeln, die alle bekannten Feldtheorien vereint. Das wäre praktisch die allgemein gesuchte Weltformel gewesen. Auch wenn weder Einstein noch sonst jemand das Ziel bisher erreicht hat, so gehört die Suche danach zu den faszinierendsten Themen der Physik. Mit einem neuen Ansatz könnte das große Unterfangen nun gelingen.

*Abb. 52: **Michael Faraday** (* 22. September 1791 in Newington, Surrey; † 25. August 1867 in Hampton Court Green, Middlesex) war britischer Experimentalphysiker. Mit dem Nachweis der elektromagnetischen Induktion gelang ihm 1831 seine wohl bedeutendste Entdeckung. Er konstruierte den ersten Dynamo und legte dadurch den Grundstein zur Herausbildung der Elektroindustrie. Da er über keine mathematischen Kenntnisse verfügte, entwickelte er ein anschauliches Konzept der elektrischen und magnetischen Kraftlinien (Feldlinien).*

4.1. Klassische- und Quantenfeldtheorien.

Alle Erkenntnis beginnt damit, dass man sich über Erscheinungen der Natur wundert und Fragen stellt. Was ist der Grund, dass ein Apfel zur Erde fällt, anstatt nach oben zu fliegen? Wieso steigt die Temperaturanzeige eines Thermometers in der Umgebung einer Flamme? Warum dreht sich die Kompassnadel in Nord-Süd-Richtung? In keinem der Beispiele existiert ein direkter materieller Kontakt, der Ursache und Wirkung vermittelt.

Offensichtlich gibt es in der Nähe bestimmter Objekte nichtmaterielle Einflusszonen. Innerhalb dieser Einflusszonen existiert eine Art Fernwirkung auf andere Objekte. Fernwirkung klingt ein wenig nach Zauberei. Die Aufgabe eines Physikers beginnt jedoch immer dann, wenn es darum geht, scheinbar übernatürliche Phänomene auf eine rationale Erklärung zurückzuführen.

Michael Faraday nahm seine Aufgabe als Physiker ernst. Er machte eine abenteuerliche Karriere vom Buchbinderlehrling zum weltberühmten Physiker. Sein Geist war kaum von überlieferten Vorstellungen und Theorien beschwert. Das magnetische Feld eines Magnetstabs entdeckte er, indem er ein Papier auf den Stab legte und darauf Eisenfeilspäne streute. Die Späne ordneten sich wie von selbst in Kraft- oder Feldlinien, welche die beiden Pole des Magneten verbanden. In unzähligen Versuchen entdeckte er immer neue Formen der Kraftlinien. Das dokumentieren die überlieferten Zeichnungen und Veröffentlichungen. Auf seiner Pionierarbeit basieren alle heutigen Feldtheorien. Darin gelten Felder als Raum und Zeit durchdringende nichtmaterielle Einflusszonen physikalischer Größen, die zwar aus einer bestimmten Quelle entstehen, aber unabhängig davon existieren. Und um den Eindruck einer übernatürlichen Fernwirkung zu vermeiden, beschränken sich die Physiker auf die mathematische Beschreibung von Feldern:

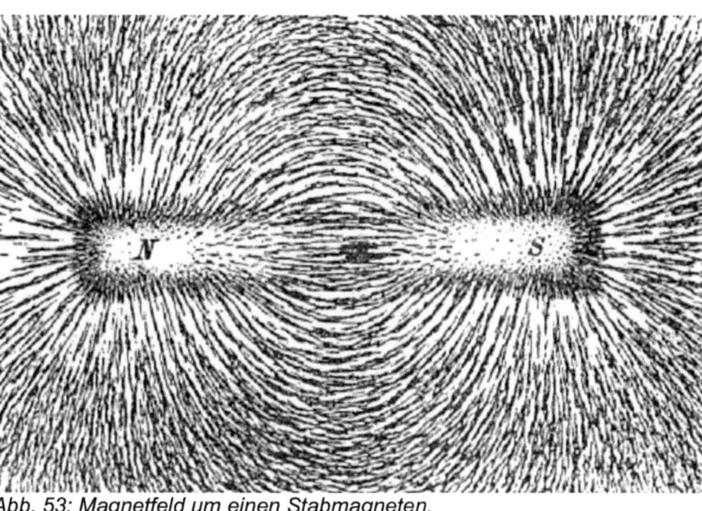

Abb. 53: Magnetfeld um einen Stabmagneten.

»Ein wirkliches Feld ist eine mathematische Funktion, die wir verwenden, um die Vorstellung der Fernwirkung zu vermeiden. Ein wirkliches Feld ist dann ein System von Zahlen, die wir so festlegen, dass das, was an einem Punkt geschieht, nur von den Zahlen an diesem Punkt abhängt. ...«[26]

Wenn sich ein Feld durch Feldlinien veranschaulichen lässt, dann handelt es sich um ein Vektorfeld. Ein solches hat in jedem Punkt sowohl eine Stärke sowie eine Ausrichtung tangential zur Feldlinie. Vektorfelder sind Kraftfelder. Beispiele sind das elektrische Kraftfeld oder das Gravitationskraftfeld der Erde. Ein Skalarfeld hat dagegen in jedem Punkt nur eine Größe, die durch eine einzige Zahl ausgedrückt wird. Ein Beispiel dafür ist das Temperaturfeld.

Während die klassischen Feldtheorien die Effekte der Quantenmechanik vernachlässigen und Kräfte als kontinuierlich wirkend betrachten, kombiniert die Quantenfeldtheorie klassische Vorstellungen mit diskreten Kräften und Energiepaketen, den Quanten. Die relativistische Quantenfeldtheorie berücksichtigt darüber hinaus auch noch die spezielle Relativitätstheorie. Man unterscheidet im Wesentlichen drei Typen von Feldern. Das sind Materiefelder, Kräftefelder und das hypothetische Higgsfeld, nach dem am Forschungszentrum CERN in Genf fieberhaft gesucht wird. Die Felder geben an, mit welcher Wahrscheinlichkeit man an bestimmten Raumpunkten Quanten antreffen wird.

Für alle diese Feldtheorien existiert ein rein mathematischer Formalismus (Lagrangedichten) zur Beschreibung der physikalischen Effekte, die durch Kräfte und Wechselwirkungen hervorgerufen

26 Feynman (2007), Kap. 15-4

werden. Für Berechnungen, und um aus dem Verhalten der Felder Schlüsse zu ziehen, benutzt man sogenannte Bewegungsgleichungen. Das sind Gleichungen, die die räumliche und zeitliche Entwicklung eines physikalischen Systems unter Einwirkung äußerer Einflüsse vollständig beschreiben.

4.2. Materiefelder.

Alles, was aus Elektronen und/oder Quarks besteht, zählt zur Materie. Quarks kommen als Bestandteile von Protonen oder Neutronen vor. Einzelne Quarks hat aber noch niemand gesehen. Sie wurden bisher nur indirekt nachgewiesen. Gemäß der Quantenfeldtheorie schwingen im Materiefeld abstrakte Feldgrößen. Die Materieteilchen existieren im Feld in Form winziger Pakete an Schwingungsenergie oder mit anderen Worten, als Quanten dieser Schwingungsenergie.

Wie ein Paket an Schwingungsenergie gleichzeitig ein Materieteilchen sein kann, ist nur schwer vorstellbar. Nach Einsteins berühmter Formel $E=mc^2$ gilt, dass Energie und Masse äquivalent sind. Das eine kann in das andere umgewandelt werden. Eine plausible Erklärung für dieses etwas, das einerseits als Energie und andererseits als Teilchen mit Masse auftritt, hat bisher noch niemand gegeben.

Es war de Broglie, der als Erster die Vermutung äußerte, dass materielle Elektronen auch wellenartiges Verhalten zeigen und damit schwingen. Für die einfache mathematische Formel, die Teilchen- und Welleneigenschaften der Materie miteinander in Beziehung setzt, bekam er 1929 den Nobelpreis. Zwei Jahre vorher wurde der Wellencharakter von Elektronen bereits im Experiment überzeugend nachgewiesen. In unterschiedlichen Experimenten mit Materiefeldern lässt sich das Ergebnis entweder als Welle und damit Schwingungsenergie oder als Teilchen interpretieren.

Mit einer Einschränkung gibt es nach der Quantenfeldtheorie die Möglichkeit, sich das Materiefeld ausschließlich als ein klassisches Feld von Teilchen vorzustellen. Die Einschränkung lautet: Die Wahrscheinlichkeit ein Teilchen zu finden, ist über den ganzen Raum verteilt. Die Teilchen haben keinen bestimmten Ort, dafür aber bestimmte Massen und Geschwindigkeiten. Ist das Feld jedoch in einem bestimmten Raumbereich konzentriert, dann kann das Teilchen bei einer Ortsmessung immerhin in diesem Bereich angetroffen werden. Wellen entstehen dabei als periodische Störung in dem Feld und werden durch die Gesamtheit einer großen Anzahl schwingungsfähiger Teilchen gebildet. Das ist ähnlich den Wellen an Wasseroberflächen, die durch eine große Anzahl schwingungsfähiger Wassermoleküle gebildet werden.

4.3. Kräfte- und Higgsfelder.

Der zweite Feldtyp der Quantenfeldtheorien sind Kräftefelder, zu denen auch Magnetfelder gehören. Kräfte zwischen Materieteilchen werden laut Standardmodell der Teilchenphysik nicht durch eine obskure Fernwirkung und auch nicht durch Materieteilchen übertragen, sondern durch den Austausch von sogenannten Kraftteilchen (Bosonen). Zu diesen zählen das Lichtteilchen (Photonen), die W- und Z-Bosonen und die Gluonen. Jedem dieser Teilchen werden unterschiedliche Eigenschaften zugeschrieben.

Warum man etwas, das keine Materie ist, dennoch als »Teilchen« bezeichnet, liegt daran, dass Kräftefelder Energie enthalten, nämlich winzige Päckchen an Schwingungsenergie (Quanten). Energie ist äquivalent zu Masse. Masse ist eine Eigenschaft von Teilchen, aber keineswegs ausschließlich von Materieteilchen. Wie weiter oben schon erwähnt, können Quanten je nach Experiment entweder Welleneigenschaft oder Teilcheneigenschaft zeigen. Jedem fundamentalen Kraftteilchen entspricht einerseits ein Kraftfeld. Andererseits entspricht jedem fundamentalen Kraftfeld ein Teilchen. Das ist ganz analog den Verhältnissen bei den Materiefeldern und Teilchen.

Der dritte fundamentale Feldtyp ist das hypothetische Higgsfeld und das dazugehöre Higgsteilchen. Dieses soll anderen Teilchen ihre Masse verleihen. Ob ein solches Feld und entsprechendes Teilchen gefunden werden kann, muss die Zukunft erweisen.

4.4. Große einheitliche Feldtheorie.

Eine der Folgerungen der Quantenmechanik ist, dass es keinen von allen Feldern freien Raum gibt, denn es ist unmöglich, aus einem Raum alle Strahlung zu entfernen. Bei der Strahlung handelt es sich um Wärmestrahlung, eine Erscheinungsform elektromagnetischer Wellen, die in elektromagnetischen Feldern vorkommen. Selbst am absoluten Temperaturnullpunkt muss es Energieschwankungen geben, die zwar in der Summe Null sind, aber dennoch um den Nullwert herum fluktuieren. Das bedeutet eine gewisse Abhängigkeit von Raum und darin enthaltenen Feldern.

Zwischen bestimmten Feldern und Raum besteht ein noch engerer Zusammenhang. Warum ein Apfel nicht nach oben fliegt, sondern auf den Boden fällt, liegt am Gravitationsfeld der Erde. Wenn Einsteins allgemeine Relativitätstheorie richtig ist, und davon muss man aufgrund experimenteller Bestätigungen ausgehen, dann handelt es sich beim Gravitationsfeld nicht um ein Feld innerhalb von Raum und Zeit, sondern es ist die vierdimensionale Raumzeit selbst. Gravitationskräfte sind darin nur die Folgen der Krümmung von Raum und Zeit, also der Geometrie.

Die große Vision der Physiker ist die einheitliche Feldtheorie, die sämtliche vier fundamentalen Kraftfelder als Aspekte eines einheitlichen Feldes erklärt. Mit drei Kraftfeldern ist die Vereinheitlichung schon weitgehend gelungen, aber die Gravitation widersetzt sich hartnäckig allen Versuchen, sie mit anderen Kraftfeldern zu verschmelzen. Die Ansätze für die Vereinheitlichung findet man in Veröffentlichungen meist unter den Bezeichnungen »große einheitliche Theorie« oder »Supersymmetrie«.

In einem der Ansätze für eine einheitliche Feldtheorie wurden Unsummen an Forschungsgeldern investiert. Es ist die M-Theorie. Diese beruht auf der Hypothese, dass die Raumzeit nicht aus vier Dimensionen besteht, sondern aus elf, nämlich zehn räumlichen und einer zeitlichen. Sämtliche Kräfte wären darin in Wahrheit auf die Geometrie und das Wirken unsichtbarer Raumdimension zurückführbar. Das ist ähnlich der Gravitation in der allgemeinen Relativitätstheorie, die mit der Geometrie der vierdimensionalen Raumzeit begründet wird. Subatomare Teilchen werden nicht als Punkte aufgefasst, sondern als winzig kleine schwingende und rotierende Energiefäden (Superstrings) oder Membranen (Brane) in zwei oder mehr Dimensionen. Die Größe der Superstrings soll unterhalb der Planck-Skala liegen. Dadurch werden sie wohl niemals experimentell nachweisbar sein.

4.5. Das Bild der Wirklichkeit, das Feldtheorien vermitteln.

Felder stellen anscheinend die grundlegende physikalische Wirklichkeit dar, denn sie sind die letzte Erklärungsebene der Physik. Teilchen sind Manifestationen dieser Wirklichkeit. Damit existiert weder für die

Gravitation noch für den Magnetismus noch für die sonstigen Felder so etwas wie eine Fernwirkung. Jedes fundamentale Feld sei es ein Materie-, Kraft- oder Higgsfeld entspricht einem Teilchen und umgekehrt jedem Teilchen einem Feld. Bei den Schwingungen der Felder handelt es sich um Schwingungen abstrakter Feldgrößen, denn Felder werden ausschließlich durch ein System von Zahlen beschrieben, »*die wir so festlegen, dass das, was an einem Punkt geschieht, nur von den Zahlen an diesem Punkt abhängt« (Feynman).* Niemand kann jedoch erklären, wie es möglich ist, dass Schwingungen abstrakter Feldgrößen Energie transportieren. Und niemand kann erklären, wie aus abstrakten Feldgrößen messbare Teilchen werden. Weshalb wohl nicht? Wo liegt das Problem?

Wenn es darum geht, zu beschreiben, was in der Singularität des Urknallgeschehens vor sich ging, dann erleiden alle bisherigen Feldtheorien Schiffbruch. Raum und Zeit sollen nach der Urknalltheorie erst winzige Bruchteile von Sekunden nach der Singularität entstanden sein. Seitdem dehnte sich der Raum bis zu seiner jetzigen Größe aus. Die Felddefinition setzt aber die Existenz eines Raums voraus. Die Quantenfeldtheorien gehen von der vierdimensionalen Raumzeit aus, Stringtheorien von noch mehr Dimensionen. Wie kann eine Theorie, die den Raum bereits voraussetzt, die Entstehung von Raum und Zeit beschreiben? Die Antwort lautet: Sie kann es nicht.

Das Problem hat zwei Facetten. Erstens gibt es eine rational unzulässige Vermischung der abstrakten, geistigen Ebene mit der physikalischen. Zwar können die Feldtheorien erfolgreich Messergebnisse voraussagen, aber physikalische Erklärungen müssen unter solchen Voraussetzungen zwangsläufig scheitern. Man kann einfach nicht erklären wie etwas Abstraktes, nämlich die Feldgrößen, etwas Reales, nämlich messbare Teilchen im Augenblick der Messung hervorbringen kann. Das wäre so, als wollte man erklären, wie die Zahl 70 ein Auto beschleunigt. Zahlen können keine Autos beschleunigen, genauso wenig wie Zahlen Energien transportieren oder Teilchen hervorbringen können. Weil man diese Vermischung zweier Ebenen zugelassen hat, stellt die Feldtheorie mit abstrakten Feldgrößen die letzte Erklärungsebene dar. Aber es ist keine physikalische Erklärungsebene, sondern eine rational unzulässige und damit übernatürliche. Und genau an dieser Stelle hätte die Arbeit der Physiker weitergehen müssen, um als letzte Erklärungsebene eine rationale, physikalische zu finden.

Zweitens ist es nicht sinnvoll Raum und Zeit in der Definition fundamentaler Felder bereits vorauszusetzen. Dass solche Voraussetzungen tatsächlich getroffen werden, zeigen die aus den Feldern direkt abgeleiteten Bewegungsgleichungen der Feldtheorien, die die räumliche und zeitliche Entwicklung eines physikalischen Systems beschreiben. Besser wäre es, man würde eine Definition für physikalische Felder finden, die unabhängig ist von Raum und Zeit und die nicht auf abstrakten Feldgrößen basiert. Dann hätte man darauf aufbauend die Möglichkeit zu erklären, wie Raum und Zeit als Manifestationen eines kosmologischen Hintergrundfeldes entstanden sind oder immer noch entstehen. Man hätte eine letzte Erklärungsebene, auf der eine einheitliche Feldtheorie für alles was existiert, aufgebaut werden könnte. Das wäre dann eine wahre Weltformel.

Damit ich den Ansatz für eine einheitliche Feldtheorie skizzieren kann, definiere ich ein physikalisches Feld folgendermaßen:

Ein physikalisches Feld ist die Gesamtheit der über einen Bereich verteilten, voneinander unabhängigen Ausprägungen einer physikalischen Größe, die alle dieselbe feldbildende Ursache haben.

Der »Bereich« muss kein Raumzeit-Bereich sein. Wie es physikalische Bereiche unabhängig von Raum und Zeit geben kann, wird später erläutert. Wichtig ist, dass es sich bei den Feldelementen um Ausprägungen einer physikalischen Größe handelt und nicht um abstrakte Feldgrößen in abstrakten Punkten. Anhänger der Kopenhagener Deutung der Quantenmechanik werden dem wahrscheinlich entgegnen, dass es vor einer Messung oder Beobachtung nur abstrakte Feldgrößen geben kann. Die Definition würde für subatomare Teilchen und Felder etwas Paradoxes definieren. Warum die Definition kein Paradoxon sein muss, werden wir weiter unten sehen.

5. Alles nur Information?

5.1. Von Maxwells Dämon zur Information.

Abb. 54: Der schottische Physiker **James Clerk Maxwell** (* 13. Juni 1831 in Edinburgh; † 5. November 1879 in Cambridge) entwickelte unter anderem einen Satz von Gleichungen (die Maxwellschen Gleichungen). Diese wurden zur Grundlage der Elektrizitätslehre und des Magnetismus.

Vor über 135 Jahren hat der Physiker James Clerk Maxwell in einem Gedankenexperiment ein besonderes Perpetuum mobile entworfen. Drei Jahre später, nämlich 1874, gab Lord Kelvin dem Experiment den Namen »Maxwells Dämon«. Seither treibt der Dämon die Physikergemeinde vor sich her. Diese versucht immer wieder zu beweisen, warum Maxwells Dämon nicht funktionieren kann.

Was bei einem üblichen Perpetuum mobile keine Mühe verursacht, außer einem Hinweis auf bekannte physikalische Gesetze, bereitet den Physikern beim Dämon erhebliches Kopfzerbrechen. Auf welche physikalischen Gesetze soll man sich beziehen, um zu einer hieb- und stichfesten Argumentation zu gelangen? Was ist das Besondere an dem von Maxwell entworfenen Perpetuum mobile?

Als Perpetuum mobile wird eine Maschine bezeichnet, die ohne äußere Energiezufuhr ständig Arbeit verrichtet und niemals stehenbleibt. So eine Maschine wäre die Lösung sämtlicher Energieprobleme. Auf Kohle, Öl, Sonne oder Wind zur Energieerzeugung könnte die Menschheit dann für alle Zeit verzichten. Leonardo da Vinci war ein besonders eifriger Erfinder derartiger Energieerzeuger. Er hinterließ viele Skizzen von teilweise skurrilen Maschinen. Den Nachbau einer seiner technischen Raritäten kann man im deutschen Museum München bewundern. Doch wie die Physiker, die sich mit Maxwells Dämon beschäftigen, nicht anders erwarten, rührt sich Leonardos technisches Meisterwerk nicht. Weder von einem Dämon noch von Energieerzeugung gibt es eine Spur! Nur bei Maxwells Gedankenexperiment wissen sie nicht so recht, wie sie den Dämon austreiben sollen.

Abb. 55: Wie man sich bereits im Mittelalter ein Perpetuum mobile mit Wasserkraft vorstellte.

Die Physiker könnten sich auf das Gesetz der Energieerhaltung berufen, welches besagt, dass in einem abgeschlossenen System weder Energie erzeugt,

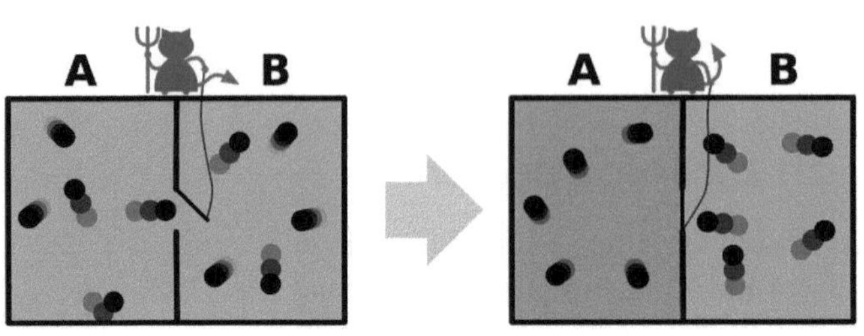

Abb. 56: Maxwells Dämon: Der »Dämon« öffnet die Klappe, um Teilchen größerer Geschwindigkeit von A nach B und andere von B nach A durchzulassen. Grafik: Htkym, CC-BY-SA

noch vernichtet werden kann. Ein Perpetuum mobile soll aber gerade - abgeschlossen von der Außenwelt - Energie erzeugen und dadurch Arbeit verrichten. Das wäre nach dem Gesetz der Energieerhaltung nicht möglich.

Doch so einfach liegen die Verhältnisse bei Maxwell nicht. Der bezieht sich auf die Wärmelehre (Thermodynamik) und möchte einen Temperaturunterschied nützen, um Arbeit zu verrichten. Eine Dampfmaschine kann aufgrund des Temperaturunterschieds, der zwischen dem heißen Dampfkessel und kühlen Kondensator herrscht, Arbeit verrichten und dadurch Stromgeneratoren antreiben. Leider muss der Dampfmaschine durch Heizung des Kessels von außen Energie zugeführt werden. Maxwell denkt daran, den Temperaturunterschied, ohne Energiezufuhr von außen zu erzeugen. Er stellt sich vor, dass ein Wesen (Dämon), das klein genug ist, einzelne Moleküle zu sehen, die Gesetze der Thermodynamik umgehen kann. Es könnte in einer speziellen Maschine Temperaturunterschiede erzeugen und aufrechterhalten, ohne dass man von außen Energie zuführen müsste.

Die Maschine muss eine gasgefüllte Kammer haben, die durch eine Trennwand in zwei Teile A und B geteilt ist. In der Trennwand müsste sich ein kleines Loch befinden. Der Dämon, der die umherschwirrenden Gasmoleküle sähe, hätte die Aufgabe, ein Türchen vorm Loch zu öffnen oder zu schließen, um schnelle Moleküle von den langsameren zu trennen. Er soll den schnellen Molekülen den Zugang zu Kammer B gestatten, den langsamen den Zugang zu A. Nach einer gewissen Zeit wären die Moleküle sortiert und Kammer A mit langsamen, Kammer B mit schnellen gefüllt. Langsame Gasmoleküle bedeutet Kälte, schnelle dagegen Wärme. Auf diese Weise wäre ein Temperaturunterschied zwischen den Kammern A und B erzeugt worden, ohne Zufuhr von Energie. Der Temperaturunterschied könnte dann wie in der Dampfmaschine Arbeit verrichten.

Der Aufschrei in der Physikergemeinde war groß und ist es immer noch. Das liegt nicht an dem okkulten Wesen, sondern an den physikalischen Gesetzen. Nach dem zweiten Hauptsatz der Thermodynamik ist zum Aufbau eines Temperaturunterschieds immer eine gewisse Menge Arbeit nötig. Die Gegenstimmen verweisen darauf, dass der Arbeitsaufwand des Dämons zum Öffnen und Schließen des Türchens vernachlässigbar klein gemacht werden kann. Man könnte so auf jeden Fall mehr Energie gewinnen als aufgewendet werden muss. Die Beantwortung der Frage, wie sie das Gegenargument entkräften sollen, bereitet vielen namhaften Physikern schlaflose Nächte, weil nicht sein kann, was nicht sein darf.

Im Jahr 1929 hatte der Physiker Leo Szilard eine Idee, wie er den Dämon austreiben könnte. Der hochbegabte Theoretiker publizierte zu dem Thema eine Arbeit mit dem Titel *»Über die Verringerung der Entropie in einem thermodynamischen System durch die Einwirkung intelligenter Wesen«*. Wie unschwer dem Titel zu entnehmen ist, geht es dabei um intelligente Wesen, also um Maxwells Dämon, und um Entropie.

Entropie ist definiert als Wärmeenergie dividiert durch die Temperatur und gilt heute auch als ein Maß für die Informationsmenge, die in Körpern steckt. Die allmähliche Zunahme der Entropie im Universum wird als Ursache dafür gehandelt, dass unsere Welt eines fernen Tages den Kältetod stirbt. Physiker und Kosmologen begründen das folgendermaßen: Der natürliche Wärmefluss läuft immer von warmen Körpern zu kälteren, niemals umgekehrt. Die Menge an Wärmeenergie, die vom warmen Körper abfließt, ist zwar genauso groß wie die Menge, die dem kalten Körper zufließt, aber die Zunahme der Entropie ist größer, als die Abnahme. Das liegt an der Formel für die Entropie, weil beim kalten Körper durch einen kleineren Temperaturwert dividiert wird, als beim warmen Körper. Und wenn durch weniger geteilt wird, ergibt das ein größeres Ergebnis. Die Entropie unseres Universums nimmt also im Laufe der Zeit immer mehr zu, gleichzeitig wird es immer kälter und deshalb wird wohl in Hunderten Milliarden Jahren das Leben einfrieren.

Abb. 57: ***Leó Szilard*** *(* 11. Februar 1898 in Budapest; † 30. Mai 1964 in La Jolla, Kalifornien). Die Arbeit des ungarisch-deutsch-amerikanischer Physikers und Molekularbiologen brachte unter anderem einen Erkenntnisgewinn über das Wesen der Information.* Foto: US Department of Energy

Maxwell wollte den Zuwachs an Entropie in seiner Maschine verhindern. Der Entropie-Zuwachs bedeutet Abkühlung und hätte durch Zuführung von Wärmeenergie wieder ausgeglichen werden müssen. Um das zu vermeiden, ließ er einen Dämon die Moleküle sortieren.

Szilard entdeckte den Pferdefuß des Dämons. Für seine Argumentation benutzte Szilard eine dem Maxwell'schen Dämon ähnliche Maschine. Diese unterschied sich darin, dass die Kammer nur ein einziges Gasmolekül enthielt. Das vereinfachte die Problemstellung und er kam zu dem Schluss: Maxwells Dämon funktioniert deshalb nicht, weil für den Betrieb die Information über den Aufenthaltsort des Moleküls gespeichert werden muss. Jeder Gewinn an Information würde einen entsprechenden Entropiezuwachs bewirken. Und damit würde das geschehen, was Maxwell durch den Einsatz des Dämons zu verhindern suchte.

Szilard wurde durch seine Arbeit zum Begründer der Informationseinheit Bit, die später in der Informationstheorie Eingang fand. Aber erst der Physiker und Entdecker der Quantenteleportation, Charles Bennet, konnte den Dämon endgültig vertreiben. Bennet analysierte im Jahr 1982 genauer, an welcher Stelle vom Arbeitszyklus der Maschine die thermodynamischen Kosten tatsächlich entstehen. Er kam unter Einbeziehung der Arbeitsergebnisse seines Kollegen Rolf Landauer (Landauer-Prinzip), zu der Erkenntnis: Nicht die Gewinnung der Information muss thermodynamische Kosten verursachen, sondern erst deren Löschung, um den Informationsspeicher für den nächsten Zyklus vorzubereiten. Gleichgültig aber an welcher Stelle die Entropie erhöht wird, die Energiekosten fressen den Gewinn wieder auf. Ein Perpetuum mobile ist so nicht möglich. Doch alles in allem brachten die Arbeiten einen Erkenntnisgewinn über das Wesen der Information.

5.2. Ist Information ein Grundbaustein der Welt?

Information prägt unser Leben. Die Wissenschaften Informatik und Nachrichtentechnik, deren Arbeitsgebiet die Information ist, begegnen uns auf Schritt und Tritt. Bedeutende Physiker glauben, Information sei ein wesentlicher Grundbaustein der Welt[27].

Wie kommen Physiker zu solch einer Annahme? Ist Information nicht eher ein Konstrukt der geistigen Ebene als ein Grundbaustein der Welt? Wo begegnen wir überall der Information? Nicht nur am heimischen PC, sondern auch bei unserm liebsten Kind, dem Auto, das in der Werkstatt an einen Diagnosestecker angeschlossen wird, beim Fahrkartenautomaten, der sogar auf unsere Geldscheine passend herausgibt oder beim Empfang digitaler Fernsehsignale vom Satelliten,

27 Zitat: »Es stellt sich letztendlich heraus, dass Information ein wesentlicher Grundbaustein der Welt ist.« Interview mit Prof. Dr. Anton Zeilinger, veröffentlicht von Andrea Naica-Loebell am 7.5.2001 auf http://www.heise.de/tp/r4/artikel/7/7550/1.html

kommen wir mit Information in Berührung. Information findet sich in der Natur, nämlich als die äußere Form von Pflanzen, Tieren oder geologischen Gegebenheiten. Und nicht nur die äußere Form, sondern auch die Anordnung der Elementarteilchen, die je nach Zusammenstellung andere Elemente bilden, ist Information. Sollte Information tatsächlich etwas Stoffliches sein?

Alles was wir um uns herum sehen und unterscheiden können, hat eine Form, ein Muster oder ist auf eine bestimmte Weise angeordnet. Und wenn aufgrund dieser Tatsache etwas unterschieden werden kann, dann enthält es Information. Ein Muster oder die Anordnung, generell also die Form stellt die syntaktische Seite der Information dar. Das ist wie die Grammatik einer Sprache. Sätze können grammatikalisch richtig sein, aber dennoch keinen Sinn ergeben, wie beispielsweise folgender: »Eckige Sätze sind grün.« Analoges gilt für beliebige Formen, seien es Punkte, Striche oder chinesische Schriftzeichen, wenn wir nicht gelernt haben sie zu deuten.

5.3. Shannons bahnbrechende Arbeit.

Information ohne Bedeutung, also nur Muster oder Formen, möchte ich als »**statistische Information**« bezeichnen. In der Literatur findet man stattdessen meist die Bezeichnung »syntaktische Information«. Mithilfe der mathematischen Statistik können Regelmäßigkeiten in dieser Art von Information entdeckt werden. Dazu betrachten wir zwei Zeichenfolgen I1 und I2 aus jeweils 20 Nullen oder Einsen:
I1 = {01010101010101010101}
I2 = {10011010111101000100}.

Bei der Zeichenfolge I1 erkennen wir auch ohne mathematisches Werkzeug die Regelmäßigkeit der Zeichen 01, die sich zehnmal wiederholen. Bei der Zeichenfolge I2 kann selbst mit Hilfe statistischer Werkzeuge keine Regelmäßigkeit entdeckt werden.

In der Nachrichtentechnik hat man gern Regelmäßigkeiten, denn diese erlauben es, Information zu komprimieren. Im Fall von I1 benötigt man zur Informationsübertragung an einen Empfänger nur 6 Bit. Bit ist die Einheit der Information. Zwei Bit sind für die Zeichen 01 nötig und vier Bit für die Angabe, dass die Zeichen zehnmal wiederholt werden sollen. Im Fall von I2 benötigt man für die zwanzig Zeichen 20 Bit zur Übermittlung. Hier ist keine Komprimierung möglich.

Der amerikanische Mathematiker Claude E. Shannon (* 30. April 1916; † 24. Februar 2001) gilt als Begründer der Informationstheorie. Er machte sich über die Bedingungen der Informationsübertragung Gedanken. 1948 veröffentlichte er seine bahnbrechende Arbeit über »Mathematische Grundlagen in der Informationstheorie«. Dabei erwähnte er auch zum ersten Mal schriftlich die Informationseinheit Bit. Außerdem bezog er das aus der Physik bekannte Konzept der Entropie mit ein.

Statistische Information wird durch die Unterscheidbarkeit der Form oder des Musters charakterisiert. Unterscheidung setzt mindestens zwei verschiedene Möglichkeiten voraus. Jede Unterscheidung von zwei Möglichkeiten kann durch eine einzige Ja-Nein-Frage geklärt werden. Beispielsweise kann gefragt werden: »Ist die erste Stelle der Zeichenfolge I2 eine 1?«, »Ist die zweite Stelle der Zeichenfolge I2 eine 1?«, »Ist die dritte Stelle der Zeichenfolge I2 eine 1?«, usw. Die Beantwortung der Ja-Nein-Fragen stellt jeweils ein Bit Information dar.

Im Fernsehen gibt es häufig Ratespiele, wie das heitere Beruferaten. Dabei soll ein Rateteam durch Fragen den Beruf eines Kandidaten herausfinden. Die Fragen müssen so gestellt werden, dass diese durch Ja oder Nein beantwortet werden können. Auch hier ist jede Antwort ein Bit Information. Allerdings hat jede Ja-Nein-Frage ihre eigene Bedeutung, die der Kandidat richtig erfassen muss. Sonst kommt es zu einer fehlerhaften Beantwortung.

5.4. Die physikalische Realität von Information und Bedeutung.

Bedeutung ist ein wichtiger Aspekt von Information. Erst Bedeutung zusammen mit Mustern oder Formen (statistische Information) ergibt eine vollständige Information, die ich »**Strukturinformation**« nenne.

Bedeutung ist keine absolute Größe. Gleiche Muster können unterschiedliche Bedeutung haben. Das Buchstabenmuster »T A U« kann den 19. Buchstaben des griechischen Alphabets bedeuten oder ein gedrehtes Seil oder einen Niederschlag frühmorgens auf der Wiese. Welche Bedeutung ein Muster hat, ist deshalb immer von dem System abhängig, auf das es sich bezieht. Im Beispiel steht als Bezugssysteme das griechische Alphabet, das Schifffahrtswesen oder die Natur zur Auswahl. In Wirklichkeit ist die Auswahl noch größer und es kann sein, dass für viele Bezugssysteme das Buchstabenmuster überhaupt keine Bedeutung hat. Wenn man ägyptische Hieroglyphen als Bezugssystem wählt, dann hat TAU darin bestimmt keine Bedeutung.

Wer oder was entscheidet, welches Bezugssystem zur Anwendung kommen soll, um Mustern eine Bedeutung zuzuordnen? Statistische Information und Strukturinformation sind zunächst als idealistische Begriffe der geistigen Ebene eingeführt worden. Information besitzt darin keine physikalische Realität. Es gibt keine Hinweise dafür, dass auf rein geistiger Ebene unabhängig von physikalischen Prozessen Entscheidungen getroffen werden können. Für Entscheidungen benötigt man zumindest hilfsweise die physikalische Ebene und auf dieser kann eine Gehirnfunktion oder ein anderer physikalischer Prozess Entscheidungen treffen.

Wenn Entscheidungen physikalische Prozesse sind, dann müssen Bedeutung und Information zur physikalischen Ebene gehören, denn **es kann keine Interaktion zwischen einer abstrakten (ideellen) und der** physikalischen Ebene geben.[28] Sonst würden wir in Harry Potters Welt leben, in der ständig physikalische Gesetze durchbrochen werden. Insbesondere würde dann einer der fundamentalsten Sätze der Physik, der Energieerhaltungssatz nicht mehr gelten und wir könnten mit Hilfe eines Perpetuum mobile sämtliche Energieprobleme unserer Zeit lösen.

Ein weiteres Argument für die physikalische Realität von Information ist folgende Überlegung: Nehmen wir einmal an, es gäbe abstrakte Information als eine Art geistiger Substanz. Eine Substanz ist etwas, das aus sich selbst heraus existiert. Deshalb hätte abstrakte Information keinen physikalischen Träger. Nehmen wir weiter an, wir könnten aus einer endlichen Anzahl abstrakter Bits ein Byte (= 8 Bit) zusammenstellen, dann ergäbe sich ein logischer Widerspruch. Ohne einen Informationsträger muss man die Zusammengehörigkeit von zwei Bits kennzeichnen. Dazu braucht man ein weiteres Bit. Die Zugehörigkeit des weiteren Bit zu den vorherigen muss ebenfalls gekennzeichnet werden. Dazu braucht man wieder ein Bit. Das geht endlos weiter. Man braucht immer weitere Bits um die Zugehörigkeit eines Bit zu den übrigen zu kennzeichnen. Die unendliche Anzahl Bits, die benötigt wird, um ein Byte zusammenzustellen, ist ein Widerspruch zur Annahme. Deshalb **kann es keine abstrakte Information ohne einen physikalischen Träger geben**. Das heißt aber nicht, dass

28 Siehe auch »Existiert eine Geistsubstanz?« S. 132 ff.

Information nicht eine Substanz der physikalischen Realität sein könnte, die ihr eigener Informationsträger wäre (siehe Substanzinformation, Seite 104).

In dem Zusammenhang darf nicht verschwiegen werden, dass es Wissenschaftler[29] gibt, die meinen, Materie könne keine Bedeutung hervorbringen[30]. Ihre Argumentation ist ähnlich der vorherigen:

Wenn Materie Bedeutung hervorbringen kann, dann ist es auch möglich, einen Computer für die Verarbeitung von Bedeutung zu programmieren. Man könnte dann ein Symbol, das auf Hardwareebene zu einem bestimmten materiellen Objekt gehört, der Bedeutung zuordnen. Um die Bedeutung des Bedeutungssymbols im Computer darstellen zu können, benötigt man ein weiteres Symbol. Das geht endlos weiter. Man braucht immer weitere Symbole, um die Bedeutung des Bedeutungssymbols darzustellen. Es gibt aber keinen Computer, der groß genug ist, eine endlose Folge von Symbolen zu speichern. Deshalb kann Materie nach dieser Argumentation keine Bedeutung hervorbringen.

Was zunächst wie ein unumstößlicher Beweis erscheint, ist bei genauerer Betrachtung nicht stichhaltig. In der Argumentationskette wird Bedeutung über das Symbol einem materiellen Objekt zugeordnet. Es wird so getan, als würde die materielle Welt nur aus Objekten bestehen und aus sonst nichts. Wer sich aber schon einmal mit dem Standardmodell der Elementarteilchenphysik beschäftigt hat, der weiß, dass es zwischen den Objekten, d.h. Teilchen auch Wechselwirkungsmechanismen gibt. Als Wechselwirkung wird der von einem Teilchen auf ein anderes ausgeübte Einfluss bezeichnet. Zwischen elektrisch geladenen Teilchen kommt es beispielsweise zur Anziehung oder Abstoßung. Erst durch die Wechselwirkungsmechanismen wird Materie zu dem, was sie ist. Da in der Beweisführung nur Objekte berücksichtigt wurden, ohne die Wechselwirkungsmechanismen zwischen den Objekten, folgt daraus ein nicht stichhaltiges Ergebnis.

Wie man unter Berücksichtigung der Wechselwirkungsmechanismen zwischen den Elementen eines Systems auf ein ganz anderes Ergebnis kommt, zeigen die weiteren Ausführungen.

---

29 Penrose (1989)

30 Vgl. Goswami (2009), S. 31 f.

5.5. Entropie und Information.

Was mag die physikalische Entsprechung von Information sein? Infrage kommt entweder eine Substanz der physikalischen Realität oder eine Eigenschaft. Eine Eigenschaft ist das zu einer Substanz gehörende Merkmal. Beispielsweise ist das Gewicht eines Körpers eine Eigenschaft, denn Gewicht kann nicht aus sich selbst heraus existieren.

Es ist Shannons Verdienst, eine Verbindung zwischen dem Informationsbegriff und der Physik geschaffen zu haben. Er führte in Analogie zur Wärmelehre den Begriff Entropie als Maß für den mittleren Informationsgehalt eines Zeichens ein.

Entropie, als zentraler Begriff der Wärmelehre, lässt sich als das Verhältnis von Wärmemenge zu absoluter Temperatur definieren. Ursprünglich wurde der Begriff eingeführt, um zu beurteilen, wie viel von einer gegebenen Wärmemenge, die beispielsweise in einem Dampfkessel steckt, in Arbeit umgewandelt werden kann. Eine Wärmemenge, die nur Umgebungstemperatur besitzt, wird als Abwärme bezeichnet. Mit Abwärme kann weder Arbeit verrichtet noch Elektrizität erzeugt werden. Abwärme besitzt eine hohe Entropie, während die Wärmemenge im gut beheizten Dampfkessel eine niedrigere Entropie hat. Aus diesem Entropieunterschied lässt sich die Arbeitsfähigkeit berechnen.

Abb. 58: Der österreichische Physiker und Philosoph ***Ludwig Eduard Boltzmann*** *(* 20. Februar 1844 in Wien; † 5. September 1906 in Duino bei Triest) entdeckte, dass zwischen Entropie und Information ein Zusammenhang besteht. Auf seinem Grabstein ist die von ihm gefundene fundamentale Beziehung eingraviert:* $S = k_B \ln \Omega$ *. Das bedeutet: Die Entropie S eines Makrozustands ist proportional dem natürlichen Logarithmus der Zahl* Ω *der entsprechend möglichen Mikrozustände, d.h. der fehlenden Information.*

Das Interessante an der Entropie ist, dass sie nicht nur mit Arbeitsfähigkeit, sondern wie vom Physiker Ludwig Boltzmann entdeckt, auch mit Information in Zusammenhang gebracht werden kann. Boltzmann überlegte sich zunächst, wie viel Moleküle des Wasserdampf-Gases in einem Dampfkessel bei bekannter Temperatur wohl herumfliegen. Dann machte er sich Gedanken darüber, welches Wissen ihm fehlte. Er wusste nichts über die Mikrozustände der einzelnen Moleküle, das heißt, er wusste weder wo sie sich genau aufhielten, noch wohin sie flogen und auch nicht, mit welcher Geschwindigkeit sie sich bewegten. Das Einzige, was er ausrechnen konnte, war die Anzahl der Mikrozustände. Diese Anzahl ist praktisch die fehlende Information in Bit angegeben. Als er den Logarithmus der fehlenden Information nahm und mit der nach ihm benannten Boltzmann-Konstante multiplizierte, ergab sich als Ergebnis wunderbarerweise gerade die Entropie. Boltzmann hatte eine fundamentale Beziehung gefunden: die Boltzmann-Beziehung.

Die Boltzmann-Beziehung macht Information zu einer Eigenschaft der physikalischen Realität und setzt **fehlende Information gleich** mit **Entropie**.

Die Boltzmann-Beziehung sagt aber noch viel mehr aus, als man ihr zunächst ansieht. Genauso wie man aus einem Entropieunterschied die Arbeitsfähigkeit berechnen kann, lässt sich mit dieser Beziehung aus einem Informationsunterschied ebenfalls die Arbeitsfähigkeit berechnen. In der Physik wird das, was fähig ist, Arbeit zu verrichten, als Energie bezeichnet. Information lässt sich also auf eine noch zu untersuchende Weise in Energie umwandeln und umgekehrt.

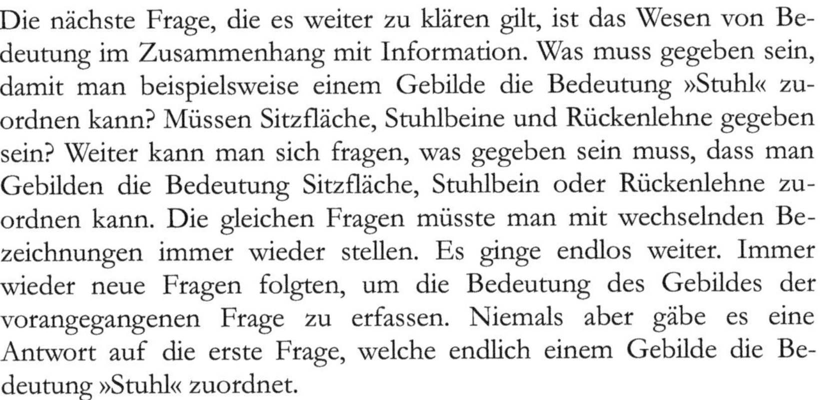

5.6. Bedeutung auf physikalischer Ebene.

Die nächste Frage, die es weiter zu klären gilt, ist das Wesen von Bedeutung im Zusammenhang mit Information. Was muss gegeben sein, damit man beispielsweise einem Gebilde die Bedeutung »Stuhl« zuordnen kann? Müssen Sitzfläche, Stuhlbeine und Rückenlehne gegeben sein? Weiter kann man sich fragen, was gegeben sein muss, dass man Gebilden die Bedeutung Sitzfläche, Stuhlbein oder Rückenlehne zuordnen kann. Die gleichen Fragen müsste man mit wechselnden Bezeichnungen immer wieder stellen. Es ginge endlos weiter. Immer wieder neue Fragen folgten, um die Bedeutung des Gebildes der vorangegangenen Frage zu erfassen. Niemals aber gäbe es eine Antwort auf die erste Frage, welche endlich einem Gebilde die Bedeutung »Stuhl« zuordnet.

Weiter oben wurde schon einmal so eine Argumentationskette betrachtet, die auf eine endlose Folge führte. Manche Wissenschaftler hatten daraus fälschlicherweise gefolgert, dass Materie keine Bedeutung hervorbringen kann. Auch andere Überlegungen, die allein von Objekten ausgehen, führen nicht zum gewünschten Ergebnis, wie die beiden nächsten Beispiele zeigen.

Beispiel Material: Muss das Material gegeben sein, damit man einem Gebilde die Bedeutung »Stuhl« geben kann? Ein Stuhl ist häufig aus Holz, manchmal aus Kunststoff oder Metall. Aber ein Gebilde aus Holz, Kunststoff oder Metall muss kein Stuhl sein.

Beispiel Form: Die Sitzfläche könnte quadratisch, länglich oder rund sein. Nur ein quadratisches, längliches oder rundes Gebilde muss nicht die Sitzfläche eines Stuhls sein.

Wie also kommen wir dazu zu sagen, dass ein Etwas etwas Bestimmtes ist? Die Lösung liegt wie schon vorher angedeutet im

Wechselwirkungsmechanismus. Wir dürfen das Etwas nicht als ein Objekt, sondern müssen es als ein System betrachten. Ein System ist ein Gebilde, das aus einer Gesamtheit an Elementen besteht, die miteinander in Beziehung stehen und auf eine Weise wechselwirken, dass sie als eine aufgaben-, sinn- oder zweckgebundene Einheit angesehen werden. Bei dem Gebilde unseres Beispiels sind die Stuhlteile die Elemente des Systems. Um dem System eine Bedeutung zuzuordnen, müssen wir nicht die Bedeutung der Teile kennen, und diese auch keineswegs mit Bein oder Standfuß, Lehne, Sitzfläche benennen. Wie benennen die Teile trotzdem wegen der einfacheren sprachlichen Handhabung.

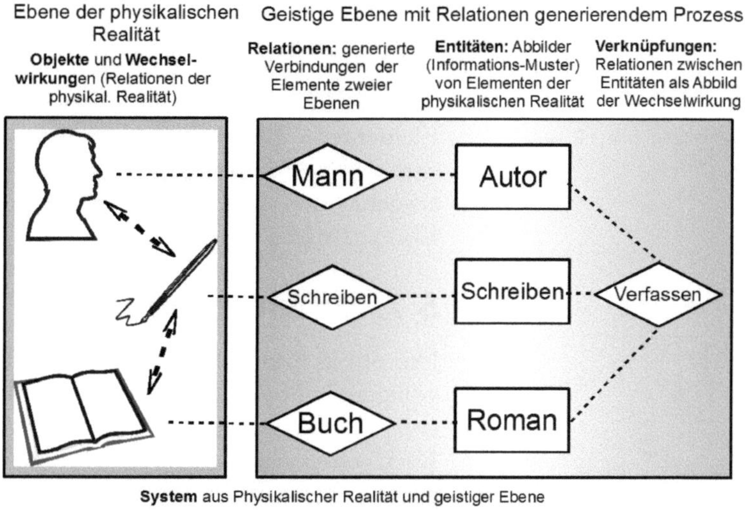

Abb. 60: Die Grafik verdeutlicht den Zusammenhang von physikalischer Bedeutung, die dem Wechselwirkungsmechanismus entspricht, und der Bedeutung, die auf der abstrakten geistigen Ebene entsteht anhand von »Verfassen« eines Romans. Dieser Zusammenhang wird hier nur grafisch dargestellt, aber im Text nicht weiter besprochen.

Zwischen den Stuhlteilen existieren Beziehungen (Relationen). **Wenn solche Relationen zwischen seinen Elementen gegeben sind, die Sitzen möglich machen, dann kann man dem System die Bedeutung »Stuhl« zuordnen.** Es kommt nur auf die Relationen, d.h. den Wechselwirkungsmechanismen zwischen den Teilen an, nicht auf die Teile selbst und nicht auf die Form der Teile oder das Material, denn jedes Teil für sich muss nicht das Teil eines Stuhls sein. Dadurch ist es auch bei künstlerisch verfremdeten Objekten möglich zu sagen, ob es sich um einen Stuhl handelt oder nicht.

Es ist kein Beobachter nötig, der auf geistiger Ebene ein Urteil fällt und damit physikalischen Objekten eine (geistige) Bedeutung zuordnet. Das, was ein Beobachter durch sein Urteil zuordnen könnte, ist nur ein auswechselbarer Begriff, der für Kommunikationszwecke benötigt wird, nicht aber die physikalische Bedeutung. Die Bedeutung eines Systems der physikalischen Realität ergibt sich bereits auf physikalischer Ebene durch die Relationen zwischen den Elementen des Systems. Eine einzelne Relation zwischen zwei Elementen eines Systems stellt bereits eine **physikalische Bedeutung** dar.

Ein einfaches Beispiel dazu: In einem System, das aus Kompassnadel und Magnet besteht, existiert eine Relation zwischen den beiden Elementen. Physikalisch gesehen ist die Relation der Wechselwirkungsmechanismus des magnetischen Feldes, das vom Magneten ausgeht. Die Relation ist die Bedeutung, die der Magnet für die Kompassnadel hat.

5.7. Strukturinformation.

Die physikalische Bedeutung als Teil der Strukturinformation ist von völlig anderer Art als die Entropie (statistische Information), denn sie entspricht dem, was der Physiker unter einer Wechselwirkung versteht. Da Wechselwirkung eine Relation zwischen zwei oder mehr Elementen eines Systems ist, ist sie aus philosophischer Sicht weder eine Eigenschaft noch eine Substanz. Kann sie unabhängig existieren wie eine Substanz? Die Frage muss verneint werden, denn die Wechselwirkung benötigt zwei Elemente einer Substanz für ihre Existenz. Weil sie eine Beziehung zwischen zwei Elementen schafft, hat sie die Fähigkeit etwas zu bewirken. In der Physik wird die Fähigkeit etwas zu bewirken, als Kraft bezeichnet. Daraus folgt: **Physikalische Bedeutung ist eine Kraft.**

Zur eingehenderen Diskussion der Strukturinformation kann man auf den Arbeiten von Szilard[31] und Bennet[32] aufbauen und weitere theoretische Überlegungen über das Wesen von Information und Energie anstellen. Die Überlegungen beider Forscher basieren auf einem Gedankenexperiment, das der Physiker J.C. Maxwell 1871 veröffentlichte. Danach könnte ein intelligentes Wesen (»Maxwells Dämon«), das fähig ist, Moleküle zu beobachten, die bekannten Begrenzungen der physikalischen Welt eventuell umgehen und eine geeignete Maschine zu einem Perpetuum mobile machen. Da die Existenz eines Perpetuum mobile als nicht vereinbar mit dem Energieerhaltungssatz gilt, muss irgendwo ein Fehler in Maxwells Überlegungen stecken, aber wo?

Wie schon weiter oben erwähnt[33] nahm sich Szilard im Jahr 1929

31 Szilárd (1929)

32 Vgl. Bennet (1988)

33 Kap. »Von Maxwells Dämon zur Information.« S. 89 ff.

des Problems an. Er hat sich, um »Maxwells Dämon« auf die Schliche zu kommen, eine wesentliche Vereinfachung ausgedacht. Seine Version von Maxwells Maschine besteht aus einem Zylinder, der an zwei Enden durch Kolben verschlossen ist. Der Zylinder enthält nur ein einziges Gasmolekül. Eine bewegliche Trennwand soll dieses Molekül in der linken oder rechten Hälfte des Zylinders einschließen. Je nachdem, in welcher Hälfte das Molekül sich befindet, kann danach einer der Kolben Arbeit verrichten. Auf dieser Grundlage untersuchte Szilard die einzelnen Phasen des Arbeitszyklus und kam zu der Einschätzung, dass die Beobachtung des Moleküls, um herauszufinden, wo es sich aufhält, Energie kostet. In der Summe wäre nichts gewonnen.

Fast sechs Jahrzehnte später nahm sich Bennet noch mal die einzelnen Arbeitszyklen von Szilards Maschine vor. Mit den Ansätzen seines Kollegen Rolf Landauer kam er im Gegensatz zu Szilard zum Ergebnis, dass es nicht der Beobachtungsprozess ist, der Energie kostet. Zum Beweis konstruierte er eine modifizierte Szilard-Maschine, die ohne Lichtteilchen auskommt und deshalb für die Gewinnung der Information über den Aufenthaltsort des Gasmoleküls keine Energie benötigt. Die Information selbst wird danach in einem Speicher festgehalten. Bennet kam zu dem Schluss, dass die Energiekosten erst entstehen, wenn der Speicher geleert werden muss, um für den nächsten Arbeitszyklus bereit zu sein. Unabhängig davon, wann die Energiekosten anfallen, wäre auch nach Bennetts Überlegungen die Maschine mit Maxwells Dämon kein Perpetuum mobile. Daraus folgt die Erkenntnis, dass die **Speicherung von Information offensichtlich keine Energiekosten verursacht, sondern nur deren Löschung**.

Interessant erscheint die Verbindung zwischen der Information über den Ort des Moleküls und dem daraus gewonnenen Äquivalent an mechanischer Arbeit. Um diese Verbindung genauer zu untersuchen, kann Szilards Maschine weiter vereinfacht und die drei Arbeitsschritte hervorgehoben werden, die zum Verständnis einer möglichen Äquivalenz von Information und Energie beitragen.

Die vereinfachte Szilard-Maschine besitzt ebenso wie die ursprüngliche einen Zylinder, aber statt zwei nur einen Kolben. Die bewegliche Trennwand ist gleichfalls vorhanden. Auf der rechten Seite befindet sich ein Informationsspeicher, der ein Bit an Information aufnehmen kann. Im Zylinder bewegt sich ein einziges Molekül. Maxwells Dämon oder eine entsprechende Apparatur beobachtet nun,

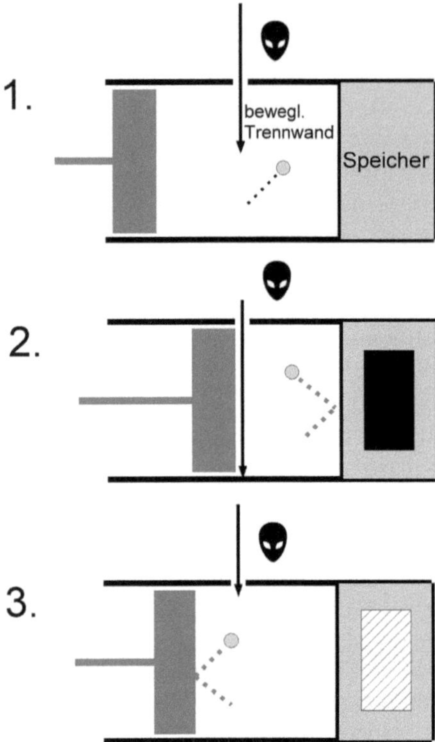

Abb. 61: Vereinfachte Szilard-Maschine für den Nachweis der Äquivalenz von Information und Energie.

wo sich das Molekül aufhält (Abb. 61.1). Befindet es sich im rechten Teil des Zylinders, lässt der Dämon die Trennwand herunter und merkt sich den Ort des Moleküls. Das ist angedeutet durch das Bit im Speicher. Der Kolben wird nun zur Hälfte eingeschoben, bis er die Trennwand berührt (Abb. 61.2). Weder die Speicherung der Information kostet Energie, wie weiter oben angeführt, noch die Verschiebung von Trennwand und Kolben, weil sich beide mechanischen Teile reibungslos im leeren Raum bewegen. Vielmehr kann jetzt mechanische Arbeit, also Energie gewonnen werden. Dazu muss nur die Trennwand wieder hochgezogen werden. Dann nämlich stößt das Molekül gegen den Kolben (Abb. 61.3) und verrichtet auf diese Weise mechanische Arbeit. **Die Information über den Aufenthaltsort des Moleküls ist auf diese Weise äquivalent zu einem entsprechenden Energiebetrag**. Nach der Verrichtung der Arbeit ist das Informationsbit im Speicher wertlos geworden (statistische Information ohne Bedeutung), denn es sagt nichts mehr über den Aufenthaltsort des Moleküls aus und kann nicht mehr für die Gewinnung weiterer mechanischer Arbeit verwendet werden. Es muss vor dem nächsten Arbeitszyklus gelöscht werden.

Wenn man Bennetts Deutung von Szilards Maschine folgt, muss man von der Äquivalenz von Information und Energie ausgehen. Denn das eine lässt sich in das andere umwandeln. Information lässt sich in Energie umwandeln, umgekehrt wird Energie benötigt, den Speicher zu leeren, um ihn für die Gewinnung von Information vorzubereiten. Das bedeutet im Ergebnis, dass Energie in Information umgewandelt wird. Dadurch, dass laut Bennet die aus der Information gewonnene Energie in gleichem Umfang wieder verwendet wird, um den Speicher zu leeren, ist Information äquivalent zu Energie.

Aus dem gesamten Vorgang kann eine weitere Schlussfolgerung gezogen werden. Das gespeicherte Informationsbit in Abb. 61.2 hat eine spezielle Bedeutung, nämlich die Bedeutung des Aufenthaltsorts vom Molekül (Relation zwischen Speicherbit und Aufenthaltsort). Solange es diese Bedeutung hat, kann mit Hilfe der Information Energie gewonnen werden. Nach dem Vorgang der Energiegewinnung verliert aber das Informationsbit seine Bedeutung. Ohne die Bedeutung kann es nicht mehr zur weiteren Energiegewinnung eingesetzt werden. Information mit Bedeutung haben wir Strukturinformation genannt. Deshalb gilt:

Strukturinformation ist äquivalent zu einer Energieform, die zur Verrichtung von Arbeit verwendet werden kann.

5.8. Quanteninformation.

Die Quantenmechanik gilt als eine physikalische Theorie, die Vorgänge im atomaren und subatomaren Bereich beschreibt. Systeme, die aufgrund ihrer Eigenschaften mit Hilfe der Quantenmechanik beschrieben werden müssen, bezeichnet man als quantenmechanische Systeme. Unter Quanteninformation versteht man die in solchen Systemen vorhandene Information. Die elementare Einheit der Quanteninformation ist das Quantenbit (Qubit). Während ein klassisches Bit sozusagen eine Ja-Nein-Alternative ist, ist das Qubit beide Alternativen gleichzeitig. Man spricht von einer Superposition (Überlagerung) der Zustände, das Qubit ist superponiert.

In quantenmechanischen Systemen wird die experimentelle Situation zur Zeit der Messung durch eine Wahrscheinlichkeitsfunktion beschrieben. Diese gibt an, mit welcher Wahrscheinlichkeit ein bestimmtes Ergebnis bei einer Messung erwartet werden kann.[34]

»Diese Wahrscheinlichkeitsfunktion stellt eine Mischung aus zwei verschiedenen Elementen dar, nämlich teilweise eine Tatsache, teilweise den Grad unserer Kenntnis einer Tatsache.«[35]

Die Unbestimmtheit des Qubit vor der Messung ist eine Folge davon. Die Mischung aus teilweisen Tatsachen und unserer beschränkten Kenntnis verbindet zwei unterschiedliche Realitätsebenen. Wenn Relationen Elemente der physikalischen Realität mit Elementen der geistigen Ebene verbinden, muss nach unserer bisherigen Erkenntnis die Bedeutung auch der geistigen Ebene zugeordnet werden. Das lässt keine faktischen Aussagen vor einer Messung zu.

Eine Messung hebt die Superposition der Quanteninformation auf und bringt das System in einen eindeutigen Zustand der physikalischen Realität. Das Qubit wird dadurch zu einem gewöhnlichen Bit. In dieser Schrift geht es um Information auf Realitätsebene. Wenn die geistige

---

34 Siehe »Wellenfunktion« S. 58

35 Heisenberg (2008)

Ebene angesprochen wird, dann nur zum Zweck der Abgrenzung gegenüber der Realitätsebene. Deshalb soll hier, wenn nichts anderes bemerkt, Quanteninformation so behandelt werden, als sei eine Messung gerade erfolgt und das System in einem eindeutigen Zustand.

5.9. Substanzinformation.

Wir haben gesehen, dass statistische Information der Entropie entspricht. Entropie verbindet Information und Wärmeenergie. Des weiteren gewannen wir Erkenntnisse über das Wesen der Bedeutung, die zusammen mit statischer Information die Strukturinformation bildet. Die Herleitung der Äquivalenz von Strukturinformation und Energie bezieht sich auf die klassischen Energiearten, speziell die mechanische Energie. Statistische Information und Strukturinformation sind jedoch nicht äquivalent zu einer Substanz. Eine Informationsart fehlt aber noch.

Es wäre sinnvoll, eine weitere Informationsart zu definieren, die äquivalent einer Substanz der physikalischen Realität ist. Diese soll **Substanzinformation** heißen. Als Substanz könnte man sich beispielsweise Elementarteilchen denken, deren Masse möglicherweise äquivalent zu der neu definierten Informationsart ist.

Tatsächlich hat Thomas Görnitz[36] bereits einen Zusammenhang zwischen Substanzinformation und Elementarteilchen gefunden. Er nennt die Informationsart allerdings Protyposis. In meiner folgenden Darstellung möchte ich lieber den Begriff Substanzinformation verwenden, weil der etwas über das Wesen dieser Informationsart aussagt.

Görnitz greift theoretische Überlegungen von C. F. v. Weizsäcker auf, der schon in den 80er Jahren gezeigt hat, dass alle denkbaren Elementarteilchen aus quantisierten binären Alternativen aufgebaut werden können.[37] »Binäre Alternativen« entsprechen eigentlich dem hier verwendeten Begriff »statistische Information«. Doch wie weiter oben ausgeführt wurde, kann statistische Information nicht äquivalent zu Elementarteilchen sein, da sie eine Eigenschaft und keine Substanz ist. Die eigenständige Existenz von Information als eine Substanz fehlte bisher. Das ist der Grund für den neuen Begriff Substanzinformation.

Wenn man voraussetzt, dass eine »Binäre Alternative« das Abbild

36 Görnitz (2008), S.111 ff. und S. 351 ff.

37 Görnitz, Th. Graudenz, D., Weizsäcker, C.F.v. (1992) 1929-1959

einer physikalischen Realität ist, und wenn man gleichzeitig annimmt, dass Substanzinformation und »Binäre Alternativen« das gleiche sind, dann fügen sich Görnitz« Ausführungen in die Erkenntnisse dieser Schrift ein.

Mit Ansätzen von Bekenstein[38] und Hawking[39] verkoppelte Görnitz die Entropie schwarzer Löcher mit der absoluten Größe der Substanzinformation von Elementarteilchen. Um die fundamentale Beziehung zu finden, dachte er sich ein Gedankenexperiment aus, bei dem die Masse des ganzen Universums in einem schwarzen Loch versammelt ist bis auf ein einziges Proton, das sich noch außerhalb befindet.

Die Entropie des schwarzen Lochs ist diejenige Information, die nicht für eine Beschreibung des Inhalts zur Verfügung steht (vgl. S. 97 ff.). Die Größe der Entropie lässt sich aber aufgrund anderer Modelle berechnen. Görnitz überlegte, wie groß der Entropiezuwachs ist, wenn das allerletzte Proton auch noch ins schwarze Loch hineinfällt. Dieser Entropiezuwachs ist das Maß an Substanzinformation, die im Außenraum verloren geht. Das Ergebnis: Die Substanzinformation ist abhängig von der Masse des Protons und des schwarzen Lochs.

Wenn man sich statt eines Protons ein beliebiges Teilchen der Masse m vorgegeben denkt, folgt aus dem Gedankenexperiment ein linearer Zusammenhang zwischen Substanzinformation und Masse (m = I * konst.; m = Masse des Objekts, I = Zahl der Bits). **Masse m eines Teilchens und Substanzinformation I sind äquivalent.** Die Zahl I der Bits ist der Betrag an Substanzinformation, der ein Teilchen gestaltet. Die gewonnene Beziehung stellt ein physikalisches Modell für die Umrechnung der einen Größe in die andere dar. Aufgrund Einsteins berühmter Formel $E = m \cdot c^2$ ist die Information auch äquivalent zu Energie.

38 Bekenstein (1973) und (1981)
39 Hawking (1975)

6. Das kosmologische Hintergrundfeld.

6.1. Endlose Regression oder letzte Ursache?

Wissenschaft und Religion möchten uns glauben machen, dass Dinge aus guten Gründen so sind, wie sie sind. Doch die letzte Ursache kann nicht mehr begründet werden. In der Religion wird sie zur Glaubenssache. Gilt das auch für die Naturwissenschaft?

Dinge, die nicht gehalten werden, fallen herunter. Ein Wasserglas fällt dann nicht zu Boden, wenn ein Tisch das Glas hält. Der Tisch wird vom Fußboden gehalten. Das Haus hält den Fußboden und die Erde hält schließlich das Haus. Allerdings akzeptieren weder Wissenschaft noch Religion die Erde als letzte Ursache dafür, dass das Wasserglas auf dem Tisch gehalten wird. Was ist aber dann die letzte Ursache?

Die Theorie der Schildkröte.

John Locke, britischer Philosoph der Aufklärung, veröffentlichte in seinem Hauptwerk (*»Versuch über den menschlichen Verstand«*, (1689), Buch II, 13. Kap., § 19 und Buch II, 23. Kap., § 2) zu dem Thema eine hübsche kleine Anekdote über eine Schildkröte. Diese geisterte danach jahrhundertelang in Variationen durch alle möglichen philosophischen Werke und landete schließlich im letzten Kapitel von »Eine kurze Geschichte der Zeit«, ohne dass der Autor und englische Astrophysiker Stephen Hawking bemerkte, woher die Anekdote eigentlich stammt. In seinem populären Bestseller steht nun eine »Theorie der Schildkröte« einträchtig und gleichberechtigt neben der Superstringtheorie:

A little old lady at the back of the room got up and said: What you have told us is rubbish. The world is really a flat plate supported on the back of a giant tortoise. The scientist gave a superior smile before replying, What is the tortoise standing on. You're very clever, young man, very clever, said the old lady. But it's turtles all the way down! (Hawking: A Brief History of Time, 1988).

(Übersetzung: Eine kleine alte Dame im Hintergrund des Raums stand auf und sagte: *»Was haben Sie uns für einen Müll erzählt? Die Welt ist in Wirklichkeit eine flache Scheibe, die auf dem Rücken einer gigantischen Schildkröte ruht.«* Der Wissenschaftler lächelte überlegen, bevor er antwortete: Worauf steht denn die Schildkröte? - *»Sie mögen ja sehr schlau sein, junger Mann, wirklich sehr schlau«*, sagte die alte Dame. *»Aber von da an abwärts sind es nur noch Schildkröten!«*)

Die Quelle der Riesenschildkröte (giant tortoise) sind hinduistische Denker der Antike. Diese glaubten, die Erde werde von einem gigantischen Elefanten gehalten. Wer hält aber den Elefanten? Der wird letztendlich von dieser ominösen Riesenschildkröte gehalten.

Abb. 63: Die hinduistischen Denker der Antike glaubten, dass die Erde eine Scheibe ist und von einem gigantischen Elefanten gehalten wird. Der wird wiederum von einer Riesenschildkröte gehalten.
Ist die Riesenschildkröte tatsächlich die letzte Ursache? Warum muss es denn eine letzte Ursache geben? Womöglich gibt es von der Riesenschildkröte an abwärts nur noch Schildkröten.

Die Hindus hüteten sich, unterhalb der Schildkröte, weitere Schildkröten zu platzieren, denn auch ihnen war an einer letzten Ursache gelegen. Wer sich ein wenig in indischer Mythologie auskennt, der weiß, dass im Hinduismus Vishnu als eine Manifestation des Höchsten auch schon mal die Gestalt einer riesigen Schildkröte annehmen kann. Somit müssen ein Glaubensakt und das Göttliche wie schon unzählige Male als Lückenbüßer für eine fehlende Erklärung herhalten. Kommt in der heutigen Naturwissenschaft als letzte Ursache auch das Göttliche infrage? Wird womöglich ein Glaubensakt beschworen, um zu erklären, warum die Welt so ist, wie sie ist?

Der Glaubensakt in der Physik.

Die Vertreter der rationalen Naturwissenschaft und ihrer Königsdisziplin der Physik haben das Problem des Glaubensakts erkannt und versuchen ihre Festung durch eine formale Antwort zu verteidigen. Physiker sehen allgemein ihre Aufgabe darin, Zustände und Vorgänge in Teilgebieten der Natur zu untersuchen und zu beschreiben. Wenn jemand die Wissenschaftler fragt und wissen möchte, warum die Welt so ist, wie sie ist, zucken diese meist ratlos mit den Schultern und sagen zu den Aufgaben der Physik gehöre nur, das Wie zu erklären, aber nicht das Warum.

Diese radikale Abgrenzung wird immer dann wie das Kaninchen aus dem Hut eines Zauberers geholt, wenn es um Fragen nach den letzten Ursachen geht. Bei weniger fundamentalen Fragen haben Physiker keine Hemmungen das Warum zu beantworten, wie die einleitenden Sätze in einem vielgekauften Physikbuch für Wissenschaftler und Ingenieure zeigen:

Wie wir bald sehen werden, lassen sich mit Grundkenntnissen der Physik zahlreiche Fragen beantworten [...]: Weshalb ist der Himmel blau? [...] Warum benötigt ein Hubschrauber zwei Rotoren? [...] Warum gehen bewegte Uhren nach?[40].

Das sind alles Fragen, die mit ein wenig Mathematik beantwortet werden können. Man kommt dabei nicht in die Lage zu erklären von wem oder was die Erde gehalten wird, die das Haus mit dem Fußboden und den Tisch hält.

Das Henne-Ei-Problem.

Für Physiker sind abstrakte Felder die letzte Ursache. Es ist also eine Superschildkröte, die auf ihrem Rücken alles trägt, was existiert. Und wie wir weiter oben gesehen haben, ist das Tier anscheinend eine Manifestation von Vishnu, dem Göttlichen. Es ist kaum nachvollziehbar, dass Physiker von ihrem Publikum einen Glaubensakt erwarten, den normalerweise Vertreter der Religionen fordern. Das zeigt andererseits auch die Ratlosigkeit, die in der Naturwissenschaft herrscht, wenn es um Fragen nach der letzten Ursache geht.

Das müsste nicht so sein. Es gibt Erklärungsmuster, die ohne eine Superschildkröte auskommen. Der Weg dahin ist die Hinwendung zu einer geschlossenen Erklärungsschleife oder kausalen Schleife. Das hört sich ein wenig abstrakt an, hat aber durchaus Bezug zu unserer Welt. Nehmen wir als Beispiel die Scherzfrage, zu der ein ernster Hintergrund gehört: Was war zuerst da, die Henne oder das Ei?

Ohne Henne gibt es kein Ei, ohne Ei keine Henne. Das eine erklärt das andere und umgekehrt. Man darf nicht in den Fehler verfallen, Ei und Henne als isolierte Objekte zu betrachten. Vielmehr bilden Ei und Henne ein einziges System. Im Zusammenhang mit der biologischen Evolution waren die entwicklungsgeschichtlichen Vorläufer von Ei und Henne schon immer ein einziges System. Es ist nicht so, dass das Ei oder die Henne eigene Zweige des Stammbaums durchlaufen haben, von denen sich einer früher verzweigte, als der andere. Das System Henne-Ei ist abgeschlossen und braucht nicht zu erklären, was die letzte Ursache vom Ei oder der Henne ist, denn eine solche gibt es nicht. Unter dem Stichwort Selbstorganisation findet man in der Naturwissenschaft weitere ähnliche Beispiele.

Würde man das Modell der Selbstorganisation auf die Be-

40 Tipler/Mosca: Physik, 6. Aufl., S. 1

schreibung grundlegender physikalischer Vorgänge übertragen, könnte man sowohl die Schildkröte, wie die reflexhafte Abschottung gegenüber Fragen nach der letzten Ursache vermeiden. Denn Selbstorganisation erklärt auch, warum es überhaupt keine letzte Ursache gibt. Aber die Welt **kann auch ohne letzte Ursache erklärt werden,** wie die nachfolgenden Ausführungen zeigen.

Die Grundidee der Physik ist, alles was existiert, auf Felder zurückzuführen. Jedoch ließen sich die verschiedenen Feldtheorien bisher nicht vereinen. Die Forschungen zur Vereinheitlichung der gegenwärtigen Feldtheorien werden von einer Vision getragen. Es ist die Vision, dass das Wirken eines einzigen universalen Feldes das Universum entstehen lässt und ihm Struktur, Energie, Licht und Materie verleiht. Es wäre die Verschmelzung von Materie, Raumzeit und Kraft zu einem einzigen Kontinuum. Die Gesamtheit der Natur würde seinem Wirken unterliegen. Aus ihm würde das schöpferische Prinzip entstehen, das sich in der Evolution des Universums und der Lebewesen zeigt. Das Universum würde die ungeahnte Einheitlichkeit offenbaren, die Physiker als »Totale Symmetrie« bezeichnen. Dieses universale Feld soll hier »kosmologisches Hintergrundfeld« genannt und diskutiert werden.

6.2. Die Struktur des kosmologischen Hintergrundfelds.

Welche grundlegende Struktur müsste das System »kosmologisches Hintergrundfeld« haben, damit es den Vorstellungen der Vision entspricht? Unter einer **Struktur** versteht man die Zusammenfassung aus Elementen eines Systems und der Art und Weise, wie diese Elemente durch Beziehungen verbunden sind.

Das Hintergrundfeld darf keinesfalls von Raum und Zeit abhängig sein, denn beides soll aus seinem Wirken erst entstehen. Die Feldelemente dürfen in der Grundstruktur nicht mit Ort und Zeitpunkten verknüpft sein. Aber was kommt dann noch als Feldelement infrage? Man kann sich kaum vorstellen, dass Raumzeit aus Feldelementen entsteht, die solchen physikalischen Basisgrößen entsprechen, wie Temperatur, elektrischer Stromstärke, Stoffmenge oder Lichtstärke, auch wenn diese Basisgrößen selbst nicht abhängig sind von Raum und Zeit. Die bekannten fundamentalen Materie- und Kraftteilchen und ihre Energiepakete, die Quanten, können ebenso wenig als Feldelemente dienen, denn das kosmologische Hintergrundfeld soll diese Objekte ebenfalls erst entstehen lassen. Was bleibt dann noch übrig?

Unter Physikern besteht schon lange der Verdacht, dass Information ein wesentlicher Grundbaustein der Welt ist. Wenn Information nicht nur ein Grundbaustein wäre, sondern **der** Grundbaustein, dann folgte daraus wie selbstverständlich, dass die Feldelemente des kosmischen Hintergrundfelds aus Informationseinheiten bestehen müssten.

Bereits um 1970 herum entwickelte der Physiker und Philosoph Carl Friedrich von Weizsäcker eine Theorie, nach der die Welt und ihre Objekte aus Uralternativen (Ure) aufgebaut werden kann. Uralternativen sind elementare Ja-Nein-Entscheidungen, die sich binär durch die Ziffern 0 und 1 codieren lassen.

»Alle Objekte bestehen aus letzten Objekten mit n=2 [Möglichkeiten]. Ich nenne diese Objekte Urobjekte und ihre Alternativen Uralternativen.« [41]

Solange Weizsäckers Ur abstrakter Information ähnelt, somit zur geistigen Ebene gehört, und nicht zur physikalischen, kann es nach der Felddefinition nicht als Element eines physikalischen Feldes auftreten, denn abstrakte Information ist nicht die Ausprägung einer physikalischen Größe.

Der Typ Information, von dem hier die Rede sein soll, ist keine abstrakte Information. Wie ich schon weiter oben diskutiert habe[42], gibt es Informationsarten, die nicht zur abstrakten, geistigen Ebene gehören, sondern zur physikalischen. Das ist einmal die Strukturinformation und zum anderen die Substanzinformation. **Strukturinformation ist äquivalent zu Energie** und kann auch zur Verrichtung von Arbeit verwendet werden. **Substanzinformation ist äquivalent zu Masse.** Aus ihr können Teilchen geformt werden. Masse und Energie sind aufgrund Einsteins Beziehung ebenfalls äquivalent zueinander. Die Energieäquivalenzwerte von Struktur- und Substanzinformation sind bei Basistemperatur (10^{-30} K) gleich groß und betragen **$e_B = 10^{-53}$ Joule pro Bit**[43]. Dieses Bit an Struktur- oder Substanzinformation nenne ich ein **S-Bit**.

Gleichgültig, ob nun Struktur- oder Substanzinformation, beides ist im philosophischen Sinne eine Substanz. Eine Substanz ist etwas, was aus sich selbst heraus existieren kann. Im Gegensatz dazu steht die

41 Weizsäcker (1971), S. 269

42 Siehe Kap. 5.7 S. 100 ff. und Kap. 5.9 S. 104 ff.

43 Sedlacek (2009), S. 44

Eigenschaft, die zu ihrer Existenz immer eine Trägersubstanz benötigt. Beispielsweise benötigen die Eigenschaften rot und dick eine Trägersubstanz, der man diese Eigenschaften geben kann. Ein abstraktes Bit, das zwei Werte 0 oder 1 annehmen kann, ist niemals eine Substanz, sondern eine Eigenschaft, die zu ihrer Existenz einen (Daten-)Träger benötigt. Ein S-Bit wird im physikalischen Sinn dagegen nur existieren oder nicht existieren, sonst hätte es nicht den Status einer Substanz.

Wenn die Elemente des kosmischen Hintergrundfelds Informationseinheiten sind, dann müssen diese notwendigerweise aus S-Bits bestehen, deren äquivalente Form, die Masse oder Energie, gemessen und beobachtet werden kann. Wie würde die grundlegende Struktur des kosmischen Hintergrundfelds (kurz: Hintergrundfeld) aussehen?

Wenn ausschließlich S-Bits zur Strukturbildung zur Verfügung stehen, können die Elemente der Struktur des Hintergrundfeldes nur aus Zusammenfassungen dieser S-Bits bestehen. Zusammenfassungen von S-Bits haben den gleichen Status wie diese. Sie sind eine Substanz, auch wenn nur ihre äquivalente Form messbar sein sollte.

Mit dem Begriff der Grundmenge, der die Gesamtheit aller S-Bits des Hintergrundfeldes bezeichnet, kann nun definiert werden, was ein Pack ist.

Eine Zusammenfassung von Teilen der Grundmenge und/oder der Struktur des Hintergrundfelds soll Pack (*der Pack, Plural: Packe*) **heißen.**

In der Vorstellung ersetzt man Packe durch konkrete Schachteln, die S-Bits in Form von Bauklötzchen enthalten oder auch nicht. Kleinere Schachteln können sich in größeren Schachteln befinden. Mehrere Schachteln können in eine andere eingelegt werden: Das ist deren **Vereinigung**. Für die **Durchschnitt**sbildung kann man sich eine Spezialschachtel mit einem gemeinsamen Bereich ausmalen, der zu mehreren Schachteln gehört. Die Schachteln hängen durch den gemeinsamen Bereich zusammen.

Würde es keine Struktur und damit keine Beziehungen zwischen den Packen geben, dann könnte ein solches Universum, wie wir es kennen, nicht existieren. In unserem Universum sind es Einheiten von Massen oder Energien, die Beziehungen eingehen. Diese Einheiten sind die äquivalente Form von dem, was hier als Packe bezeichnet wird. Die Einheiten können mit andern zusammengefasst sein oder sonstige Beziehungen eingehen. In der Summe sind Null-Energien möglich (leeres Pack). Das komplette Universum entspricht einem Pack, der die Grundmenge zusammen mit ihrer Struktur umfasst.

Wenn man die Struktur mit dem vergleicht, was in der Felddefinition gefordert ist, dann ist der Pack die Ausprägung einer physikalischen Größe. Diese ist die zur Information äquivalente Masse oder Energie. Die weitere Bedingung, dass die Ausprägungen der physikalischen Größe dieselbe feldbildende Ursache haben sollen, wird durch das Wesen der Fluktuation erfüllt.

Weiter oben haben wir gesehen, dass Fluktuation ein Grundprinzip der Natur ist. Ohne Fluktuation würde sich nichts verändern. Alles wäre tot. Fluktuation ist deshalb notwendig im Universum. Die Existenz von Fluktuation ist zudem empirisch nachgewiesen.

Was bedeutet Fluktuation bezogen auf die Struktur des Hintergrundfelds? Fluktuation angewendet auf ein leeres Pack wird eines entstehen lassen, das mindestens ein S-Bit enthält. Wird Fluktuation auf ein nichtleeres Pack angewendet, kann sie ein leeres Pack entstehen lassen. Durch die simultane Fluktuation bezogen auf beliebig viele Packe können Vereinigungen der Packen oder Durchschnitte entstehen. Fluktuationen sind notwendig und sie sind die feldbildende Ursache des Hintergrundfelds. Und wie wir später noch sehen werden: Reale Photonen oder sonstige Teilchen treten ins Dasein (vgl. Kapitel 6.6.), indem Fluktuationen **Zustandsänderungen** von Packen bewirken.

Die Struktur, bestehend aus den Packen einschließlich der Fluktuation, ist notwendig für ein kosmologisches Hintergrundfeld, weil sich nur dadurch etwa bewegt und sich Form und Gestalt herauskristallisieren können. Nach unserer Definition eines physikalischen Feldes handelt es sich bei der Struktur tatsächlich um ein solches. Es ist nicht aus abstrakten Feldgrößen aufgebaut, sondern aus Feldgrößen, die äquivalent zu Energie und Masse sind.

Bisher wurde nicht gezeigt, dass die minimalen Voraussetzungen auch hinreichend sind, um unser Universum zu begründen. In den nächsten Kapiteln werde ich versuchen, das nachzuweisen.

6.3. Warum alle möglichen Strukturen vorkommen.

Fluktuation bewirken wie schon erwähnt die Zustandsänderung der Packe und erzeugen sogar reale Teilchen (siehe Kapitel 6.6.). Sie sind ein sehr mächtiges Instrument der Natur. Im Prinzip kann durch Fluktuation alles entstehen, was nicht unmöglich ist.

Bestimmte Dinge, die auf abstrakter Ebene erfunden wurden und die gegen Gesetze verstoßen, würden sie sich auf der physikalischen Ebene befinden, können dagegen nicht entstehen.

Hierzu ein Beispiel: Manchmal wissen sich Physiker nicht anders zu helfen, als dass sie eine Theorie auf abstrakter Ebene konstruieren und dann die faktische Realität, nämlich die Beobachtung oder das Messergebnis als einen Zusammenbruch des vorherigen Seinsstatus betrachten. Ich erwähne dazu nur das Stichwort »Kopenhagener Deutung« mit dem die Interpretation der Quantenmechanik bezeichnet wird, die um 1927 von Niels Bohr und Werner Heisenberg während ihrer Zusammenarbeit in Kopenhagen formuliert wurde.

Zur Kopenhagener Deutung gehört das berühmte quantenmechanische Gedankenexperiment »Schrödingers Katze«[44]. Dieses zeigt die Schizophrenie, die der gedanklichen Vermischung zweier Seinsebenen entspringt. Danach wird eine Katze in eine verschlossene Kiste zusammen mit einem Mordinstrument gesperrt. Dieses wird durch den zufälligen Zerfall einer radioaktiven Substanz gesteuert. Wenn der Versuchsleiter nach einer Stunde in der Kiste nachsieht, gibt es eine 50%-ige Wahrscheinlichkeit, dass die Katze noch lebt.

Die Theorie der Quantenmechanik sagt, dass die Katze innerhalb der Stunde, bevor der Versuchsleiter nachsieht, **gleichzeitig** tot und lebendig ist. Das wäre völliger Unsinn, wenn ihr Zustand kein abstrakter, sondern ein realer wäre. Auf physikalischer Ebene, außerhalb der Kiste, ist die Katze **entweder** tot oder lebendig. Nicht beides gleichzeitig. Die Physiker können aber die Illusion der abstrakten Ebene solange aufrechterhalten, solange niemand die Kiste öffnet und nachsieht.

Wenn in dieser Schrift die Rede davon ist, dass durch Fluktuation alles entstehen kann, was nicht unmöglich ist, dann soll sich das auf die physikalische Ebene beziehen. Sicher ist es möglich auch auf abstrakter Ebene Dinge zu konstruieren, für die es keinen logischen Widerspruch gibt. Beispielsweise für die Zustände von Objekten der Quantenmechanik vor einer Messung oder Beobachtung. Das ist aber nicht gemeint. In dieser Schrift geht es um die äquivalenten Zustände beobachtbarer Objekte innerhalb der physikalischen Ebene.

Es gibt viele Strukturen, die mit großer Wahrscheinlichkeit von

44 Siehe Kap. 3.2 S. 57 ff.

Fluktuationen hervorgerufen werden, weil sie nur sehr wenige S-Bits enthalten und sehr einfach sind.

Es gibt aber auch außerordentlich komplexe Strukturen, beispielsweise weil die Packe andere Strukturen enthalten, weil sie beliebig ineinander geschachtelt sein können oder weil sie riesige Mengen an S-Bits enthalten. Nach der klassischen Definition, wie sie von Laplace formuliert wurde, ist Wahrscheinlichkeit das Verhältnis der »günstigen Ereignisse« zur Anzahl aller möglichen Ereignisse. Je mehr S-Bits und Packe an einer Struktur beteiligt sind, desto unwahrscheinlicher erscheint diese, weil die Anzahl der möglichen Ereignisse ungleich stärker wächst.

Allerdings gibt es keinen Hinweis dafür, dass die Zahl der Fluktuationen begrenzt ist. Denn **Fluktuationen geschehen außerhalb des zeitlichen Rahmens der Raumzeit**. Zeit wird durch Fluktuationen erst ins Dasein gerufen, wie ab Seite 115 gezeigt wird. Aus dem Infinite-Monkey-Theorem folgt, dass **bei einer unbegrenzten Anzahl an Fluktuationen auch ein fast unwahrscheinliches Ereignis eintreten muss.** Das bedeutet, dass alle Strukturen vorkommen, die nicht aus anderen physikalischen Gründen unmöglich sind.

6.4. Beziehungen.

Von den unendlich vielen möglichen Beziehungen soll hier nur das Wenige definiert werden, was ein grundlegendes Verständnis erleichtert. Dabei sollte man allerdings immer im Hinterkopf behalten, dass ein Pack keine abstrakte Menge ist, sondern eine Art Substanz der physikalischen Ebene.

In einem Pack können auch andere Dinge als S-Bits enthalten sein, beispielsweise andere Packe. Deshalb bezeichne ich die Dinge, die in einem Pack enthalten sind, nur allgemein als Elemente.

Eine der notwendig vorhandenen allgemeinen Beziehungen ist die Schachtelung der Packe. Wenn alle Elemente in einem Pack *A* auch in einem zweiten umfassenderen Pack *B* enthalten sind (Schachtelung), nenne ich Pack *A* einen Teilpack von Pack *B*. Der Pack *B* enthält dann mindestens so viele Elemente wie der Pack *A*. Anschaulich ausgedrückt mit der Schachtel-Metapher: Die Schachtel A liegt in der Schachtel B.

Eine Vereinigung von Packen ist **geordnet** (geordnete Packe),

Beziehungen.

wenn für zwei beliebige in der Vereinigung enthaltene Packe A und B gilt, dass entweder A in B enthalten ist oder B in A.

Darüber hinaus gibt es die **Elementesammlung,** die eine geordnete Vereinigung mit einer bestimmten Anzahl an Elementen ist, deren Ordnung von keiner Bedingung abhängt.

Die Kombination von jedem Element mit jedem (jedes aus einem anderen Packen) soll hier **Elementekombination** heißen. Eine **physikalische Relation** R ist dann ein Teilpack der Elementekombination.

Wenn ein Pack die gleiche Anzahl S-Bits wie ein anderer enthält, kann er eigentlich nicht vom anderen unterschieden werden, denn S-Bits sind zwar äquivalent zu Energie oder Masse, haben aber sonst keine unterscheidenden Eigenschaften. Erst die physikalische Relation führt auf eine Möglichkeit, so ein Pack von einem anderen zu unterscheiden. Beispielsweise führt eine Elementesammlung mit Elementen aus einem geordneten Pack und einem anderen zu einer Relation mit unterscheidbaren Elementen. Allein der geordnete Pack ist dafür verantwortlich.

Die Fähigkeit unterscheidbar zu sein, ist wichtig. In der Welt werden ununterscheidbare Teilchen durch ihre Koinzidenz mit Raumzeitpunkten unterscheidbar. Es ist allein die Zuordnung zu Ort und Zeit, die für die Unterscheidbarkeit sorgt. Gäbe es diese Art der Unterscheidbarkeit nicht, gäbe es auch nicht unsere Welt.

6.5. Wie Zeit ins Dasein tritt und warum sie tickt.

Eines der rätselhaftesten Einrichtungen in unserem Universum ist die Zeit. Zusammen mit dem Raum lässt sich mit ihr die Dauer von Vorgängen und die Reihenfolge von Ereignissen bestimmen. Zeit ist eine Basisgröße, aus der andere physikalische Größen, wie Geschwindigkeit oder Beschleunigung abgeleitet werden. Bislang lässt sie sich nicht auf grundlegendere Phänomene zurückführen. Eines der Rätsel der Zeit ist, dass sie eine Richtung zu haben scheint, nämlich die Richtung von der Vergangenheit in die Zukunft. Das nennt man dann Zeitpfeil.

Kosmologisch gesehen kann man den Zeitpfeil am sich verändernden Universum erkennen. Dabei handelt es sich um Veränderungen, die sich nicht mehr rückgängig machen lassen, also eine Richtung haben.

Die Thermodynamik erklärt den Zeitpfeil durch die Gesetzmäßigkeit ihres zweiten Hauptsatzes, nach dem das Universum seit dem Urknall immer kälter werden muss und deshalb die Entropie, d.h. eine Form von Information, in Zukunft zunimmt. Dieser Prozess hat eine einzige Zeitrichtung und ist nicht umkehrbar.

Zeit wird bisher über ein Verfahren zu ihrer Messung definiert. Wie könnte Zeit, bezogen auf unsere minimale Struktur des Hintergrundfelds, definiert werden, wenn ein Verfahren zu ihrer Messung nicht zur Verfügung steht? Das Einzige, was zur Verfügung steht, ist die Struktur des Hintergrundfelds, die dessen Informationszustand bedeutet. Des weiteren gibt es Fluktuationen dieser Struktur.

Zeit kann also nur das Maß für die Änderung des Informationszustands sein. Jeder einzelne Pack kann durch Fluktuation seinen Informationszustand ändern. Zeit als Maß für die Änderung bezieht sich dann jeweils auf einen Pack. Da der Informationsgehalt, d.h. die Anzahl der S-Bits diskret ist, ist Zeit automatisch quantisiert.

So wie die Zeit hier beschrieben ist, entspricht das weitgehend dem psychologischen Eindruck von Zeit. Ob eine Zeitspanne als lang oder kurz wahrgenommen wird, hängt von den Ereignissen (Veränderung des Informationszustands) innerhalb der Zeitspanne ab. Bei vielen Ereignissen erscheint die Zeitspanne von kurzer Dauer, »die Zeit vergeht wie im Flug«. Bei wenigen Ereignissen will die Zeit manchmal gar nicht vergehen.

Somit gelangen wir zu einer wichtigen Erkenntnis:

Zeit ist das Maß für die Änderung des Informationszustands eines Packs und entsteht durch Fluktuation.

Wenn man die Gültigkeit von Heisenbergs Unbestimmtheitsrelation (Unschärferelation)[45] für Zeit und Energie voraussetzt, kann man die Dauer der erzeugten Zeit Δt infolge von Änderungen des Informationszustands eines Packs sogar ins übliche Zeitmaß umrechnen.

Fluktuationen sind keine vereinzelt vorkommenden Ereignisse. Sie kommen in unbegrenzter Zahl vor. Das bedeutet aber nicht, dass durch die Fluktuation eines Packs in der Größenordnung eines Protons (10^{41} S-Bits), sämtliche S-Bits simultan fluktuieren. Schon das Fluktuieren eines einzelnen S-Bits innerhalb des Packs bedeutet die Fluktuation des Packs als Ganzes. Durch ein einzelnes verändertes S-Bit bleibt der Pack im Wesentlichen erhalten. Die riesige Zahl an S-

45 Siehe S. 56

Bits, die er enthält, lässt ihn lange stabil bleiben.

Dadurch, dass Zeit durch Fluktuation erzeugt wird, hat sie keinen fließenden, sondern einen diskreten, quantenhaften Charakter. Zwischen zwei Fluktuationen des gleichen Packs existiert keine Zeit. Das ist ähnlich einem Quantensprung[46], bei dem ebenfalls keine Zwischenzustände existieren. Zeit, wie wir sie empfinden, wird durch die Gesamtheit der fortwährenden Fluktuationen erzeugt. Wenn der Vergleich mit einem tickenden mechanischen Wecker erlaubt ist, dann kann man sich Zeit so vorstellen: Jedes Mal, wenn der Sekundenzeiger tickt, springt der Zeiger eine Sekunde weiter. Dann existiert einen kurzen Augenblick die angezeigte Zeit. Während der Zeiger springt, wird keine Zeit angezeigt. Zwischen zwei angezeigten Zeiten gibt es deshalb keine Zeit.

Abb. 67: Ein tickender Wecker als Metapher für das Wesen der Zeit: Der Sekundenzeiger springt von Sekundenstrich zu Sekundenstrich, aber es existieren keine Zwischenzustände. Das bedeutet: Zwischen den angezeigten Sekunden existiert keine Zeit.

Noch etwas erklärt die durch Fluktuationen erzeugte Zeit. Für zwei unterschiedliche Packe gibt es keine Gleichzeitigkeit, denn Zeit ist immer die Eigenzeit eines Packs. Das stimmt mit Einsteins Relativitätstheorie überein und führt zu der dort beschriebenen unterschiedlichen Eigenzeit zweier Beobachter, die sich an verschiedenen Orten aufhalten.

Des weiteren beeinflusst die Anwesenheit von Massen den Ablauf der Zeit. Das lässt sich dadurch erklären, dass Masse mit Energie gleichgesetzt werden kann und diese entspricht äquivalenter Information, deren Fluktuation Zeit erzeugt. Das »Ticken« der Fluktuationen hängt, wie oben gezeigt, vom Umfang dieser Information ab.

6.6. Ursprung des Raums.

Wenn Zeitspannen und Raumdistanzen durch fluktuierende Packe erzeugt werden, dann drängt sich der Gedanke auf, dass Raum und Zeit insgesamt durch Fluktuation entstehen. Die Frage ist nur: Welche Packe sind dafür zuständig? Sind es solche, die wir bereits kennen oder wenigstens experimentell nachweisen können?

Um die Fragen zu beantworten, muss zwischen der Quantenmechanik und der Theorie dieser Schrift eine Verbindung geschaffen werden. In der Quantenmechanik gilt die Welle-Teilchen-Dualität von winzigen Energie-Päckchen, den Quanten. Werden Quanten gemessen, zeigen sie je nach Experiment entweder Eigenschaften von Wellen

46 Siehe S. 66

oder von Teilchen. Allerdings hat noch niemand bei der Messung einzelner Elektronen oder einzelner Photonen eine Welle feststellen können. Auf den Beobachtungsschirmen zeigen sich immer nur einzelne helle Punkte aber keine Wellen.

Die Messergebnisse einzelner Quanten lassen sich ausschließlich als Teilchen interpretieren, aber solange es keine bessere Theorie gibt, muss die Welle-Teilchen-Dualität dennoch berücksichtigt werden. Das kann folgendermaßen geschehen: Wegen der von de Broglie stammenden Beziehung zwischen der Wellenlänge und dem Impuls (Produkt aus Masse und Geschwindigkeit) eines Teilchens, wird in der Quantenmechanik jeder Quantelung der Energie eine bestimmte Wellenlänge zugeordnet. Nach meiner Erkenntnis ist Energie äquivalent zu Information[47]. Fluktuationen erzeugen aus dieser Information Packe. Die Packe entsprechen der Quantelung von Energie. Die zugeordnete Wellenlänge korrespondiert dann mit der Raumdistanz Δx.

Die Vermutung lautet, dass es die Photonen sind, die maximale Raumdistanzen erzeugen. Eine einfache Rechnung bestätigt die Vermutung.[48]

Der Pack, der durch Fluktuation die maximale Distanz Δx erzeugt, ist ein Photon.

Das Ergebnis ist in mehrfacher Hinsicht bemerkenswert. Einmal ist es bemerkenswert, dass aus Substanzinformation bestehende Packe des kosmischen Hintergrundfelds **durch Fluktuation eine Zustandsänderung durchlaufen können und zu** realen **Photonen werden**. Das gleicht der Paarerzeugung in Teilchenbeschleunigern, wo Teilchenpaare aus reiner Energie entstehen (vgl. Seite 64).

Zum anderen ist es bemerkenswert, dass der Bezug zu konkreten Photonen, Zeit und Raumdistanzen die gesamte Theorie erhärten. Die Fluktuation der Packe erzeugt Zeitspannen und Distanzen. Die Distanzbeziehung definiert eine Metrik. Als Metrik bezeichnet man eine Funktion, die je zwei Elementen eines Raums einen Zahlenwert zuordnet, der als Abstand der beiden Elemente voneinander aufgefasst werden kann. Zusammen mit dem im letzten Absatz gesagten folgt daraus:

Photonen erzeugen die Metrik von Raum und Zeit.

Wie aber entsteht dieser Raum, in dem es zur Ausbildung der

47 Sedlacek (2009)
48 Sedlacek (2010)

Metrik durch Photonen kommt? Vor der Beantwortung muss erst geklärt werden, was einen physikalischen Raum charakterisiert.

Ein physikalischer Raum muss wenigstens die Unterscheidung von Objekten zulassen. Ist ein Zahlenwert, der als Abstand aufgefasst werden kann, die einzige Möglichkeit zwei Objekte zu unterscheiden?

Wählt man im Raum einen beliebigen Bezugspunkt aus, dann muss man sagen können, was näher am Bezugspunkt liegt und was weiter entfernt. Dazu braucht es jedoch keinen Zahlenwert. Es muss vielmehr eine Ordnung geben, die bezogen auf den Bezugspunkt die Reihenfolge der Objekte darstellt. Diese Ordnung muss bereits existieren, bevor es möglich ist, Distanzwerte zuzuordnen. Die Ordnung seiner Elemente ist deshalb das Primäre, das einen physikalischen Raum ausmacht.

Wenn alles, was möglich ist, aus einem physikalischen Raum entfernt wurde, enthält dieser immer noch Felder. Es gibt keinen leeren Raum. Da Raum eine Struktur im Hintergrundfeld sein muss, ist es sinnvoll, Raum selbst als ein physikalisches Feld aufzufassen.

Photonen bringen die Metrik in den Raum. Dazu muss der Raum aber bereits existieren. Nichts weist darauf hin, dass die Photonen eine bestimmte Anzahl an Dimensionen benötigen. Wie dennoch Dimensionen in einen Raum kommen, soll im nachfolgenden Kapitel gezeigt werden. Hier möchte ich dagegen einen physikalischen Raum definieren, der weder eine bestimmte Anzahl Dimensionen noch eine Metrik als Voraussetzung für seine Existenz (vgl. Kapitel 6.3.) benötigt:

Ein physikalischer Raum ist ein Feld, dessen Struktur die Unterscheidung seiner Elemente durch eine Ordnung erlaubt.

Der von mir in früheren Veröffentlichungen[49] verwendete Begriff »metrikfreies Vakuum« ist äquivalent zu dieser Definition, denn auf dem physikalischen Raum ist zunächst keine Metrik vorhanden. Diese kommt erst durch die Elementekombination mit fluktuierenden Photonen-Packen hinzu. Wie Ordnung im Hintergrundfeld, wie Relationen und Elementekombinationen entstehen, wurde im Kapitel 6.4 besprochen.

Die Einstein'sche Raumzeit wird sich allerdings nicht aus einem einzelnen Photon herauskristallisieren, sondern aus einer Gesamtheit. Die Verhältnisse sind vergleichbar mit einem einzelnen Wassermolekül und einem Ozean. Das einzelne Wassermolekül kann keinen Ozean

49 Sedlacek (2008), S. 60 ff. und (2009), S. 50 ff.

Abb. 68: Halbtonrasterung: Die Gesamtheit der vielen teils isolierten Druckpunkte ergibt bei ausreichender Entfernung betrachtet den Eindruck eines Bildes. Es ist eine Analogie für die Entstehung der Raumzeit. Bild: Wapcaplet, CC-BY-SA

hervorströmen lassen. Dafür ist die Gesamtheit aller Moleküle zuständig.

Wenn die auftretenden Zeitspannen und Distanzen der fluktuierenden Packe keine isolierten Inseln im Nichts sind, wenn es also eine zusammenhängende Wirklichkeit gibt, dann liegt das am Raumfeld, das im kosmischen Hintergrundfeld eingebettet ist.

Es gibt eine Analogie, die eine hilfreiche Vorstellung liefert. Jeder kennt die in Zeitungen abgedruckten Fotografien. Mit der Lupe betrachtet, besteht so ein Foto aus vielen kleinen, häufig isolierten Druckpunkten. Die Druckpunkte entsprechen kleinen Zeitspannen oder Raumdistanzen. Erst die Gesamtheit aller Punkte erzeugt den Eindruck des Bildes oder in Übertragung der Analogie, den Eindruck von Raum und Zeit.

Das Prinzip, dass das Ganze mehr ist, als die Summe seiner Teile, nennt man **Emergenz**. Bezogen auf den Raum kann man dann formulieren:

Raumzeit als physikalisches Kontinuum entsteht durch Emergenz aus einem Feld geordneter Packe, die durch Fluktuation eine Zustandsänderung durchlaufen und zu Photonen werden.

Der Begriff »Zustandsänderung« macht allerdings nur für einen Beobachter innerhalb des Raum-Felds Sinn. Wäre es möglich, einen weiteren Beobachter im Hintergrundfeld außerhalb des Raum-Felds anzusiedeln, würde dieser nur sehen, dass durch Fluktuation eine Relation (vgl. Kapitel 6.4) zwischen einem Photonen-Pack und dem Raum-Feld geschaffen wird. Das wäre der Moment, ab dem das Photon für den Beobachter innerhalb des Raum-Felds in Erscheinung tritt. Es ist gar keine Zustandsänderung erfolgt, sondern nur eine Beziehung geknüpft worden.

Auch wenn uns Raum und Zeit wie eine zusammenhängende Wirklichkeit erscheint, so sind Zeitwerte und Distanzen immer nur gültig für den jeweiligen Pack, der sie verursacht hat. Es gibt keine für alle Bezugselemente in gleicher Weise gültige Zeit oder Distanz. Das steht im Einklang mit der Einstein'schen Relativitätstheorie.

Wie können aus dem Hintergrundfeld heraus Raumzeitdimensionen entstehen? Bekanntlich gibt es in unserem Universum mindestens vier Dimensionen, nämlich drei Raum- und eine Zeitdimension.

Vier Raumzeitdimensionen sind nichts anderes als die Elementekombination von vier geordneten Packen. Durch eine geeignete Relation stehen diese in Beziehung mit einem physikalischen Raum. Dass solche Relationen tatsächlich zustande kommen, wurde bereits weiter oben diskutiert. Wie schon erwähnt, kommt die Metrik dann hinzu, wenn zwischen Photonen-Pack und Raum bereits eine Beziehung geknüpft worden ist.

6.7. Die Evolution der Strukturen.

Mit Evolution wird bekanntlich eine langsame, kontinuierlich fortschreitende Entwicklung bezeichnet. In der Biologie ist Evolution die stammesgeschichtliche Entwicklung der Organismen, beginnend mit den ersten auftretenden Lebewesen bis hin zu den hoch entwickelten Arten und dem Menschen. In der Kosmologie wird der Begriff »kosmologische Evolution« für die Expansion und Entwicklung des Weltalls verwendet, die mit dem Urknall vor etwa 13,7 Milliarden Jahren begann.

Das Erstaunliche an der biologischen Evolution ist die relative Einfachheit der erkennbaren Steuerungsmechanismen. Die in Genen codierten, vererbbaren Merkmale einer Population verändern sich durch den evolutionären Prozess von Generation zu Generation. Dieser Prozess lässt sich auf lediglich drei Prinzipien zurückführen, die iterativ immer wieder durchlaufen werden: Mutation, Rekombination und Selektion.

- Durch **Mutationen** entstehen unterschiedliche Varianten der Erbinformation, die veränderte oder neue Merkmale verursachen können. Das ist ein ungerichteter Zufallsprozess, der Alternativen und Varianten des Vorhandenen erzeugt.
- Die **Rekombination** lässt die nächste Generation an Individuen entstehen, indem sie aus den Merkmalen zweier erfolgreicher Individuen der Population neue Kopplungen nach dem Zufallsprinzip bildet.
- Die **Selektion** bewertet die Ergebnisse der Rekombination anhand aktueller Umweltbedingungen. Der Prozess bekommt dadurch eine Zielrichtung, dass jene Individuen, deren Merkmale weniger vorteilhaft bezogen auf die Umweltbedingungen sind, geringere Überlebenschancen haben. Das führt zur positiven Selektion der Individuen mit den geeigneteren Merkmalen.

In der Biologie ist der evolutionäre Prozess weitgehend verstanden. Die Frage, die uns interessiert, ist die, ob nach unserem bisherigen Wissen, der Prozess der kosmologischen Evolution genauso verstanden werden kann?

Sollten die drei Prinzipien Mutation, Rekombination und Selektion bereits im kosmischen Hintergrundfeld existieren, wäre das nicht nur eine tiefere Begründung für die biologische Evolution, sondern würde auch die kosmologische Evolution und den rätselhaften Zeitpfeil erklären.

Ganz offensichtlich wird das Prinzip der Mutation im Hintergrundfeld durch die Fluktuation der Packe realisiert. Dem Genom und der darin codierten Erbinformation entspricht das Pack mit den darin enthaltenen Elementen, die in der untersten Ebene aus S-Bits, also Informationen bestehen. Die Veränderung durch Fluktuation ist genauso wie Mutation ein reiner Zufallsprozess.

Für die Rekombination gibt es im Hintergrundfeld ebenfalls passende Strukturen. Das sind die physikalischen Relationen, deren Elementesammlung durch den Zufallsprozess der Fluktuation rekombiniert wird.

Die entscheidende Frage konzentriert sich auf die Selektion. Welcher Prozess im Hintergrundfeld entspricht dem Prinzip der Selektion? Und: Was sind die Umweltbedingungen? Wer gibt die Zielrichtung vor?

Die Erklärung für die Zielrichtung einer Selektion muss im Hintergrundfeld selbst und in seinen Prozessen gesucht werden. Selbstbezüglichkeit ist keineswegs per se ausgeschlossen oder problematisch, sondern nur dann, wenn sie auf Widersprüche stößt. Selbstbezüglichkeit ist insbesondere ein charakteristisches Merkmal lebender Systeme oder solcher Systeme, die abgeschlossen sind gegenüber einem wie auch immer gearteten Äußeren.

Das kosmologische Hintergrundfeld ist die fundamentale physikalische Wirklichkeit, aus der alles andere entsteht. Deshalb ist Selbstbezüglichkeit sogar ein charakteristisches Merkmal dieser Wirklichkeit. Das erklärt, warum die »Umweltbedingungen« keine von außen kommenden Bedingungen sein können, sondern nur solche, die innerhalb des Hintergrundfelds vorgefunden werden.

Jetzt müssen wir nur noch wissen, welche Strukturen »günstig« in unserem Universum sind und welche nicht. Das lässt Rückschlüsse auf das Hintergrundfeld zu.

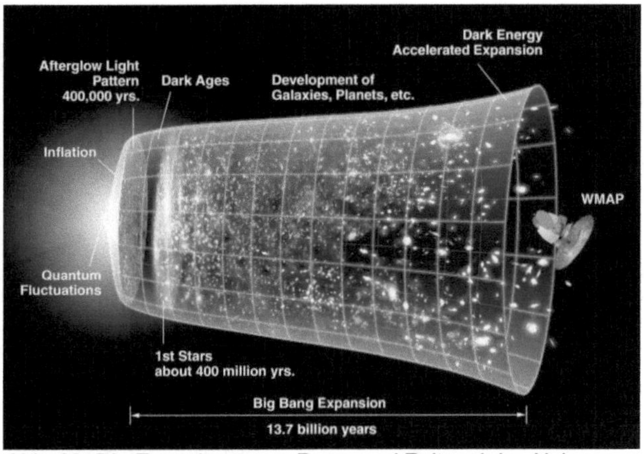

Als günstig kann man alle physikalischen Relationen ansehen, die mit den vier Grundkräften der Physik (starke Wechselwirkung, elektromagnetische Wechselwirkung, schwache Wechselwirkung, Gravitation) zusammenhängen, denn diesen liegen alle bekannten physikalischen Phänomene der Natur zugrunde. Hinter den Grundkräften müssen riesige Relationen-Netzwerke stehen.

Erhalt und Fortentwicklung einer Relation sind durch die Verbindung zu einem der vier großen Netzwerkstrukturen gesichert. Existieren nur wenige Verbindungen, können Fluktuationen diese leicht auflösen. Andererseits bedeuten viele und komplexe Verbindungen, dass die Struktur stabil ist.

Abb. 69: Die Entstehung von Raum und Zeit und des Universums aus einer Fluktuation im kosmologischen Hintergrundfeld (als schwarzer Hintergrund dargestellt). Die kosmologische Evolution folgt den gleichen Steuerungsmechanismen wie die biologische. *Bild: NASA WMAP Science Team*

Fluktuationen, die zu unverträglichen Änderungen einer Relation führen, bedeuten deren Isolierung. Das ist praktisch das Ende der Struktur, denn notwendige Funktionen, die vorher vom Netzwerk beigesteuert wurden, fehlen nun.

In der Biologie kennt man entsprechende Strukturen. Als nicht codierende Desoxyribonukleinsäure (auch: **Junk DNA**) werden diejenigen Teile der Desoxyribonukleinsäure (DNA) bezeichnet, die nicht für Proteine codieren. In Analogie zur Biologie können wir eine unverträgliche Relation als **Junk Relation** bezeichnen.

Fluktuation der Packe und deren Rekombination bekommen gemessen an der Verträglichkeit mit jenen Strukturen, die zu den Grundkräften gehören, eine Zielrichtung. Das ist die Antwort auf die Frage nach der Selektion und wer die Zielrichtung vorgibt: Das Hintergrundfeld ist selbstorganisierend. Es entwickelt selbst eine Zielrichtung, indem es unter der Maßgabe der jeweiligen Verträglichkeit selektiert. Damit unterliegt die Zielrichtung gleichfalls dem evolutionären Prozess. Und noch eine Frage haben die vorstehenden Erläuterungen beantwortet: **Die kosmologische Evolution folgt den gleichen** Steuerungsmechanismen wie die biologische.

7. Das Rätsel des Bewusstseins.

7.1. Bewusstsein und Genialität.

Wer hätte das gedacht, dass ein in Formaldehyd eingelegtes Gehirnpräparat des genialen Nobelpreisträgers Albert Einstein Jahre nach seinem Tod Rätsel lösen kann, nämlich das Rätsel der biologischen Ursachen von Genialität und menschlichem Bewusstsein? Wenn es auch nicht mehr selbst aktiv ist, so hat es jetzt zumindest entscheidende Hinweise für eine neue Theorie zur Funktionsweise des lebenden Gehirns geliefert.

Als die Neuroanatomin Marian C. Diamond von der University of California Anfang der 80er Jahre ihren größten Wunsch erfüllt bekam und vier zuckerwürfelgroße Hirnschnitte unterm Mikroskop untersuchen durfte, war ihre Enttäuschung groß. Die Zahl und Größe der Neuronen, die nach herkömmlicher Theorie für das Denken zuständig sind, unterschieden sich nicht von denen eines Durchschnittsbürgers. Das einzige Ungewöhnliche war die Zahl der Gliazellen in der Gehirnregion, die für höhere Denkprozesse zuständig ist. Einsteins Gehirn besaß signifikant überdurchschnittlich viel davon.

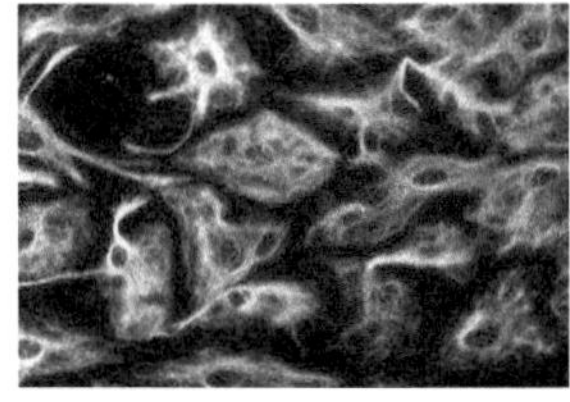

»Glia« ist griechisch und bedeutet Leim. Mitte des 19. Jahrhunderts entdeckte der deutsche Mediziner Rudolf Virchow Zellen, welche die Neuronen ummantelten. Er vermutete, die Zellen hätten lediglich Stütz- und Haltefunktion. Sie seien praktisch »Nervenleim«. Deshalb prägte er den Begriff Neuroglia, um die simple Funktion des Zelltyps zu verdeutlichen.

Doch Gliazellen sind mehr als nur einfacher Nervenleim. Christian Steinhäuser, Leiter des Instituts für Zelluläre Neurowissenschaften an der Universität Bonn, ist zwischenzeitlich davon überzeugt, dass Gliazellen keine »Statisten im Gehirn« sind, wie er sagt, sondern »ganz zentrale Akteure«. Die alten Modellvorstellungen zur Hirnfunktion auf der Basis von Neuronen lassen sich nicht mehr aufrechterhalten. Denn es sind die Gliazellen, die das Lernen und Erinnern steuern.

Ins gleiche Horn stößt Fritjof Helmchen, Neurophysiologe an der Universität Zürich. Moderne Methoden erlauben es, einem lebenden Gehirn beim Arbeiten zuzuschauen. Helmchens Team konnte so einen ganzen Zellverband von Astrozyten, die häufigste Gliazellklasse, beobachten. Astrozyten arbeiten mit den herkömmlichen Denkzellen, den Neuronen, zusammen. Untereinander kommunizieren Astrozyten quer über das ganze Gehirn, allerdings nicht mit Hilfe von elektrischen Signalen, sondern durch die wellenartig zu- und abnehmende Kalziumkonzentration innerhalb der Zellen. Diese biochemischen Signale sind laut Helmchen zwar schneckengleich gegenüber Nervenimpulsen, doch sie sorgen dafür, dass sich auch die Zellen weit entfernter Hirngebiete in einen bestimmten Denkprozess einschalten können. Als Antwort auf schwankende Kalziumkonzentrationen und um den Informationsaustausch der Neuronen zu beeinflussen, schütten Astrozysten Botenstoffe wie D-Serin und Glutamat aus. Neuronen besitzen Rezeptoren, um auf die Botenstoffe reagieren zu können. Dadurch sind die Astrozyten praktisch die Dirigenten des Denkprozesses.

Es gibt Hinweise dafür, dass das Zahlenverhältnis von Astrozyten zu Nervenzellen entscheidend für die Intelligenz oder sogar Genialität ist. Während beispielsweise bei Fröschen der Wert bei 0,5 liegt, ist er bei Katzen 1 bei Menschen 2 und bei Einsteins genialem Gehirn noch größer.

Aber bei der momentanen Kernfrage der Neurowissenschaft geht es nicht um Genialität, sondern um die Frage, wie Bewusstsein entsteht. Physiker liefern zu dem Thema Beiträge, in denen sie auf das Quantenhafte des Bewusstseinsprozesses verweisen. Neurowissenschaftler können sich allerdings noch nicht mit einer quantenphysikalischen Erklärung des Bewusstseins anfreunden. Liefern ihnen nun die Gliazellen eine zufriedenstellende Antwort?

Bekannt ist, dass im Zusammenhang mit Bewusstsein die Nervenzellverbände verschiedener Gehirnregionen synchronisiert arbeiten. Sinneseindrücke, Gefühle und Erinnerungen in unterschiedlichen Gehirnarealen müssen aktiviert und koordiniert werden. Beispielsweise kann der Bratenduft, der an einem Festtag mittags aus der Küche dringt, angenehme Erinnerungen bewusstwerden lassen. Vor dem geistigen Auge taucht knusprig braun gegrilltes Geflügel auf. Im Mund läuft das Wasser zusammen und der Magen fängt an zu knurren. Mehrere weit auseinanderliegende Hirngebiete müssen für den bewussten Gesamteindruck zusammenarbeiten. Aber wie ist das möglich, wenn es keine direkten Neuronenverbindungen zwischen den verstreuten Arealen gibt? Der Neurowissenschaftler Douglas R. Fields vom National Institute of Health in Bethesda (Maryland) meint, das

Gliazellnetz sei die Lösung. Glia an einer Stelle des Gehirns kommuniziert seiner Meinung nach (auf biochemischem Weg) mit der Glia von entfernteren Hirnteilen und koordiniert das für Denken und Bewusstsein notwendige Feuern des neuronalen Netzwerkes.

Das Bild der Koordination mittels biochemischer Vorgänge hat nur einen Haken. Thomas Görnitz, Professor für Didaktik der Physik an der Johann Wolfgang Goethe Universität Frankfurt bringt es auf den Punkt, wenn er die Geschwindigkeit von Bewusstseinsprozessen anspricht und Bewusstsein eher als einen Prozess ansieht, der Quanteninformation verarbeitet:

»... [es] wird deutlich, dass die Vorgänge in Bewusstsein und Gehirn erst zu verstehen sind, wenn sie als Quantenprozesse begriffen werden. Ein Aspekt des Quantenhaften der Bewusstseinsprozesse betrifft die [hohe] Geschwindigkeit, mit der die Informationsverarbeitung von Lebewesen durchgeführt werden kann.«[50]

Trotzdem glaubt Görnitz, dass die Gliazellen möglicherweise eine Rolle bei den Quantenprozessen des Bewusstseins spielen, nämlich um die Quanteninformation von ihrer Umwelt zu isolieren und dadurch zu stabilisieren. So mag Einsteins Gehirn mit seiner überdurchschnittlich hohe Zahl an Gliazellen kein weiterer Nobelpreis verliehen werden, aber es hat zumindest gute Ansätze geliefert, aus denen die Wissenschaftler verschiedener Fachrichtungen in gemeinsamer Arbeit eine vollständige neue Theorie des Bewusstseins formen können.

Einen weiteren Hinweis auf eine Verbindung zwischen Quantenprozessen und Bewusstsein liefert das Phänomen der Inselbegabung.

7.2. Inselbegabung.

»Solange wir das Savant-Syndrom nicht erklären können, können wir uns selbst nicht erklären«, meint Professor Darold Treffert, Chef der psychiatrischen Abteilung am St. Agnes Hospital in Fond du Lac (Wisconsin). Er ist seit mehr als 40 Jahren damit beschäftigt, inselbegabte Menschen, wie die Savants auch genannt werden, zu untersuchen. Inselbegabte sind oft behindert und hilfsbedürftig, verblüffen aber mit einem unglaublichen Gedächtnis, phänomenalen Rechenleistungen oder genialen künstlerischen Werken. Erklärungsversuche für Inselbegabung und Bewusstsein gibt es einige, aber keine konnte bisher überzeugen. Bringt die Quantenbiologie nun die Erleuchtung?

Einer der Inselbegabten ist Daniel Tammet. Wenn er rechnet oder

50 Görnitz (2007), S. 266

Musik hört oder wenn er eine der zehn Sprachen spricht, die er beherrscht, dann tanzen vor seinem geistigen Auge komplexe farbige Muster. Tammet ist ein dreißigjähriger Brite, der die wunderlichen Erscheinungen in seinem Kopf seit seinem dritten Lebensjahr besitzt, nachdem er bei einem epileptischen Anfall beinah gestorben wäre. Beim Multiplizieren zweier Zahlen sieht er nun zwei Bilder, die sich verändern und in Sekundenschnelle in ein drittes Bild verwandeln. Dieses stellt dann das Ergebnis dar. Jede Zahl zwischen eins und 10.000 besitzt für ihn ein eigenes Erscheinungsbild. Und die Zahl Pi kann er innerhalb von fünf Stunden auf 22.514 Nachkommastellen genau wiedergeben, wie er 2004 bei einem internationalen Gedächtniswettbewerb bewies.

Abb. 71: ***Daniel Tammet*** *(* 31. Januar 1979 in London), ein britischer Inselbegabter, bei einem Vortrag an der Universität Reykjavík. Foto: Haukurth, CC-BY-SA*

Ein weiterer Inselbegabter, der ein Musikstück nur ein einziges Mal zu hören braucht und es dann fehlerlos wiedergeben kann, ist der blinde US-Amerikaner Leslie Lemke. Mit 14 Jahren fand ihn seine Adoptivmutter, wie er mitten an der Nacht am Klavier saß und Tschaikowskys Klavierkonzert Nr. 1 fließend und fehlerfrei spielte. Er hatte das Konzert erst ein einziges Mal, nämlich tagsüber im Fernsehen, gehört. Jetzt singt und spielt er 1000 Musikstücke aus dem Gedächtnis, komponiert selbst und gibt Konzerte in den USA und im Ausland.

Einer der alle anderen Inselbegabten übertraf, war Kim Peek. Schätzungsweise zwei Millionen Menschen haben ihn bei seinen öffentlichen Auftritten an Universitäten bestaunt. Kim hat sich den Inhalt von 7600 Sachbüchern Wort für Wort gemerkt. Dazu kannte er Detailinformationen ganzer Regionen: alle Städte, alle Straßen, alle Fahrpläne, dazu jeden Namen mit Adresse und Telefonnummer aus allen Telefonbüchern, die ihm jemals in die Hände gekommen sind. Nur mit Romanen fing er nichts an. Dagegen war für ihn die Wiedergabe der Baseball-Ergebnisse der letzten 40 Jahre und der Daten der meisten klassischen Musikstücke, wie Erstaufführung, Komponist oder Geburtsort des Komponisten eine leichte Übung. Aber wenn Kim sich selbst anziehen sollte oder die Schuhe zubinden, dann scheitert er.

Abb. 72: ***Kim Peek*** *(* 11. November 1951 in Salt Lake City; † 19. Dezember 2009 ebenda) war einer der bekanntesten Inselbegabten. Foto: Darold Treffert*

Kims Kopf war von Geburt um ein Drittel größer, als der normaler Menschen. Eine enzephalographische Untersuchung zeigte aber in der Mitte seines Gehirns eine gähnende Leere. Ihm fehlte die Verbindung beider Hirnhälften und sein Kleinhirn ist verkümmert. Dagegen war seine Leistung beim »Scannen« von Büchern, wie er es nannte, mehr als olympiareif. Er zog beispielsweise die Telefonbücher ganz nah an seinen Augen vorbei. Die linke Seite am linken, die rechte am rechten Auge. So schaffte er es, acht Seiten in 53 Sekunden zu scannen. Das sind weniger als 7 Sekunden pro Seite und ist damit schneller als der Scanner am heimischen PC. Wenn man glaubt, so schnell kann sich kein Mensch den Seiteninhalt merken, täuscht man sich. Kim konnte es und er vergaß fast nichts.

»Kein Modell über Gehirnfunktionen ist komplett, bevor es nicht Kim mit einbezieht«, sagt Professor Treffert. Aber wie kann man die Leistungen der Inselbegabten erklären? Der Prozess der Signalübertragung im Gehirn funktioniert mit Hilfe von Nervenzellen. Diese nutzen eine Kombination aus elektrischen und chemischen Signalen, um miteinander zu kommunizieren. Wenn eine Zelle ihre elektrische Spannung ändert, führt das zur Freisetzung chemischer Botenstoffe. Diese wirken auf die nachfolgende Zelle ein. Daraufhin reagiert die nachfolgende Zelle ebenfalls mit einer Spannungsänderung und Freisetzung von Botenstoffen. Durch die Nutzung der chemischen Botenstoffe ist das ist ein schneckengleicher Prozess und nicht zu vergleichen mit der Hochgeschwindigkeit der Prozessoren heutiger Heimcomputer.

Den meisten Inselbegabten scheint eine gewisse Schädigung der linken Gehirnhälfte gemeinsam zu sein. Möglicherweise gibt es deshalb eine Überkompensation durch die rechte Gehirnhälfte, die für künstlerische, visuelle Fähigkeiten und konkrete Fakten zuständig ist. Was eine Überkompensation aber nicht erklären kann, ist die hohe Geschwindigkeit der Gedächtnisleistungen eines Kim Peek. Und wenn man schon eine vollständige Erklärung für die Gehirnfunktion haben will, dann kann man das Bewusstsein nicht außen vor lassen. Denn eines scheint sicher: Ohne Bewusstsein wäre keine der Geistesleistungen der Inselbegabten möglich.

Thomas Görnitz, Physiker an der Johann-Wolfgang-Goethe-Universität Frankfurt beschäftigt sich seit Jahren mit der physikalischen Lösung des Leib-Seele-Problems. Er ist der festen Überzeugung, dass *»die Vorgänge im Gehirn erst zu verstehen sind, wenn sie als Quantenprozesse begriffen werden. Ein Aspekt des Quantenhaften betrifft die [hohe] Geschwindigkeit, mit der die Informationsverarbeitung von Lebewesen durchgeführt werden kann«.*[51] Görnitz geht noch einen Schritt weiter. Ihn interessiert besonders, wie Geistiges und Bewusstsein aus Quanteninformation entstehen.

51 Görnitz (2007), S. 266

Als interdisziplinäre Arbeitsrichtung von Biologie und der Physik gehört es zum Aufgabenbereich der Quantenbiologie, geeignete quantenmechanische Erklärungsmodelle für die Gehirnfunktionen und Bewusstsein zu finden. Zu den bisherigen Erfolgen der Quantenbiologie zählt die Erklärung des Sehprozesses. Danach lässt sich das Sehen rein quantenmechanisch beschreiben. Die Lichtteilchen (Photonen), die ins Auge fallen, werden von den zahlreichen Elektronen innerhalb der Netzhaut absorbiert. Das löst eine biochemische Kettenreaktion aus, die am Ende zu einem elektrischen Signal führt, welches im Gehirn weiterverarbeitet wird.

Was für die Erklärung des Sehprozesses vollbracht wurde, ist für die Beschreibung der Gehirnfunktion erst ansatzweise in Sicht. Zu sehr haben sich klassische Erklärungsmodelle ohne Quantenmechanik in den Köpfen der Forscher festgesetzt, als dass von heute auf morgen eine Änderung möglich wäre. Lieber werden unerklärliche Messwerte als sogenannte Messfehler in Kauf genommen, als dass vom klassischen Modell abgewichen wird. Ein Beispiel für eine klassische, aber falsche Erklärung ist das, was in dtv-Lexikon der Physik aus dem Jahre 1970 über die Elektrolyse (z. B. Wasserspaltung) steht: *» [...] Die Stromleitung innerhalb des Elektrolyten besteht in der Wanderung der positiven und negativen Ionen, die unter dem Einfluss des elektrischen Feldes zu den Elektroden gelangen [...]«*

Wenn alle Ionen, d. h. also elektrisch geladene Atome oder Moleküle sich tatsächlich einen Weg durch den flüssigen Elektrolyten bahnen müssten, wäre die hohe Effizienz des Vorgangs nicht zu erklären. Zumindest bei der Wasserspaltung stimmt die klassische Erklärung nicht, wie Jan Sperling in seiner Dissertation 1999 an der Freien Universität Berlin nachwies:

»Es besteht keine Möglichkeit, die anomalen Abweichungen der Messwerte [...] klassisch widerspruchslos zu erklären. Dagegen ist, unter Einbeziehung von Quantenkorrelation [...] ein direkter Zusammenhang [...] ableitbar.«[52]

Sperling sagt nichts anderes, als dass die »spukhafte Fernwirkung« wie Albert Einstein die Quantenkorrelation bezeichnete, zur Erklärung der Messwerte bei der Wasserspaltung herhalten muss, sonst sei die gemessene Effizienz nicht erklärbar. Wenn schon so ein einfacher chemischer Prozess wie die Wasserspaltung nicht ohne Quantenmechanik erklärbar ist, wie sollen dann die komplexen physikalischen und biochemischen Prozesse innerhalb des Gehirns auf klassische

52 Sperling (1999), vii

Weise und ohne Quantenmechanik erklärt werden können? Man sieht, dass offensichtlich die Quantenbiologie nötig ist, eine stimmige Erklärung der Gehirnfunktionen einschließlich der Leistungen der Inselbegabten und des Bewusstseins zu liefern.

Tunneleffekt und Hirnforschung.

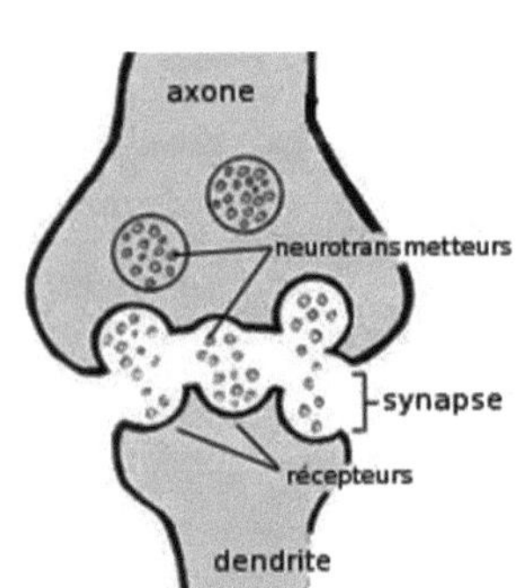

In der Hirnforschung kann das quantenmechanische Tunneln[53] möglicherweise die bisher fehlende Erklärung für die Geschwindigkeit von bewussten Denkprozessen liefern. Die einzelnen Neuronen des Gehirns werden durch Schnittstellen verbunden, die Synapsen heißen. Diese besitzen einen winzigen Spalt, der überwunden werden muss, wenn ein Signal von Neuron zu Neuron übertragen werden soll. Die herkömmliche Theorie besagt nun, dass zur Übertragung von Signalen an den Synapsen, das ursprünglich elektrische Signal in ein chemisches umgewandelt werden muss. Die Theorie kann aber nicht die Geschwindigkeit von bewussten Denkprozessen erklären. Wie jeder weiß, der schon mal einen Akku am Stromnetz geladen hat, benötigt die Umwandlung von elektrischer Energie in chemische erhebliche Zeit. Würde die herkömmliche Theorie stimmen, müsste Denken schneckengleich langsam sein. Weil das der Erfahrung widerspricht, nehmen einige Hirnforscher an, **dass der extrem schnelle quantenmechanische Tunneleffekt zur Überwindung des synaptischen Spalts eine Rolle spielt**. Sollte man das experimentell bestätigen können, hätte man gleichzeitig eine Verbindung von Bewusstsein zur Welt der Quanten mit all ihren seltsamen Phänomenen gefunden.

Die letzte Erklärungsebene für Bewusstsein.

Ist die Quantenmechanik einschließlich der unerklärlichen »spukhaften Fernwirkung« tatsächlich die letzte Erklärungsebene für Gehirnfunktionen und Bewusstsein, so wie im 19. Jahrhundert die angeblich unteilbaren Atome eine letzte Erklärungsebene für die physikalische Welt waren? Quantenmechanik ist in Wirklichkeit nur ein abstrakter mathematischer Formalismus, wenn auch dessen Vorhersagen beeindruckend gut bestätigt werden. Aber möchte man einem Formalismus tatsächlich den Status der letzten physikalischen Erklärungsebene zugestehen?

53 Siehe Kap. 3.6 S. 65 ff.

Inselbegabung.

Ich meine, die Wissenschaft sollte weitere tiefer liegende Erklärungsebenen hinzufügen und werde im Kap. 8 zeigen, dass in der tiefsten physikalischen Erklärungsebene Bewusstseinseinheiten existieren müssen. Die Quantenbiologie mag zwar die richtige wissenschaftliche Disziplin sein, um irgendwann ein komplettes biologisches Modell der Gehirnfunktionen und des Bewusstseins zu liefern. Dieses Modell bedarf aber sicher noch weiterer Ergänzungen, wenn man sich nicht mit einem mathematischen Formalismus als Erklärung zufriedengeben möchte.

7.3. Warum sogar Roboter Bewusstsein zeigen können.

Während sich Philosophen mit der begrifflichen Seite von Bewusstsein beschäftigen und versuchen die Beziehungen zwischen Bewusstsein, Denken und Geist zu klären, betrachten die Psychologen Merkmale und Unterschiede von bewussten und unbewussten Zuständen. Die Biopsychologen versuchen dem Phänomen mit Beobachtungen der Tierwelt oder der Erforschung seines Auftretens beim Kleinkind bis zur Entwicklung im Erwachsenenalter, beizukommen. Die Neurowissenschaftler und Hirnforscher vergleichen Hirnstrombilder oder Aufnahmen des Magnetresonanztomographen über Gehirnvorgänge mit korrespondierenden bewussten Zuständen und Vorgängen.

Heute ist es möglich, dem Gehirn praktisch online beim Denken zuzuschauen. Seine Geheimnisse werden Stück für Stück entblättert. Farbige Lichter der aktiven Regionen blitzen auf Beobachtungsschirmen auf, wenn die Versuchspersonen ihre Gedanken schweifen lassen.

Doch gleich, an welcher Stelle die Gedanken ihre Strahlung entfalten, keine der aktiven Regionen kann eindeutig dem Ort des Bewusstseins zugeordnet werden. Es macht eher den Eindruck, als sei Bewusstsein eine Gemeinschaftsleistung der neuronalen Aktivität mehrerer Gehirnregionen oder des gesamten Gehirns.

Sollte sich Bewusstsein gar als ein emergentes Phänomen herausstellen, das so entsteht, wie die Eigenschaft »flüssig« oder »fest« als kollektive Erscheinung aus einer Gesamtheit von Molekülen?

Genauso wie ein einzelnes Molekül weder flüssig noch fest sein kann, so kann Bewusstsein nicht an den Ort eines einzelnen Neurons gebunden sein. Das bedeutet, Bewusstsein ist eine ortsunabhängige

Erscheinung und es besteht berechtigter Grund zur Annahme, dass sich Bewusstsein erst aufgrund der kollektiven Wechselwirkungen der speziellen im Gehirn vorkommenden zellulären oder molekularen informationsverarbeitenden Ensembles zeigt. Und ich denke, niemand wird ernsthaft bestreiten wollen, dass das Gehirn zur Verarbeitung all jener Informationen dient, die zum Input oder Output lebender Systeme gehören.

Information, soweit es sich nicht um Substanzinformation[54] handelt, ist übertragbar. D. h., sie kann von einem Informationsträger auf einen anderen übertragen werden. Beispielsweise kann die Information eines elektronisch gespeicherten Emails mit Hilfe eines Druckers auf den Informationsträger Papier übertragen werden.

Bewusstsein zeigt sich nach Überzeugung der meisten Wissenschaftler im Zusammenhang mit der im Gehirn stattfindenden Informationsverarbeitung. Wenn man davon ausgeht, dass das Gehirn ein Träger übertragbarer Information ist und Bewusstsein kein solcher Träger, weil es sich nicht an einem bestimmten Ort lokalisieren lässt, dann muss Bewusstsein selbst Teil der Informationsverarbeitung, nämlich ein **informationsverarbeitender Prozess**[55] sein.

Die Software (das Programm) eines informationsverarbeitenden Prozesses kann genauso wie sonstige Information auf andere Trägersysteme übertragen werden und zusammen mit der neuen Hardware wieder einen informationsverarbeitenden Prozess bilden. Deshalb dürfen wir getrost davon ausgehen, dass Bewusstsein nicht ausschließlich beim menschlichen oder tierischen Gehirn auftritt, sondern sich auch im Verhalten eines anderen Trägersystems, beispielsweise eines Roboters zeigen kann.

Diese Schlussfolgerung mag für viele Leser schwer zu verdauen sein. Bevor ich deshalb die Funktionen vom Bewusstsein näher bespreche, möchte ich zur Untermauerung des oben Gesagten einen Abstecher in die Philosophie unternehmen.

7.4. Existiert eine Geistsubstanz?

Ist Geist oder Bewusstsein eine eigene Substanz, die unabhängig von der Materie existiert? Oder sind wir nur unser Gehirn, d.h. Materie?

54 Sedlacek (2009)

55 Ein **Prozess** ist definiert als »Gesamtheit von aufeinander einwirkenden Vorgängen in einem System, durch die Materie, Energie oder Information umgeformt, transportiert oder gespeichert wird« (DIN IEC 60050-351)

Die Oxforder Wissenschaftlerin Susan Greenfield meint, die letzte Frage bejahen zu können. Sie gehört zu den Materialisten, die sagen, es gebe nur eine, nämlich die materielle Substanz.

Als Substanz wird in der Philosophie etwas bezeichnet, das aus sich selbst heraus und unabhängig von anderen Substanzen existieren kann. Eigenschaften benötigen im Gegensatz dazu eine Trägersubstanz. Beispielsweise kann die Eigenschaft »Gewicht« nicht aus sich selbst heraus existieren. Es bedarf eines materiellen Körpers, d.h. einer Substanz, der man die Eigenschaft Gewicht zuordnen kann.

Geist wäre den Materialisten zufolge die Eigenschaft eines materiellen Objekts. Er ist eine Informationsart, die eines Informationsträgers bedarf. Bewusstsein als eine Form von Geist hätte damit nicht den Status einer eigenständigen Substanz.

Viele Religionen und Philosophen sehen das jedoch anders, wenn sie davon ausgehen, dass der Geist den Körper nach dem Tod verlässt und in ein Geistreich eingeht. Bewusster Geist wäre nach der Vorstellung dieser Substanz-Dualisten eine eigene Substanz, die von der des physischen Körpers getrennt werden kann.

René Descartes (1596 - 1650) gilt als bekanntester Vertreter der Substanz-Dualisten. Für ihn war Geist eine »denkende Substanz« schlechthin, die unabhängig vom Körper existieren kann. Die Interaktion des Geistes mit dem materiellen Körper erfolgte seiner Meinung nach über die Zirbeldrüse.

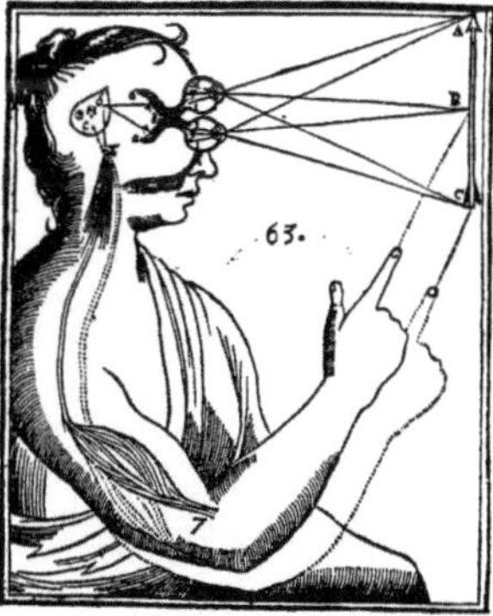

Heute wissen wir, dass die Zirbeldrüse Stoffwechselprozesse steuert, deren Aktivität keineswegs mit den beobachtbaren Gehirnströmen bewusster Vorgänge korreliert.

Aus Sicht der Naturwissenschaft, insbesondere der Physik, widerspricht die vermutete Existenz einer denkenden Substanz fundamentalen physikalischen Gesetzmäßigkeiten. Bei allen beobachtbaren Vorgängen in der physischen Welt liegen Wirkbeziehungen zugrunde, für die der Energieerhaltungssatz gilt.

Wenn beispielsweise eine Kugel auf der Kuppe eines Hügels in stabiler Lage ruht und dann durch eine vernachlässigbar kleine Erschütterung aus dem Gleichgewicht gerät, rollt sie ins Tal hinab und bekommt in der Talsohle ihre maximale Bewegungsenergie. Deren Betrag ist exakt genauso groß wie die ursprüngliche Lageenergie der Kugel auf der Hügelkuppe, wenn man aus Vereinfachungsgründen von Reibung absieht.

Rollt die Kugel weiter und auf der anderen Talseite den Hügel wieder hoch, dann kann sie maximal jene Höhe über der Talsohle erreichen, die exakt der Höhe der ursprünglichen Hügelkuppe entspricht. Nicht mehr und nicht weniger, denn sämtliche Bewegungsenergie ist dann in Lageenergie zurückverwandelt. Ein Physiker drückt das so aus: In einem abgeschlossenen System kommt weder Energie hinzu, noch geht Energie verloren (Energieerhaltungssatz).

Das gilt für alle Systeme der realen Welt. Noch nie wurde der Satz von der Energieerhaltung gebrochen. Das ist auch der Grund, warum es keine Maschine geben kann, die mehr Energie erzeugt, als sie zu ihrem Betrieb benötigt (Perpetuum mobile). In der Praxis muss einer Maschine sogar immer mehr Energie zugeführt werden, als man durch Arbeitsleistung zurückerhält.

Was bedeutet diese Erkenntnis der Physiker für unser Geist-Körper-Problem? Wir wissen aus der täglichen Erfahrung, dass der Geist den Körper beeinflusst. Wenn der Geist will, dass der Körper einen Hügel erklimmt, dann setzen sich die Beine in Bewegung, wenn man mal davon absieht, dass der Geist manchmal willig ist, der Körper aber schwach. Umgekehrt beeinflussen Körpervorgänge den Geist, wie die Einnahme von Schmerzmitteln zeigt. Nach kurzer Einwirkungszeit wird der Geist keine Schmerzen mehr fühlen.

Der schottische Physiker J.C. Maxwell hatte die glorreiche Idee durch einen aus sich selbst heraus existierenden Geist, Materie zu beeinflussen und ein Perpetuum mobile zu betreiben. Im Jahr 1871 veröffentlichte er dazu jenes berühmt gewordene Gedankenexperiment, das unter dem Stichwort »Maxwells Dämon«[56] in die Physikgeschichte einging.

Seinen Überlegungen zufolge könnte ein intelligentes Wesen (Geist oder Dämon), das fähig ist, Moleküle zu beobachten, die bekannten Begrenzungen der physikalischen Welt umgehen und eine geeignete Maschine zu einem Perpetuum mobile umfunktionieren. Den Aufbau der Maschine gab er gleich mit an.

Forschergenerationen beschäftigen sich anschließend damit zu beweisen, dass auch Maxwells Dämon an den Energieerhaltungssatz gebunden ist und kein Perpetuum mobile betreiben kann. Lange Zeit gelang das niemand. Erst der geniale Physiker Leo Szilard kam im Jahr 1929 dem Treiben des Geistes auf die Schliche[57].

Szilard konnte beweisen, dass der Einfluss von Maxwells Geist-

56 Siehe Kap. 5.1 S. 89 ff.

57 Szilard (1929)

wesen auf die Materie nicht zum Betrieb eines Perpetuum mobiles führt. Der Energieerhaltungssatz war gerettet, nicht aber der Geist. Experimentelle Überprüfungen aus neuerer Zeit bestätigen Szilards Ergebnis.

Was bedeutet dieses Ergebnis für unser Körper-Geist-Problem? Existiert nun eine eigene Geistsubstanz, die nach dem Tod in ein Geistreich eingehen kann oder nicht? Zur Beantwortung rufen wir uns kurz die Voraussetzung für Maxwells Gedankenexperiment in Erinnerung. Maxwell setzte einen eigenständigen Geist voraus, der nicht der materiellen physikalischen Welt angehört. Er folgerte dann, dass so ein Geist den Energieerhaltungssatz umgehen und sein Einfluss zum Betrieb eines Perpetuum mobiles führen kann. Szilard bewies dagegen, dass Maxwells Dämon an den Energieerhaltungssatz gebunden ist und es ihm deshalb nicht möglich ist, Wunder zu vollbringen.

Wenn deduktive[58] Schlussfolgerungen, wie die von Maxwell, zu einer nachweislich falschen Aussage führen, dann sind die Voraussetzungen falsch. Das bedeutet: Es existiert überhaupt keine eigenständige Geistsubstanz, die nach dem Tod in ein Geistreich eingehen könnte und es gibt keine Substanz-Dualität von Geist und Materie.

Viele Menschen, die gern etwas anderes glauben wollen und sich nach dem Tod das Eingehen in ein Geistreich wünschen, mag dieses Ergebnis der Physik enttäuschen. Doch die Naturwissenschaft hält auch für die solchermaßen Enttäuschten ein Hintertürchen offen. Welches das ist, werden wir im Kapitel 8 sehen.

7.5. Das Phänomen Bewusstsein.

Das Phänomen Bewusstsein ist bis heute mit einem grundlegenden Makel behaftet: Es existiert keine allgemein anerkannte Definition, was Bewusstsein überhaupt ist. Das lässt Bewusstsein für Physiker, Informatiker und jenen, die sich den exakten Naturwissenschaften verpflichtet fühlen, zum Tabuthema werden, von dem man als ernsthafter Wissenschaftler lieber die Finger lässt. Doch solche Tabus sollte es in der Wissenschaft eigentlich nicht geben. Besser wäre es, den Weg für eine operationale Behandlung des Themas zu ebnen.

Anstelle einer Definition behilft man sich bisher damit zu sagen, dass ein Individuum sich in einem »bewussten Zustand« befindet,

58 Eine Deduktion ist die Schlussfolgerung von gegebenen Voraussetzungen auf logisch zwingende Konsequenzen.

wenn es wach ist und auf Umgebungsreize reagiert. Ferner treffen Fachleute die Unterscheidung zwischen zwei Arten von Bewusstsein, der kognitiven und der phänomenalen.

Beide Arten unterscheiden sich hauptsächlich durch den Blickwinkel, von dem aus das Phänomen betrachtet und beschrieben wird. Einer dieser Blickwickel führt vom subjektiven Standpunkt aus zu phänomenalen Beschreibungen der bewussten Erfahrung. Diese haben dann einen qualitativen oder subjektiven Charakter. Die Beschreibungen betonen das »wie« der bewussten Erfahrung. Beispielsweise wie es ist, Schmerz zu spüren oder wie es ist, die Farbe Grün zu sehen.

Der amerikanische Philosoph Thomas Nagel fragte in seiner Studie »Wie ist es, eine Fledermaus zu sein?« (1974)[59] danach, wie es wäre, wenn er die Welt aus der subjektiven Sicht einer Fledermaus wahrnehmen könnte. Seine Sichtweise und die Antwort auf die Frage »wie es ist« charakterisiert die phänomenale Seite des Bewusstseins.

Nagel kam zu dem Schluss, dass er nie erfahren würde, wie es ist, ein anderes Lebewesen zu sein. Das bedeutet: Wir können die phänomenale Seite nur von unserem eigenen Bewusstsein erfahren. Wir selbst wissen, wie es ist, wenn wir einen roten Apfel sehen, aber wir wissen nicht, wie es für jemand anders ist, sei es unser Ehepartner, Nachbar oder sonst jemand. Natürlich könnte uns der andere erzählen, wie es für ihn ist, doch bleibt immer ein Rest an Zweifel, ob es sich bei seinen Aussagen um das Gleiche handelt, was man selbst empfindet.

Nur am Rande möchte ich erwähnen, dass dieses »wie es ist, einen roten Apfel zu sehen« sich für manche Menschen unterscheidet, je nachdem mit welchem Auge, dem linken oder dem rechten, sie den Apfel betrachten. Einer meiner Bekannten, der ein Augenproblem hat, sieht den Apfel mit dem linken Auge in blassen, mit dem rechten Auge dagegen in kräftigen satten Farben, wie er mir erzählte.

Selbst wenn man sämtliche physikalischen Daten über seine Hirnströme abgreifen könnte, würde man nie wissen, wie sich meinem Bekannten der Apfel tatsächlich darstellt und wie er selbst es fühlt.

Um mehr über das Bewusstsein zu erfahren, kann man aber auch den intentionalen Standpunkt einnehmen. Das Ergebnis führt dann zur kognitiven Seite des Bewusstseins. Kognitives Bewusstsein ist das »Bewusstsein von etwas«. Beispielsweise ist man sich des Straßenlärms bewusst, der ins Ohr dringt. Oder man verspürt ein Hungergefühl im

59 Hofstadter (1986), S. 375

Bauch, einen Mückenstich am Arm usw.

Vom kognitiven Bewusstsein gibt es den Fachleuten zufolge mehrere Stufen. Die unterste Stufe, die des primären Bewusstseins, besteht aus der bewussten Repräsentation der Umgebung.

In komplexeren Stufen kommt es dazu, den eigenen Gedankenstrom zu verfolgen und sich Gedanken über Gedanken zu machen. Ich bin mir beispielsweise bewusst, dass ich meine Umgebung bewusst wahrnehme.

Das Ich- oder Selbstbewusstsein, das sich darauf bezieht, sich selbst wahrzunehmen und sich von anderen zu unterscheiden, ist eine weitere komplexe Stufe des kognitiven Bewusstseins.

In der Naturwissenschaft war es allerdings nicht der intentionale Standpunkt, sondern der reduktionistische oder physikalische, der dazu geführt hat, dass Menschen nicht mehr mit Hilfe von Rauchzeichen kommunizieren, sondern mit Handy und Internet.

Reduktionismus ist laut dem Internetlexikon Wikipedia die philosophische Lehre, nach der ein System durch seine Einzelteile vollständig bestimmt wird. Er ist einer der Pfeiler der wissenschaftlichen Erklärung der Welt und ohne ihn würde die Menschheit wohl immer noch mit dem Ochsenkarren Reisen ins nächste Dorf antreten, anstatt mit dem Flugzeug in alle Welt zu fliegen.

»Jedes physische Ding, ob gestaltet, lebendig oder leblos, unterliegt den Gesetzen der Physik und verhält sich deshalb auf eine Art, die man mit Hilfe des physikalischen Standpunktes erklären und voraussagen kann.«[60]

Warum stelle ich mich dann nicht auf den so erfolgreichen reduktionistisch physikalischen Standpunkt, um die Funktionen des Bewusstseins zu erklären? Was unterscheidet eigentlich diesen Standpunkt vom intentionalen?

In der Praxis ist die reduktionistisch physikalische Vorgehensweise äußerst mühselig, weil man zur Erklärung eines Systems seine Einzelteile kennen und alle Gesetze der Naturwissenschaft anwenden muss. Prinzipiell lassen sich die Gesetze auf verschiedenen Genauigkeitsebenen anwenden vom Subatomaren bis zum Astronomischen, doch bei der Erklärung emergenter Phänomene versagen sie völlig.

Von Emergenz spricht man immer dann, wenn die Eigenschaften eines Systems sich nicht prinzipiell aus den Eigenschaften seiner Elemente ableiten lassen. Schon bei den alltäglichen Eigenschaften des Wassers gelingt das Ableiten nicht mehr, denn die Elemente des

60 Dennet (1996), S. 46

Wassers, die Wassermoleküle, haben weder die Eigenschaft flüssig noch fest.

Darüber hinaus wirkt die physikalische Vorgehensweise äußerst realitätsfern, wenn man beispielsweise die Funktionalität eines mechanischen Weckers durch die Anzahl Zähne seiner Zahnräder und mit dem 1. und 2. Newton'schen Axiom erklärt, nach dem Kräfte die Ursache aller Änderungen des Bewegungszustandes eines Körpers sind.

So kommen berechtigte Zweifel auf, ob Bewusstsein vom reduktionistisch physikalischen Standpunkt aus erklärt werden kann. Sonst wäre es der Wissenschaft wohl längst gelungen, Bewusstsein von den Neuronen des Gehirns oder sogar von den Eiweißmolekülen abzuleiten, aus denen Neuronen bestehen.

Um Bewusstsein zu erklären, braucht es wohl eine andere Strategie. Der amerikanische Philosoph Daniel C. Dennet schlägt vor, den **intentionalen Standpunkt** einzunehmen und definiert diesen so:

»Der intentionale Standpunkt ist die Strategie, mit der man das Verhalten einer Entität (Mensch, Tier, Kunstprodukt, was es auch sei) interpretiert, indem man sie so behandelt, als wäre sie ein ***vernünftig*** *handelnder Akteur, der bei seinen »Handlungen« eine »Wahl« trifft und zu diesem Zweck seine »Überzeugungen« und »Wünsche« in Betracht zieht.«*[61]

Von diesem Standpunkt aus interessieren die Newton'schen Axiome, nach denen ein mechanischer Wecker funktioniert, überhaupt nicht mehr. Vielmehr vertraut man einfach darauf, dass der Wecker solche Funktionen hat, die zur Berechtigung führt, ihn als Wecker zu bezeichnen. Dazu gehört, dass er, sobald die Weckzeit eintritt, ein lautes Weckgeräusch von sich gibt.

Man kann dann das Verhalten des Weckers so interpretieren, als wäre er ein vernünftig handelnder Akteur: Er wird seine Wahl treffen, sobald er glaubt, die Weckzeit sei herangekommen und er wird sich dann nichts sehnlicher wünschen, als Krach zu machen.

Diese Interpretation mag übertrieben klingen, aber sie trifft eher den Kern vom Wesen eines Weckers als die Interpretation vom physikalischen Standpunkt aus. Allerdings besteht die Gefahr, den Wecker zu sehr zu vermenschlichen und man muss vorsichtig sein, in sein Verhalten nicht etwas hineinzuinterpretieren, was ihm nicht zukommt. Das Problem lässt sich vermeiden, wenn man sich bewusst-wird, dass unsere Sprache nicht besonders gut dafür geschaffen ist, mit

61 Dennet (1996), S. 41

dem intentionalen Standpunkt zu argumentieren.

Der Vorteil liegt in der enormen Einfachheit, Voraussagen des Verhaltens zu treffen, ohne physikalische, konstruktive oder sonstige Kenntnisse über seine Elemente umständlich anwenden zu müssen. Beim Wecker lässt sich auf einfachste Weise voraussagen, ob er zur Weckzeit Krach machen wird.

Betrachtet man ein noch simpleres Beispiel, nämlich ein Schloss mit Schlüssel, sieht man, dass der intentionale Standpunkt Weiteres leistet. Man braucht das Schloss nicht aufzuschrauben und sein Innenleben zu untersuchen. Dennoch können wir sagen, es enthält auf irgendeine Weise die interne Repräsentation des passenden Schlüssels, um beim Schließen eine Wahl zu treffen. Diese Möglichkeit etwas über die interne Repräsentation zu erfahren, nützt uns, wenn wir die Funktionalität des Bewusstseins untersuchen.

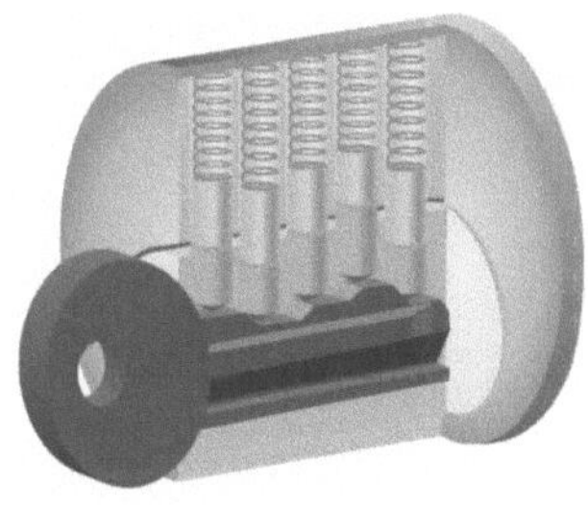

Sicher wird die Strategie des intentionalen Standpunkts nicht zu einer biologischen Theorie des Bewusstseins führen. Aber genauso wenig wie mich das Innenleben eines gekauften Weckers ob elektronisch oder mechanisch zu interessieren braucht, wenn ich nur pünktlich geweckt werden möchte, so wenig braucht mich zu interessieren, welche Eiweißmoleküle in welcher Konfiguration dazu führen, dass ein Gehirn Bewusstsein zeigt. In diesem Kapitel geht es nicht um die Biologie, sondern darum ob Roboter mit Bewusstsein ausgestattet werden können. Das Interesse gilt den Funktionen, die zu Schlüsselmerkmalen gehören, die für Bewusstsein charakteristisch sind. Es wäre sowieso nicht möglich, die biologische Repräsentation der Funktionalität auf ein »Elektronengehirn« unverändert zu übertragen.

Eines darf nicht verschwiegen werden. Bei allen Vorteilen, die der intentionale Standpunkt bietet, geht man doch ein gewisses Risiko ein gegenüber dem reduktionistisch physikalischen. Man unterstellt nämlich, dass die interne Repräsentation der Funktionen frei von Fehlern ist. Dennoch könnte es sein, dass beispielsweise der Wecker aufgrund eines Mangels nicht zur Weckzeit läutet oder summt. Millionen Menschen verlassen sich trotzdem auf ihren Wecker, obwohl sie sein Innenleben nicht genauer untersucht haben. So denke ich, ist der Preis, den man für das Risiko eines Fehlers zahlt, bescheiden gegenüber dem Vorteil, die Strategie des intentionalen Standpunkts auch dann anwenden zu können, wenn andere Strategien versagen.

7.6. Schlüsselmerkmale.

Bisher haben wir kein geeignetes Kriterium, um zu entscheiden, ob eine beliebige Entität Bewusstsein zeigt. Selbst bei unserem Nachbarn bleibt uns ein Rest an Zweifel. Größer wird der Zweifel bei einem Tier oder gar einem Kunstprodukt. Um zu einem definitiven Entscheidungskriterium zu kommen, können wir das Verhalten von Mensch, Tier oder einem Roboter beobachten, interpretieren und in Merkmalskategorien einordnen. Dabei werden wir feststellen, dass es Schlüsselmerkmale gibt, die bestimmten Funktionen zuordenbar sind.

Ein **Schlüsselmerkmal** ist eine wesentliche Eigenschaft, die ein System, eine Funktion, einen Prozess oder sonst eine Entität von anderen unterscheidet.

Beispielsweise ist beim System Schloss mit Schlüssel die Bartform des Schlüssels so ein Schlüsselmerkmal. Ihm kann die Funktion des Schließens zugeordnet werden. Dagegen lässt sich nicht mit Sicherheit sagen, wie die Konstruktion des Schließmechanismus ausgeführt ist, aber das ist wie oben erwähnt, auch nicht nötig. Beim Wecker ist der Einstellknopf für die Weckzeit ein Schlüsselmerkmal, das der Weckfunktion zugeordnet ist.

Verhaltensbiologen können auf dem Gebiet tierischen Verhaltens zahlreiche Schlüsselmerkmale finden, die komplexen geistigen Prozessen wie Denken und Fühlen zuordenbar sind. Beispielsweise erfordern manche Strategien und Tricks, die Schimpansen anwenden, ein Verständnis der Bedeutung von Signalen und sozialem Status von Artgenossen, sowie die Beurteilung der Vorlieben und Interessen dominanter Rivalen um begehrtes Futter.

Wie die britische Verhaltensforscherin Jane Goodal und andere Feldforscher berichten[62], wird untergeordneten Schimpansen aufgefundenes Futter in der Regel wieder abgenommen, wenn sie beim Auffinden von dominanten Artgenossen beobachtet werden. Schimpansen überwachen sich gegenseitig und verfolgen die Blicke der anderen Gruppenmitglieder.

Doch die untergeordneten Tiere sind kreativ und finden immer neue Tricks, um das Futter für sich behalten zu können. Ein neuer Trick oder eine List kann allerdings nicht allzu häufig wiederholt werden, da er meist nur kurzzeitig funktioniert.

Eine im sozialen Rang weit unten stehende Schimpansin hat ein-

62 Gould (1997), S. 186

mal die neue List angewandt, am Ort des entdeckten Futters erst vorbeizugehen und so zu tun als habe sie nichts gefunden. Dann aber wandte sie sich blitzschnell um und griff danach.

Als das nicht mehr funktionierte und ein dominantes Männchen ihr dennoch das Futter abnahm, kam sie auf den Trick sich auf das Futter zu setzen. Erst nachdem die Luft rein war und die übrige Schimpansengruppe anfing an anderer Stelle nach Futter suchen, verzehrte sie ihren Fund.

Goodal berichtete auch über einen Fall, bei dem eine Banane auf dem Ast eines Baumes versteckt wurde. Ein untergeordnetes Männchen entdeckte die Frucht zuerst. Aber anstatt die Banane vom Baum zu holen oder auch nur im Auge zu behalten, saß es einfach da und schaute solange weg, bis es alleine unterm Baum war. Danach holte es sich die Frucht, um sie in Ruhe zu verspeisen.

Die Berichte mögen einen anekdotenartigen Charakter haben. Doch darf man sie nicht einfach als unwissenschaftlich abtun, denn die Beobachtungen wurden von erfahrenen Forschern angestellt. Es liegt auch in der Natur der Sache, dass Neuartigkeit nicht wiederholbar ist, sondern immer nur aus einem einzigartigen Ereignis besteht. Deshalb greift die wissenschaftliche Forderung nach Wiederholbarkeit von Versuchen ins Leere, wenn Tiere neuartige Lösungen finden sollen. Die Wiederholung der gleichen neuartigen Lösung ist nicht möglich.

Wenn man diese Berichte der Feldforscher nach Schlüsselmerkmalen durchforstet, findet man für das oben beschriebene Verhalten der Schimpansen den Begriff »**Täuschung**«.

Richard Byrne und Andrew Whiten von der amerikanischen University of St. Andrews empfehlen Täuschung bei Tieren anhand von vier Kriterien festzustellen[63]:

»Erstens sollte das Verhalten des täuschenden Tieres Teil eines normalen Verhaltensrepertoires sein … Zweitens dürfen die Verhaltensweisen nur selten für eine Täuschung eingesetzt werden … Drittens muss das Verhalten so eingesetzt werden, dass ein anderes Tier es wahrscheinlich falsch auslegen wird. Und viertens muss der Täuschende durch seine Täuschung irgendetwas erreichen.«

Täuschung geht einher mit einem weiteren Schlüsselmerkmal, nämlich **der gedanklichen Vorwegnahme von Handlungsschritten zur Erreichung eines Ziels**. Die Schimpansen zeigen zudem Flexibilität anstelle eines unveränderlichen automatisierten Verhaltens. Sie beweisen Kreativität beim Erfinden neuer Tricks und der Lösung

63 Dawkins (1994), S. 177

von Aufgaben, wie das Futter für den Eigenverbrauch gerettet werden kann. So ein Verhalten bezeichnet man auch als **Planung**. Planung ist ein komplexer geistiger Prozess.

Abb. 77: Schimpansen beweisen Kreativität beim Lösen von Aufgaben. Im Foto angelt ein Bonobo mit einem Werkzeug nach Termiten. Ist das bereits ein Schlüsselmerkmal für das Vorhandensein von Bewusstsein? *Foto: Mike R CC-BY-SA*

Nun haben wir Schlüsselmerkmale, die möglicherweise auf Bewusstsein hindeuten, aber es fehlt immer noch ein Kriterium um zweifelsfrei im Verhalten einer beliebigen Entität, einem Tier oder einem meiner mir liebgewordenen Mitmenschen das Werk eines bewussten Geistes zu entdecken. Ich möchte im folgenden Absatz das Problem stark überzeichnet darstellen, damit deutlicher wird, worum es geht.

Es gibt Ähnlichkeiten im Verhalten meines Mitmenschen mit meinem eigenen und ich setze voraus, dass ich mir selbst bewusst bin, wenn ich nicht gerade schlafe. Doch die Ähnlichkeiten seines Verhaltens mit meinem könnten genauso gut ohne Bewusstsein erreicht werden. Er könnte vor Schmerz das Gesicht verziehen, vor Freude lachen und mir versichern, er habe Bewusstsein. Die Logik sagt mir dennoch, dass das nicht unbedingt ein Beweis für sein Bewusstsein ist. Vielleicht ist er nur ein ausgezeichnet konstruierter Automat ohne wirklich bewusste Gefühle. Die Hypothese, mein Mitmensch sei ein Automat ohne Bewusstsein kann aus Sicht der Wissenschaft nicht von vornherein abgetan werden. Ich möchte aber meinem Mitmenschen gern Bewusstsein zugestehen. Was ist zu tun, um das Dilemma zu lösen?

Wenn sich beispielsweise die Wissenschaftlergemeinde zu großen Teilen einig wäre, ein Schlüsselmerkmal wie Täuschung oder Planung für das Vorhandensein von Bewusstsein anzuerkennen, dann müsste sie nicht nur meinem Mitmenschen, sondern auch zweifellos Schimpansen Bewusstsein zusprechen.

Die Fachwelt geht tatsächlich davon aus, dass Schimpansen Bewusstsein zeigen, allerdings nicht aufgrund des Täuschung-Merkmals sondern aufgrund eines Verhaltenstests mit der Bezeichnung Fleck- oder Spiegeltest. Weiter unten wird davon noch die Rede sein.

Leider kann von genereller Einigkeit unter Wissenschaftlern nicht die Rede sein. Der Flecktest kann auch nur in sehr speziellen Fällen angewandt werden und so möchte ich einen kleinen Umweg einschlagen, um das Phänomen Bewusstsein nachzuweisen.

Es gibt nämlich noch die andere Hypothese, dass mein Mitmensch doch Bewusstsein zeigt, weil auf sein Verhalten die gleichen Schlüsselmerkmale zutreffen wie auf mein eigenes.

Nun haben wir zwei einander ausschließende Hypothesen. Um zu entscheiden, welche davon die bessere ist, gibt es in der Wissenschaft ein bewährtes und anerkanntes Instrument. Das ist **Ockhams Rasiermesser**. So wird die Regel bezeichnet, nach der man, um etwas zu erklären, so wenig Faktoren einführen soll, wie möglich.

*Abb. 78: **Wilhelm von Ockham** (* um 1285 in Ockham in der Grafschaft Surrey, England; † 9. April 1347 in München) war ein berühmter mittelalterlicher Philosoph. die Forderung nach möglichst sparsamem Umgang mit theoretischen Annahmen prägte sein Denken. Dieser methodische Grundsatz ist unter der populären Bezeichnung »Ockhams Rasiermesser« bekannt.*

Wenn bei zwei einander widerstreitenden Hypothesen die eine mehr Faktoren benötigt, um den gleichen Sachverhalt zu erklären, als die andere, schneidet man die Hypothese mit den zu vielen Faktoren einfach weg (Rasiermesser).

Die Hypothese, mein Mitmensch sei ein ausgezeichnet konstruierter Automat, aber ohne Bewusstsein, führt auf weitere Fragen, die sich kaum beantworten lassen und auf immer abenteuerlicher werdende Erklärungen. Eine solche wäre z.B. »Ausserirdische haben sich gegen mich verschworen, um mir eine Welt bewusster Wesen vorzugaukeln, die in Wirklichkeit aber nur von seelenlosen Robotern besiedelt ist.« Aus wissenschaftlicher Sicht muss so eine Hypothese weggeschnitten werden.

Im Gegensatz dazu ist folgende Hypothese bestechend einfach: »Wenn im Verhalten einer Entität bestimmte Merkmale zu erkennen sind wie Flexibilität, Kreativität oder das Auffinden neuartiger Lösungen, dann zeigt sie Bewusstsein.«. Formuliert man diese Hypothese unter Verwendung von Schlüsselmerkmalen, dann kann sie sogar als Definition für Bewusstsein dienen. Welches Schlüsselmerkmal für eine sinnvolle Definition infrage kommt, werde ich weiter unten zeigen. An dieser Stelle möchte ich meine Argumentation auf das Bewusstsein anderer Entitäten ausdehnen.

Akzeptieren wir bestimmte Schlüsselmerkmale im Verhalten einer Entität als Kennzeichen für Bewusstsein, wäre es kaum zu begründen, Tieren Bewusstsein abzusprechen, wenn deren Verhalten ebenfalls Schlüsselmerkmale für Bewusstsein aufweist. Im Vergleich zur einfachsten Hypothese, nämlich diesen Tieren Bewusstsein zuzuschreiben, würden die andernfalls notwendigen weiteren Erklärungen Ockhams Rasiermesser nicht überstehen.

Die gleiche Argumentation kann auch für beliebige Entitäten angewandt werden. Angenommen es gäbe einen Roboter, dessen Verhalten Schlüsselmerkmale für Bewusstsein aufweist, müssten wir dieser Entität ebenfalls Bewusstsein zugestehen.

Ich höre beinahe wie Leser aufschreien: »Ein Roboter soll Bewusstsein zeigen können? Niemals!« Ich kann die Reaktion verstehen und mir selbst dreht es beinahe den Magen um, wenn ich das Thema vom emotionalen Standpunkt aus angehe, denn Roboter gelten als Entitäten mit automatisiertem Verhalten. Aber dann sage ich mir, ich muss die Fragestellung vom intentionalen, wissenschaftlichen Standpunkt aus betrachten und es wäre definitiv unwissenschaftlich, wenn ich im Verhalten eines Roboters Schlüsselmerkmale für Bewusstsein entdeckte, dieser Entität aber nicht zugestehen wollte, Bewusstsein zu zeigen. Um bewusstes Verhalten von automatisierten besser unterscheiden zu können, wäre es deshalb sinnvoll, die Merkmale automatisierten Verhaltens genauer zu betrachteten.

7.7. Automatisch ablaufendes komplexes Verhalten.

Das nachfolgende Beispiel zeigt komplexes Verhalten, zu dem aber offensichtlich kein Bewusstsein notwendig ist. Es geht um das Nestbauverhalten einer australischen Grabwespenart. Diese Wespe baut ein Trichternest mit einem Tunnel, den sie mit Schlamm auskleidet. Zu dem Zweck hebt sie im Boden einen rund acht Zentimeter langen Tunnel aus. Über dem Boden baut sie einen speziell geformten Trichter, der dazu dient, Schmarotzer vom Eindringen ins Nest abzuhalten.

Die Form des Trichters besteht aus drei Teilen, dem Stiel, dem gekrümmten Hals und daran anschließend der Flansch mit Kelch. Der Stiel schließt an den Tunnel an und ragt in Wespen-Länge (ca. 3 cm) aus dem Boden heraus. Diesen Stiel baut die Wespe, sobald der Bodentunnel fertiggestellt ist, und zwar rechtwinklig zur Bodenoberfläche. An einem Hang richtet die Wespe den Stiel senkrecht zum Boden aus, aber nicht senkrecht zur Waagrechten.

Die Verhaltensforscher wollten herausfinden, was passiert, wenn sie die Hangneigung verändern und der Stiel nicht mehr senkrecht zur Oberfläche steht. Erstaunlicherweise konnten sie die Hangneigung verändern, wie sie wollten, die Wespe baute immer entlang der Achse des einmal begonnenen Stiels.

Wenn man das gesamte Nestbauprogramm in der Sprache der Informationstechnologie beschreibt, dann kann man sagen, dass die Konstruktion des Stiels durch ein Unterprogramm (Subroutine) gesteuert wird. Die Stielbau-Subroutine wird aufgerufen, sobald das Unterprogramm für den Tunnelbau beendet ist. Innerhalb der Stielbau-Subroutine gibt es wohl eine Programmschleife, die folgende Befehle bis zum Abbruch wiederholt:

1. Sammle Schlamm.
2. Verlängere den Stiel entlang derselben Achse.
3. Prüfe, ob die Abbruchbedingung erfüllt ist.

Die Abbruchbedingung ist das Erreichen einer Stiellänge von drei Zentimetern. Das entspricht der Körperlänge der Wespe. Das weiß man, weil kleinere Wespen auch kleinere Stiele bauen.

Abb. 79: Speziell geformter Trichter über dem Nest einer australischen Grabwespenart mit Stiel, gekrümmten Hals und daran anschließend Flansch und Kelch.

In einem weiteren Versuch häuften die Forscher während des Bauvorgangs immer neue Erde um den Stiel herum auf. Dadurch blieb dessen Länge ständig unter drei Zentimetern. Die Wespe baute unaufhörlich weiter. Offensichtlich war, solange der Versuch dauerte, die Abbruchbedingung nie erreicht.

Ist aber die Bedingung einmal erfüllt und ist es deshalb zur Beendigung der Programmschleife gekommen, dann interessiert es die Wespe überhaupt nicht, wenn die Forscher danach Erde um den Stiel herum aufhäufen, so dass er weniger als drei Zentimeter aus dem Boden ragt.

Das Nestbauprogramm läuft weiter und es wird die Subroutine für den Bau des gekrümmten Halses gestartet. Auch in dieser Subroutine gibt es wohl eine Endlosschleife, die mit einer speziellen Abbruchbedingung ausgestattet ist. Das Abbruchkriterium ist ein Krümmungswinkel von zwanzig Grad bezogen auf die Waagrechte. Sobald die Krümmung diesen Winkel erreicht, wird der Bau des Halses beendet und es startet das nächste Unterprogramm.

Die Verhaltensforscher wollten auch hier herausfinden, was passiert, wenn der Winkel niemals zwanzig Grad erreicht. Sie veränderten permanent den Winkel des Stiels. Dadurch wurde während der Versuchsdauer das Abbruchkriterium nie erfüllt. Die Wespe baute ununterbrochen weiter.

Ist das Zwanzig-Grad-Kriterium aber einmal erfüllt, dann beendet die Wespe den Bau des gekrümmten Halses. Nun wird offensichtlich die Subroutine für den Bau von Flansch und Kelch gestartet. Selbst wenn danach die Forscher den Winkel des Stiels erneut verändern, kümmert sich die Wespe nicht mehr darum.

Nach der Fertigstellung des kompletten Trichters bohrten die Forscher in die Krümmung des Halses ein Loch, um zu sehen, ob die Wespe vielleicht doch noch mal die Subroutine für den Hals startet oder ob sie das Loch einfach repariert.

Die Wespe tat nichts dergleichen. Vielmehr fing sie an, über dem Loch einen neuen Stiel zu bauen, danach dann wieder einen gekrümmten Hals und anschließend den Flansch und einen weiteren Trichter. Das komplette Bauprogramm für die oberirdischen Teile wurde noch einmal ausgeführt. Der Aufruf dieses Bauprogramms wird durch ein vorhandenes Loch ausgelöst, unter der Bedingung, dass die unterirdischen Teile des Nests bereits fertig sind.

Anscheinend hat die Wespe keinerlei Vorstellung von dem, was das Ziel ihrer Handlungen ist. Sie hält sich sklavisch an die feste Abfolge ihrer Subroutinen und den darin vorkommenden Befehlen. So wie es aussieht, kann sie die einzelnen Handlungsschritte, die zur Erreichung eines Ziels notwendig sind, nicht gedanklich vorwegnehmen und sich dann für die Ausführung einer geeigneten Schrittfolge entscheiden. Das heißt, sie plant ihren Nestbau nicht[64]. Ihr fehlt die Möglichkeit unter ihren vorhandenen Subroutinen frei zu wählen und eine oder mehrere davon in beliebiger Kombination aufzurufen.

Die Wespe löst vielmehr die komplexe Aufgabe des Nestbaus auf die Weise, wie es die unflexible automatisierte Befehlsfolge eines Computerprogramms machen würde. Wir können ihr Verhalten als ein **selbsttätig (= automatisch) ablaufendes Verhalten** bezeichnen. Ist die australische Grabwespe deswegen eine Art Roboter ohne Bewusstsein? Diese Schlussfolgerung wäre so nicht richtig, aber wir können in ihrem Nestbauverhalten keine Schlüsselmerkmale entdecken, die mit Bewusstsein in Verbindung stehen.

Auch wir Menschen besitzen Subroutinen, die einmal gestartet, automatisch ablaufen: beispielsweise wenn wir Schluckauf haben. Den können wir zwar bewusst erleben, aber kaum beeinflussen. Beim Auto- oder Radfahren können wir ursprünglich bewusst gelerntes Verhalten automatisch ablaufen lassen. Wer das nicht gelernt hat und in Gefahrensituation anstatt automatisch auf die Bremse zu treten erst lange überlegen muss, findet sich im nächsten Krankenhaus wieder.

Bewusstes Verhalten ist das Gegenteil von automatischem Verhalten. Das bedeutet nicht, dass automatisches Verhalten nicht bewusst erlebt werden kann. Doch bewusstes Erleben ist etwas anderes als bewusstes Verhalten und nicht vom intentionalen Standpunkt aus zu beobachten.

Wir haben weiter oben schon jenes Merkmal entdeckt, welches das Gegenteil von automatischem Verhalten kennzeichnet und somit zum

---

64 vgl. Definition von »Planung« auf Seite 142

Automatisch ablaufendes komplexes Verhalten.

Schlüsselmerkmal für bewusstes Verhalten wird. Es ist die **Planung**[65].

Was unterscheidet Planung von automatisch ablaufendem Verhalten, wie wir es beispielsweise bei der Grabwespe finden? Der Planungsvorgang ist zielgerichtet und dient zur Entwicklung einer Idee, die anfangs vielleicht nur vage vorhanden ist. Dazu ist ein Gedächtnis und die Einsicht in die Gegebenheiten und Veränderungen der Umwelt Voraussetzung. Wer plant, muss sich das mögliche Ergebnis vorstellen können. Zudem ist ein hohes Maß an Flexibilität notwendig, um die Fesseln des Instinkts abzustreifen und Kreativität, um neuartige Lösungen für Probleme zu finden. Flexibilität bedeutet unter anderem die **freie Wahl**möglichkeit zwischen angeborenen Verhaltensmustern (fixen Unterprogrammen).

Auch wenn eine Entität grundsätzlich Bewusstsein zeigt, muss nicht jedes Verhalten geplant sein. Planung wird gewöhnlich erst dann initiiert, wenn sich die äußeren Umstände geändert haben oder wenn Lösungen auf neue Anforderungen der Umwelt gefunden werden müssen oder wenn zwischen Alternativen entschieden werden muss. Planung und automatisch ablaufendes Verhalten kommen abwechselnd und gemischt vor, wie wir nicht nur von uns selbst wissen, sondern beispielsweise auch im Verhalten der Schimpansen beobachten können.

Zur Planung gehört ein Ziel. Das Ziel untergeordneter Schimpansen ist es, die von ihnen gefundene Nahrung für sich selbst zu behalten. Es gibt in der Tierwelt und nicht nur dort, weitere Ziele, die im Zusammenhang mit Planung auftreten und von Verhaltensforschern dokumentiert wurden, z.B. Fortpflanzung, Sicherheit (Vermeidung von Lebensgefahr) usw.[66]

Schließlich gehört zur Planung auch das Abwägen von Alternativen. Den Schlusspunkt des Planungsvorgangs bildet die Wahl (Entscheidung) für eine der möglichen Handlungen. Diese Entscheidung ist »vernünftig« bezogen auf die Überzeugungen und Wünsche (Ziele) des **Akteur**s[67]. Trifft der Akteur eine Wahl zwischen gleichwertigen Alternativen, ist nicht vorhersehbar (nicht determiniert), für welche der Möglichkeiten die Entscheidung fällt.

Wer oder was ist dieser Akteur, der die Entscheidung trifft? Ist es,

---

65 siehe Seite 142
66 vgl. Gould (1997) oder Dawkins (1994)
67 vgl. intentionaler Standpunkt Seite 138

wie der Philosoph Dennet meint, die Entität selbst (Mensch, Tier, Kunstprodukt, was es auch sei), die sich wie ein vernünftig handelnder Akteur verhält? Ich denke, Dennets Sichtweise ist zu pauschal. Wir wissen, dass Bewusstsein ein informationsverarbeitender Prozess ist[68]. Die einzige Möglichkeit, wie bewusste Entscheidungen getroffen werden können, ist während dieses Prozesses. Deshalb **ist der Akteur ein Teilprozess innerhalb vom Bewusstsein**.

Ich werde nun die obigen Erkenntnisse über Bewusstsein zusammenfassen und mit der Definition des Schlüsselmerkmals Planung vereinen. Das ergibt meine Definition von Bewusstsein:

Bewusstsein ist ...

- ein **informationsverarbeitender Prozess**,
- in dem bei neuen Anforderungen oder geänderten äußeren Umständen **nicht determinierte Entscheidungen** zwischen Handlungsalternativen getroffen werden,
- die zu ***zielgerichtetem*** **Verhalten** zur Befriedigung von Bedürfnissen führen.

Der letzte Teil der Definition enthält die Formulierung »zur Befriedigung von Bedürfnissen«. Was es damit auf sich hat, kann vom bisher Besprochenen nicht abgeleitet werden. Die Begründung erfolgt erst im Kapitel 7.8. Alle übrigen Formulierungen sind bereits aufgetreten und werden nun kurz begründet.

Da wir das Bewusstsein einer Entität vom intentionalen Standpunkt aus beobachten und beschreiben, muss deren »Verhalten« ein Teil der Definition sein. Die »gedankliche Vorwegnahme von Handlungsschritten zur Erreichung eines Ziels« (Planung) ist indirekt in der Definition enthalten durch »Handlungsalternativen« und »*zielgerichtetem* Verhalten«. Der Akteur innerhalb des Bewusstseins trifft vernünftige Entscheidungen aufgrund der Ziele, die zum zielgerichteten Verhalten gehören. Wären die Entscheidungen des Prozesses bei gleichwertigen Handlungsalternativen eindeutig vorhersehbar, also determiniert, hätten wir das Gegenteil von Bewusstsein, nämlich einen automatischen Prozess.

Um die Definition von Bewusstsein zu testen, können wir sie auf ein älteres, aber kontrolliertes Experiment des US-amerikanischen Psychologen E.C. Tolman (1886 - 1959) über das Verhalten von Ratten im Labyrinth anwenden.

---

68 siehe Seite 132

Automatisch ablaufendes komplexes Verhalten.

Das Wirken von Tolman fiel in die Zeit des Behaviorismus. Dieser dauerte jahrzehntelang bis in die 60er Jahre des letzten Jahrhunderts. In den USA waren die Verfechter des Behaviorismus die einflussreichsten Verhaltensforscher. Der **Behaviorismus** ist ein wissenschaftstheoretischer Standpunkt, der davon ausgeht, dass das Verhalten von Mensch und Tier mit den naturwissenschaftlichen Methoden untersucht werden kann. Behavioristen beschränken sich darauf, sorgfältig definierte Reize und die von ihnen ausgelösten Reaktionen zu untersuchen. Über ihre Beobachtungen erstellen sie formale Regeln, um vorherzusagen, was Tiere in Experimenten tun werden, wenn sie mit Reizen konfrontiert werden. Sie haben eine extreme Abneigung gegenüber der Erforschung geistiger Prozesse. Deshalb vermeiden sie jede Aussage über innere Vorgänge im Nervensystem.

Behavioristen gehen davon aus, dass jedes Verhalten von Tieren durch einen **Reiz** ausgelöst wird, auf den ein **Reflex** erfolgt. Das bekannteste Beispiel hierzu ist der *Pawlow'sche Hund. Der Hund erhielt regelmäßig seine* Futtergaben nach Ankündigung durch einen Glockenton. Nach einigen Wiederholungen war schon allein auf den Glockenton hin ein vermehrter Speichelfluss zu beobachten, auch wenn kein Futter ausgegeben wurde. Dieses Verhalten begründete die Lerntheorie mit der Bezeichnung **klassische Konditionierung**.

Die formale Regeln für die Futtergabe, die den Speichelflussreflex auslöst, lautet: US → UR , wobei

US = Unbedingter Reiz / engl. **U**nconditioned **S**timulus

UR = Unbedingter Reflex / engl. **U**nconditioned **R**esponse ist.

Für die Dressur lautet die Regel: CS + US → UR, wobei

CS = Bedingter Reiz / engl. **C**onditioned **S**timulus, der Glockenton ist.

Und schließlich ergibt sich als Lernergebnis: CS → UR, das bedeutet: Der Glockenton löst den Speichelfluss aus.

Nach dieser Lerntheorie folgten weitere. Eine davon ist das Lernen durch Versuch und Irrtum. Ich möchte hier nicht näher darauf eingehen. Nur soviel: Auch diese Lerntheorie ist formalisiert worden. Das Lernverhalten wird durch eine ganze Reflexkette ausgedrückt.

Erstmals wurde 1948 über ein Experiment von Tolman berichtet, das nicht mehr mit der klassischen Konditionierung oder dem Lernen durch Versuch und Irrtum erklärt werden kann.

Tolman wollte untersuchen, wie sich Ratten in einem einfachen Labyrinth verhalten. Das Labyrinth hatte die Form des Großbuch-

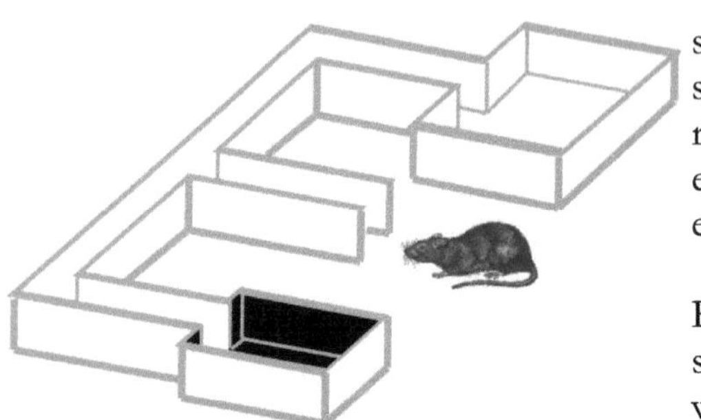

Abb. 80: Tolmans Experiment mit Ratte im E-Labyrinth: Bestimmte Tiere sind offenkundig befähigt vorauszuplanen.

stabens E. Am Ende des unteren Schenkels befand sich eine schmale schwarze Box am oberen eine geräumige weiße Kiste. In beide Behältnisse legte Tolman eine kleine Futtermenge. Der Zugang zum Labyrinth erfolgte über den mittleren Balken der E-Form.

Am ersten Tag des Experiments ließ Tolman die Ratte das Labyrinth erkunden. Das tat sie, indem sie sich im Zickzack die Wege entlang tastete. Schließlich wurde sie durch das aufgefundene Futter in der weißen Kiste und in der schwarzen Box belohnt. Die Erfahrung lehrt, dass Ratten unter sonst gleichen Bedingungen es vorziehen, sich in engen dunklen Räumen aufzuhalten. Und tatsächlich, am Ende ihres Erkundungsgangs ruhte sich die Ratte in der engen Box aus.

Am Folgetag setzte Tolman die Ratte in die vom Labyrinth getrennte weiße Kiste zusammen mit einer kleinen Futtermenge. Nachdem die Ratte das Futter vertilgt hatte, setzte er sie in die ebenfalls vom Labyrinth getrennte schwarze Box und versetzte ihr einen Stromschlag. Dann brachte er sie zurück in ihren Käfig.

Am dritten Tag setzte Tolman das Tier wieder am Eingang des Labyrinths ab und war gespannt, wie es sich verhalten würde.

Für das Verhalten der Ratte gab es verschiedene Möglichkeiten. Sie hätte wie am ersten Tag das Labyrinth durchlaufen und sich an beiden Enden jeweils die kleine Futtermenge abholen können.

Die zweite Möglichkeit war, sie hätte sich an den von ihr bevorzugten Ort im Labyrinth erinnern und die schmale schwarze Box direkt ansteuern können.

Nichts dergleichen tat die Ratte. Sie steuerte vielmehr direkt auf die große weiße Kiste am oberen Ende des Labyrinths zu, vertilgte die kleine Futtermenge und machte keine Anstalten, sich die zweite Futterration aus der schwarzen Box zu holen.

Das Ergebnis war für einen Behavioristen so unerklärlich, dass es durch eine Vielzahl kontrollierter Experimente ähnlicher Art überprüft wurde. Doch grundsätzlich änderte sich nichts und so musste man das Verhalten der Ratte als bestätigt ansehen.

Wenn man, wie es die Behavioristen taten, keinerlei Aussagen über innere geistige Prozesse der Ratte machen wollte, dann ließ sich ihr Verhalten weder durch die klassische Konditionierung, noch durch Versuch und Irrtum, noch durch eine andere ausgefeilte klassische

Theorie erklären.

So blieb Tolman nichts anderes übrig, als davon auszugehen, dass einige Tiere die geistige Fähigkeit aufweisen, solche Handlungsschritte vorwegzunehmen, die zur Erreichung ihrer Ziele notwendig erscheinen.

Was die Ratte betrifft, so sind ihre Ziele wohl die Vermeidung eines schmerzhaften Stromschlags und das Auffinden von Futter. Sie muss am zweiten Tag gemerkt haben, dass die äußeren Umstände sich geändert hatten. Dunkle Räume boten danach nicht mehr mit Sicherheit einen angenehmen Aufenthalt. Sie verband die zeitlich und räumlich getrennte Erfahrung des zweiten Tages, mit der Information über das Labyrinth vom ersten Tag. Das Ziel, sich an einem bevorzugten dunklen Ort aufzuhalten, trat zurück gegenüber dem Ziel Schmerz zu vermeiden. Die Ratte traf am dritten Tag dann eine »vernünftige« Entscheidung und wählte die Handlungsalternative, mit der sie optimal ihre Ziele unter Berücksichtigung der geänderten äußeren Umstände erreichen konnte.

Wenn man diese Interpretation des Verhaltens mit der Definition von Bewusstsein vergleicht, so wird man feststellen, dass alle drei Kriterien erfüllt sind. Vom intentionalen Standpunkt aus gesehen, muss ein informationsverarbeitender Prozess stattgefunden haben, der die unterschiedlichen Erfahrungen vom ersten und zweiten Tag verarbeitete und eine Entscheidung unter den Handlungsalternativen traf. Aufgrund ihrer Wahl konnte dann das *zielgerichtete* Verhalten beobachtet werden, das sie am dritten Tag zeigte. Die Entscheidung war nicht vorhersehbar, sie hätte sich auch für eine der anderen aufgeführten Handlungsalternativen entscheiden können. Deshalb ist auch das Kriterium »nicht determinierte Entscheidung« erfüllt. Insgesamt müssen wir davon ausgehen, dass das Verhalten der Ratte Bewusstsein erkennen lässt.

Lassen wir einmal die Definition von Bewussten außer Ansatz, so erkennen wir im Verhalten der Ratte zumindest einen *informationsverarbeitenden* Prozess, welcher Handlungsschritte vorwegnimmt, die offensichtlich zur Erreichung der erwähnten Ziele dienen. Diese Aussage entspricht der Definition von Planung[69]. Und Planung ist ein Schlüsselmerkmal für Bewusstsein[70]. So schließt sich der Kreis. Die Definition von Bewusstsein führt zum gleichen Ergebnis und hat

69 siehe Seite 142
70 siehe Seite 147

damit ihre praktische Anwendbarkeit gezeigt.

Sicher ist der *informationsverarbeitende* Prozess des Rattenbewusstseins nicht so hoch entwickelt wie der eines menschlichen Bewusstseins. Aber hohe Entwicklung ist nicht immer gefordert. So ein Bewusstseinsprozess kann auch auf primärem Niveau stattfinden.

7.8. Gefühlsregung und Bedürfnis.

Wenn ich Freude, Schmerz oder ein anderes Gefühl habe, dann gibt es für mich keinen Zweifel, dass ich gerade etwas bewusst erlebe. Gefühle sind für mich untrennbar mit meinem Bewusstsein verbunden. Doch meine Gefühlsregungen gehören zu meinem persönlichen phänomenalen Bewusstsein und ich kann nicht sicher sein, dass bei meinem Nachbarn der Bewusstseinsprozess auch mit Gefühlsregungen verbunden ist. Und wie steht es bei Tieren? Haben die überhaupt bewusste Gefühle? Die Frage ganz allgemein gestellt, lautet: Was sind Gefühlsregungen und in welcher Beziehung stehen sie zum Bewusstsein einer Entität?

AN
EXCELLENT
conceited Tragedie
OF
Romeo and Iuliet.
As it hath been often (with great applause) plaid publiquely, by the right Honourable the L. of *Hunsdon* his Seruants.

LONDON,
Printed by Iohn Danter.
1597

Da wir uns nicht in einen anderen Bewusstseinsprozess hineinversetzen können und auch die mündlichen Versicherungen unseres Mitmenschen, er habe Gefühle, gelogen sein können, müssen wir wieder versuchen das Verhalten anderer Entitäten vom intentionalen Standpunkt aus zu interpretieren. Dazu brauchen wir äußerlich sichtbare Zeichen emotionaler Erlebnisse, die überzeugen.

Wenn beispielsweise jemand Schmerzen hat, dann wird er versuchen, sie wieder los zu werden. Er hat ein Ziel und das drückt sich in seinen Handlungen aus.

Wenn sich die Protagonisten von William Shakespeares Tragödie mit dem Titel Romeo und Julia heimlich trauen lassen, obwohl ihre Familien miteinander verfeindet sind und sich blutige Degenkämpfe liefern, dann müssen sie ein Ziel haben. Irgendetwas muss den beiden jungen Menschen auch den Verstand geraubt haben, denn ihre Handlungsweise scheint »unvernünftig« zu sein. Der Zweifel an ihren Verstand wird noch stärker, wenn man sieht, wie die beiden es vorziehen, freiwillig in den Tod zu gehen, nachdem sie nicht mehr zueinander kommen können. Dieses etwas, das sie so handeln lässt, können wir als starke Gefühlsregungen interpretieren.

Wenn jemand »alles« dafür tut, etwas Bestimmtes zu bekommen und dabei den Verstand praktisch außer Kraft setzt, dann sind es starke

Gefühle, die seine Entscheidungen und Handlungen beeinflussen.

Ein entsprechendes Verhalten bei Tieren, das A.P. Silverman[71] zufällig beobachtete, lässt ebenfalls auf starke Gefühle schließen. Der Forscher führte Experimente durch, um festzustellen, wie sich das Inhalieren von Zigarettenrauch über einen längeren Zeitraum hinweg auf Mäuse auswirkt.

Zu dem Zweck setzte Silverman jedes Versuchstier in einen extra Glasbehälter, in dem ständig Tabakrauch geblasen wurde. Die Tiere lebten in diesen Behältern und wurden ausreichend mit Wasser und Nahrung versorgt.

Schon nach kurzer Zeit fanden die Mäuse einen Weg, mit ihrem Kot jene Röhrchen zu verstopfen, über die der Tabakrauch in ihre Behälter eindrang. Die einzige Luftversorgung erfolgte über diese Röhrchen und so schnitten sich die Mäuse die Luftzufuhr ab und starben, bevor der Experimentator entdeckte, was geschehen war.

Abgesehen davon, dass man im Handeln der Mäuse das Schlüsselmerkmal Planung entdeckt, das schon allein für sich auf Bewusstsein deutet, taten die Tiere »alles« dafür, den Zustrom von Tabakrauch zu unterbinden.

Wenn wir selbst »alles« dafür tun, ein bestimmtes Ziel zu erreichen und koste es das eigene Leben, dann ist das als ein Zeichen für eine starke Gefühlsregung zu werten. Wenn wir nun im Analogieschluss auch bei den Mäusen von Silvermans Experiment auf eine starke Gefühlsregung schließen, dann mag das streng logisch nicht ganz korrekt sein. Denn wir können auch die Gegenthese vertreten, Mäuse seien gefühllose Automaten. Doch schon weiter oben gab es eine Gegenthese, die Ockhams Rasiermesser[72] nicht überlebte. Auch im Fall der Maus müsste man zur Verteidigung der Gegenthese eine Menge zusätzlicher Faktoren mit Erklärungen einführen, die laut Ockham aber weggeschnitten werden müssten. Der einfachere Analogieschluss würde übrigbleiben.

Und so hat Dawkins eine gültige Definition für alle mit »Geist« ausgestatteten Entitäten gefunden, die besagt, was Gefühlregungen sind:

»Gefühlsregungen sind Zustände in denen – wenn auch nur vorübergehend – alle körperlichen Ressourcen für einen bestimmten Zweck aktiviert sind und in

71 Dawkins (1994), S. 200

72 siehe S. 143

denen sich die Aufmerksamkeit des Geistes ganz speziell auf dieses Ziel richtet.«[73]

Wir sehen in Dawkins Definition den Begriff »Geist«. In der Begriffswelt dieser Schrift handelt es sich dabei zunächst nur um einen »*informationsverarbeitenden* Prozess«. Wenn sich die »Aufmerksamkeit des Geistes« auf ein Ziel richtet, dann erkennen wir darin das »*zielgerichtete* Verhalten« der Definition von Bewusstsein[74] wieder. Das bedeutet: **Gefühlsregungen sind mit *zielgerichtetem* Verhalten verbunden.** Dieses *zielgerichtete* Verhalten muss nicht objektiv »vernünftig«, sondern kann es auch aus subjektiver Sicht sein. Die körperlichen Ressourcen, die für »einen bestimmten Zweck aktiviert sind« stehen außerdem im Zusammenhang mit »nicht determinierten Entscheidungen zwischen Handlungsalternativen«.

Zusammenfassend kann man deshalb sagen, wir erkennen in Dawkins »Geist« das wieder, was wir als »Bewusstsein« definiert haben und **das *zielgerichtete* Verhalten des Bewusstseinsprozesses ist mit Gefühlsregungen verbunden**.

Leider betont der Begriff Gefühlsregung die subjektive oder phänomenale Seite des Bewusstseins. Letztendlich ist aber eine objektive Sichtweise für die Beschreibung des Phänomens geeigneter. Und so möchte ich Gefühlsregung durch einen mehr objektiven Begriff ersetzen. Dafür eignet sich **Bedürfnis**, denn Bedürfnis ist definiert als die Neigung, ein bestimmtes Ziel zu verfolgen.

In Dawkins Formulierung *»Aufmerksamkeit des Geistes … auf dieses Ziel richtet«* erkennen wir ein Bedürfnis. Ein Bedürfnis ist genauso wie die Gefühlsregung ein Zustand, der körperliche Ressourcen für einen bestimmten Zweck aktiviert, denn ein Bedürfnis will befriedigt sein. Es gibt keine Gefühlregung ohne die Befriedigung eines Bedürfnisses, die entweder angestrebt wird oder schon stattgefunden hat. Bedürfnis und Gefühlsregung sind wie zwei Seiten einer Medaille, eine objektive und eine subjektive Seite des gleichen körperlichen Zustands.

Zum Gefühl der Freude gehört das Bedürfnis solche Handlungen zu wiederholen, die Freude bereiten. Zu einem unangenehmen Gefühl und dem Gefühl der Trauer gehört das Bedürfnis, solche Gefühle zu vermeiden. Zum Wutgefühl gehört das Bedürfnis, den Auslöser der Wut anzugreifen. Und zum Angstgefühl gehört das Bedürfnis vor dem zu fliehen, was Angst bereitet. **Zu jeder Gefühlsregung gehört ein äquivalentes Bedürfnis**.

73 Dawkins (1994), S. 212

74 siehe S. 148

So erklärt sich nun die in der Definition von Bewusstsein verwendete Formulierung »*zielgerichtetem* Verhalten zur Befriedigung von Bedürfnissen«[75]. Gäbe es diese Einschränkung des zielgerichteten Verhaltens nicht, könnte man Romeo und Julia schwerlich ein Bewusstsein zugestehen, denn das Verhalten der beiden jungen Leute scheint »unvernünftig«. Wir hatten schließlich vorausgesetzt, dass der Akteur im Bewusstseinsprozess vernünftige Entscheidungen trifft[76].

Durch die Einschränkung »zur Befriedigung von Bedürfnissen« braucht die Vernunft allerdings nur in Bezug auf die Bedürfnisse zu gelten. Offensichtlich litten Romeo und Julia übergroße innere Qualen, als sie nicht mehr zusammen sein konnten. Daraus kann das Bedürfnis entstanden sein, diese Qualen zu vermeiden. Und so kann es durchaus folgerichtig und »vernünftig« sein, die Qualen durch den eigenen Tod zu beenden.

Ähnlich lässt sich das Verhalten der Mäuse interpretieren, die offensichtlich große Qualen wegen des Zigarettenrauchs litten. Das Bedürfnis diese Qualen zu vermeiden, hatte für sie oberste Priorität.

Der kanadische Physiologe Michel Cabanac untersuchte den Zusammenhang zwischen Physiologie, Verhalten und bewussten Gefühlen. Dabei gelang es ihm, die Stärke der Bedürfnisse in differenzierter Form zu erfassen. In einem seiner Experimente erforschte er die Reaktion von Ratten im Vergleich zu der von Menschen. Er wollte wissen, wie es für beide Entitäten ist, eine süße Zuckerlösung zu trinken.

Seine Versuchspersonen mussten über ihre subjektiven Empfindungen bei der Einnahme des süßen Getränks berichten. War ihnen die Zuckerlösung sehr angenehm, sollten sie die Punktzahl +2 vergeben, war sie nur angenehm, +1. Falls sie sehr unangenehm war -2, unangenehm -1. Null Punkte war für den Fall vorgesehen, dass sie weder angenehm noch unangenehm schmeckte.

War die Versuchsperson hungrig oder durstig, bewertete sie das Getränk überwiegend als angenehm oder sehr angenehm. Die Bewertungen waren andere, wenn sie gerade etwas gegessen oder anderes Süßes getrunken hatte. Aufgrund der Differenzierung konnte Cabanac die Testwerte sogar grafisch darstellen.

Nun wollte Cabanac wissen, wie Ratten unter gleichartigen Ausgangsbedingungen die zuckerhaltige Flüssigkeit bewerteten. Da die

75 siehe S. 148
76 siehe S. 138

Tiere nicht reden konnten, ermittelte er die Punktzahlen anhand der getrunkenen Flüssigkeitsmengen. Die Ergebnisse führten zu fast identischen grafischen Kurvenverläufen bei Menschen und Ratten.

Wie es aussieht, ist für Ratten die Zuckerlösung ebenso wie für Menschen bei gleichartigen Ausgangsbedingungen gleich angenehm oder gleich unangenehm. Haben Ratten etwa auch Gefühle, die sie im Bedürfnis ausdrücken, entsprechende Mengen der süßen Lösung zu trinken? Dawkins meint:

»Die einfachste Hypothese – jene, welche die wenigsten Hilfsannahmen erfordert – lautet nun wiederum, dass sie [die Ratten] uns auch in Dingen ähnlich sind, die sich nicht beobachten lassen (wie bewusste Erlebnisse)«[77]

Die identischen Kurvenverläufe in Cabanacs Versuchsergebnissen sind die experimentelle Bestätigung für den Zusammenhang vom Bedürfnis, eine bestimmte Flüssigkeitsmenge zu trinken mit einer Gefühlsregung, beim Genuss der Zuckerlösung. Es ist auch die experimentelle Bestätigung, dass zu einem Bewusstseinsprozess Gefühlsregungen gehören. Denn das »*zielgerichtete* Verhalten zur Befriedigung von Bedürfnissen« im Bewusstseinsprozess erfolgt aufgrund jener *körperlichen Zustände, die* Dawkins als Gefühlsregungen bezeichnet.

77 Dawkins (1994), S. 217

8. Die Transzendenz der Wirklichkeit.

8.1. Haben Religion und Naturwissenschaft einen gemeinsamen Nenner?

Den Menschen scheint eine innere Sehnsucht nach Transzendenz innezuwohnen, wie die hohe Zahl von Anhängern eines religiösen Glaubens oder der Esoterik zeigt. Aber in einer Zeit, in der sich Religionen auf dem Rückzug gegenüber einer immer weiter voranschreitenden Naturwissenschaft befinden, fühlen sich die Gläubigen verunsichert. Was sollen sie noch glauben, wenn religiöse Aussagen der naturwissenschaftlichen Erkenntnis widersprechen?

Abb. 82: Die Symbole der verschiedenen Religionen: Christentum, Judentum, Hinduismus, Islam, Buddhismus, Shinto, Sikhismus, Bahai, Jainismus. *Grafik: Rursus / PD*

Gerne hätte der verwirrte Gläubige, dass sich Naturwissenschaft und Religion miteinander versöhnen und ihre Aussagen einander angleichen oder sich gegenseitig bestätigen. Das würde seine widerstreitenden Bedürfnisse nach Transzendenz und Rationalität befriedigen. Andererseits erwarten heute nur noch wenige Menschen, dass eine Versöhnung in dem Sinne stattfinden könnte, dass die moderne Physik die »heiligen Schriften« der Religionen beweisen würde.

Literatur zu dem Themenkomplex gibt es reichlich. Der römisch-katholische Theologe Hans Küng, dem die kirchliche Lehrerlaubnis entzogen wurde, weil er sich gegen das Dogma der Unfehlbarkeit aussprach, veröffentlichte erst unlängst ein Buch, in dem er schreibt:

» … das der Schöpfungsglaube dem Menschen ein sicheres Orientierungswissen schenkt«[78]

Abb. 83: Artefakte wie die ***Venus von Willendorf*** *werden, sofern sie im Zusammenhang mit Bestattungen oder als Grabbeigaben gefunden wurden, als frühe archäologische Zeichen für den Beginn der menschlichen Religionsgeschichte anerkannt. Allerdings ist unklar, welche religiösen Inhalte diesen Artefakten zuzuschreiben sind.* *Foto: Plp, CC-BY-SA*

Naturwissenschaftler empfinden die Aussage, dass Glaube Wissen schenken soll als paradox. Nach ihrer Ansicht benötigt Wissen keinen Glauben, denn Glaube ist diametral entgegengesetzt zu Wissen.

Der amerikanische Philosoph Ken Wilber veröffentlichte ebenfalls ein häufig gelesenes Werk über das Verhältnis von Naturwissenschaft und Religion[79]. Er sieht die Naturwissenschaft als die profundeste Methode der Menschheit zur Gewinnung von Wissen und Erkenntnis an, während Religion für ihn die einzige große Kraft zur Erschaffung

78 Küng (2005), S. 143
79 Wilber (2010)

von Sinn und Wert ist. Ein integratives Weltverständnis zwischen beiden großen Disziplinen ist seiner Meinung nach **nur möglich, wenn es einen gemeinsamen Kern gibt, der zudem mit naturwissenschaftlichen Erkenntnissen vereinbar ist**.

Doch gibt es so einen gemeinsamen Kern? Zur Beantwortung der Frage wollen wir zunächst die Arbeitsweise der Naturwissenschaft ein wenig genauer betrachten. Wenn ich im Folgenden abkürzend von Wissenschaft rede, dann meine ich die Naturwissenschaft.

Was ist nun das Wesen der Wissenschaft, die sich in den letzten paar hundert Jahren als Erfolgsmodell in dem Sinne erwiesen hat, dass die Menschheit durch Errungenschaften wie Handy, Internet und Flugzeug immer enger zusammenwächst. Die Menschheit wäre nicht bis dahin gekommen, wo sie heute steht, gäbe es nicht die wissenschaftliche Theorie. Dabei meine ich nicht die »graue Theorie« die für den Normalbürger nur im Gegensatz zu einer guten Praxis steht. Nein, die wissenschaftliche Theorie hat rein gar nichts mit der grauen Theorie zu tun. Sie ist vielmehr etwas, was den wissenschaftlichen Fortschritt erst gebracht hat und strenge Kriterien erfüllen muss, bevor sie sich überhaupt »wissenschaftliche Theorie« nennen darf.

Die wichtigsten fünf Kriterien sind:

1. Widerspruchsfreie Beschreibung einer Wirklichkeit.
2. Wissenschaftliche Erklärungen und Schlussfolgerungen (=Hypothesen).
3. Bei alternativen Erklärungen die Auswahl derjenigen, die am wenigsten Parameter benötigen (Ockhams Rasiermesser).
4. Es muss die Möglichkeit bestehen, die Hypothesen prinzipiell zu falsifizieren (d.h. die Theorie darf keine Aussagen enthalten, die keine Chance haben, dass man sie jemals überprüfen könnte).
5. Empirische Entscheidung, ob die beschriebene Wirklichkeit zu den Hypothesen passt.

Mit einer Theorie, die sich so nennen darf, weil sie die Kriterien erfüllt, können über einen Sachverhalt und über Vorgänge Voraussagen gemacht werden, deren Eintreten man ebenfalls empirische überprüfen kann.

Passt die Theorie zu den Ergebnissen der empirischen Entscheidung, sagt man, dass die Theorie bestätigt wurde. Wenn sie dagegen nicht bestätigt wurde, müssen ggf. Konsequenzen gezogen werden. Eine dieser Konsequenzen ist es, die Theorie zu verändern. Lässt sich die Theorie trotz möglicher Veränderung nicht ein Einklang mit den Ergebnissen der empirischen Entscheidung bringen, muss man sie verwerfen und eine neue aufstellen, die besser geeignet ist, die Wirklichkeit zu beschreiben.

Weil man eine wissenschaftliche Theorie ständig neu empirisch überprüfen kann und sie somit dauernd zur Disposition steht, wird sie niemals den Status einer »absoluten Wahrheit« haben. Aber solange die Überprüfungen sie immer wieder bestätigen, bleibt sie erhalten.

Für Menschen, die nach Sicherheit und absoluter Wahrheit streben, mag das ein unerträglicher Zustand sein. Dennoch sind die Wissenschaft und die Menschheit mit der wissenschaftlichen Theorie und ihren Hypothesen bisher recht gut gefahren. Denn sonst könnten nicht breitere Massen einen gewissen Wohlstand genießen und einen erheblichen Teil ihrer abendlichen Freizeit vorm Pantoffelkino verbringen. Stattdessen müssten sie, um Kerzen zu sparen, mit dem Sonnenuntergang schlafen gehen.

Das erste Kriterium einer Theorie verlangt jene Wirklichkeit widerspruchsfrei zu beschreiben, auf die sich die Theorie bezieht. Es sagt aus, dass zu einer Theorie immer eine Wirklichkeit gehört. Wissenschaftliche Theorien zu Elementen der abstrakten geistigen Ebene, die sich nicht empirisch überprüfen lassen, kann es nicht geben.

Beispielsweise wäre es Unsinn für »quadratische Kreise« eine Theorie aufstellen zu wollen, weil quadratische Kreise keine Gegenstände einer Wirklichkeit sind, sondern paradoxe Objekte der abstrakten geistigen Ebene. Das Gleiche gilt für eckige Eier, die noch niemand in der Realität gesehen hat oder für die eierlegende Wollmilchsau und das Fabelwesen der bayrischen Alpen, den Wolpertinger. Diese Wesen und Dinge sind keine Beschreibungen einer Wirklichkeit, sondern Fantasieprodukte des menschlichen Geistes und nur im Geist existieren oder leben sie.

Die wenigen Beispiele zeigen schon, dass es zwei Seinsebenen gibt. Einmal ist es die abstrakte Ebene, die wir auch geistige Ebene nennen können. Dort existiert alles, was gedacht werden kann. Sei es rational und logisch, wie mathematische Formeln oder geometrische Objekte, oder sei es paradox wie die eierlegende Wollmilchsau und der quadratische Kreis. Wissenschaftliche Theorien für Elemente dieser Ebene und deren Beziehungen bedarf es nicht und kann es aus den genannten Gründen auch nicht geben. Allenfalls die graue Theorie kann hier ihr Betätigungsfeld finden.

Auch die Mathematik, als Disziplin der abstrakten geistigen Ebenen, bedarf keiner Theorie. Denn die Mathematik beruht auf Axiomen und deduktiven Schlussfolgerungen, nicht aber auf der Beschreibung einer Wirklichkeit und empirischen Entscheidungen.

Die andere Seinsebene ist die Wirklichkeits- oder Realitätsebene. Albert Einstein und seine Kollegen Podolsky und Rosen haben gemeinsam jenes EPR-Realitätskriterium aufgestellt (siehe Seite 71), das dem Physiker sagt, was zur Realität gehört und was nicht. Vereinfacht ausgedrückt gehören solche Dinge zur Realitätsebene, bei denen mit Hilfe einer Theorie physikalische Größen mit Sicherheit vorausgesagt werden können. Beim Mond können durch die Himmelsmechanik Veränderungen mit Sicherheit vorausgesagt werden. Deshalb gehört der Mond der Wirklichkeit an. Wollten wir dagegen das Realitätskriterium auf das Fabelwesen Wolpertinger anwenden, würden wir sehr schnell merken, dass mit keiner Theorie Veränderungen vorausgesagt werden können. Weil der Wolpertinger sich nicht als ein Wesen der Realitätsebene bestätigen lässt, bleibt er, was er ist, ein Fabelwesen der abstrakten geistigen Ebene.

Kann man demnach sagen, dass der Mond existiert, der Wolpertinger aber nicht? Und wie steht es mit den mathematischen Formeln? Würden die nicht existieren, gäbe es sicher keine Technik.

Auf eine gewisse Weise existieren alle Dinge, über die sich schreiben und diskutieren lässt, also nicht nur der Mond, sondern auch der Wolpertinger und die mathematischen Formeln. **Aber wir müssen unterscheiden, dass manche Dinge nur im Bewusstsein der Menschen, also auf der abstrakten Ebene existieren, nicht aber auf der Realitätsebene.**

Wird diese Unterscheidung nicht getroffen, kann es zur Verwirrung kommen, wenn beispielsweise die Vertreter einer Religion behaupten der Teufel würde existieren, Naturwissenschaftler aber sagen, es gäbe ihn nicht. So mag ein jeder für sich selbst beantworten, in welcher Seinsebene Geister oder Engel existieren, nachdem man das EPR-Realitätskriterium angewendet hat.

Auch auf grundlegende Vorgänge wie die »Schöpfung« lässt sich das Kriterium anwenden. Nehmen wir beispielsweise eine Aussage von Hans Küng, um zu prüfen ob das, was er sagt, zur Realitätsebene gehört, oder zur abstrakten Ebene. Er schreibt unter anderem:

»Religion kann die Evolution als Schöpfung interpretieren. Naturwissenschaftliche Erkenntnis kann Schöpfung als evolutiven Prozess konkretisieren.«[80]

Abb. 85: Die Erschaffung Adams von Michelangelo, zwischen 1508 und 1512. Gehört die Schöpfung der Realitätsebene an oder der abstrakten, geistigen Ebene? Foto: Erzalibillas CC-BY-SA

Wenn die Schöpfung zur Realitätsebene gehören soll, brauchen wir eine Theorie, mit der die physikalischen Größen, die einen eindeutigen Bezug zur Schöpfung haben, vorhergesagt werden können. Wenn die Vorhersagen gemessen werden und mit 100%iger Sicherheit eintreten, existiert die Schöpfung auf der Wirklichkeitsebene. Andernfalls existiert sie selbstverständlich auch, aber auf der abstrakten, geistigen Ebene.

Ich denke jedoch, es wird nicht möglich sein, wie Hans Küng meint, die Evolution als eine auf der Wirklichkeitsebene existierende Schöpfung zu interpretieren. Denn zu einer Schöpfung gehört ein Schöpfer und der hat sich bisher noch jeder naturwissenschaftlichen Theorie entzogen. Welche physikalischen Größen wollte man auch messen, die eindeutig für eine Schöpfung sprechen und nicht anders interpretiert werden können? So bleibt wohl nur übrig, die Existenz von Schöpfung und Schöpfer auf der abstrakten geistigen Ebene anzusiedeln.

Um möglicherweise dennoch einen gemeinsamen Nenner der beiden Disziplinen Religion und Naturwissenschaft zu finden, müssen wir die grundsätzlichen Merkmale von Religionen kennen.

Unter Religion versteht man ein System von Überzeugungen und Praktiken in dessen Mittelpunkt die Beziehung von Menschen zu übernatürlichen Mächten und Wesenheiten stehen. Die großen monotheistischen Weltreligionen bekennen sich dabei zu einem einzigen allmächtigen Gott. Texte, die für die Religion verbindliche Normen und Regeln aufstellen, welche von den Gläubigen einzuhalten sind, werden als »heilige Schriften« bezeichnet. Ihre Inhalte gelten meist als absolute unveränderliche Wahrheiten.

Hier tut sich nun ein Graben zwischen den beiden Disziplinen auf. Naturwissenschaftliche Erkenntnis ist niemals eine absolute unveränderliche Wahrheit, sondern wie bereits erwähnt, abhängig von Theorien, die empirisch überprüft werden können. Stimmen die Er-

80 Küng, (2005), S. 169

gebnisse der Überprüfung nicht mit der Theorie überein, ist es möglich, die Theorie zu ändern. Wenn dagegen Aussagen als »absolute Wahrheit« deklariert werden, kann der Gegenstand dieser »Wahrheit« nicht ein Element der Wirklichkeit sein.

Weder übernatürliche Mächte und Wesenheiten noch ein einziger allmächtiger Gott im Zentrum der großen Weltreligionen können Entitäten der Wirklichkeitsebene sein, dann müsste ihre Existenz empirisch überprüfbaren naturwissenschaftlichen Theorien genügen. Die Vertreter der Religionen lehnen jedoch das Ansinnen nach empirischer Überprüfbarkeit meist vehement ab.

Wir können wohl davon ausgehen, dass religiöse Erkenntnisse sich im wesentlichen auf Entitäten der geistigen Ebene beziehen. Das unterscheidet die Religionen nicht von der reinen Mathematik, deren Objekte und Formeln ebenfalls Entitäten der geistigen Ebene sind. Naturwissenschaftliche Erkenntnis bezieht sich dagegen wegen ihrer empirischen Belege auf die Wirklichkeitsebene.

Nun gibt es aber zwischen der Mathematik und der Naturwissenschaft einen gemeinsamen Nenner, weil mit Hilfe der Mathematik Voraussagen gemacht werden können, die sich empirisch überprüfen lassen. Doch welche empirisch überprüfbaren naturwissenschaftlichen Voraussagen lassen sich mit Hilfe religiöser Erkenntnisse machen? Mir sind keine bekannt, aber ich bin auch kein Theologe.

Naturwissenschaft und Religion kommen nicht miteinander in Konflikt, solange sich jede auf ihre angestammte Seinsebene beschränkt, die Religion auf die geistige Ebene, die Naturwissenschaft auf die Wirklichkeitsebene und solange klar ist, auf welche Ebene sich Aussagen beziehen. Erst wenn Vertreter einer Religion sich darin versteigen, religiöse Inhalte als absolute und unveränderliche naturwissenschaftliche Wahrheiten zu deklarieren, geraten sie in Konflikt mit den Prinzipien der Naturwissenschaften, deren Erkenntnisse nicht unveränderlich sind, sondern sich immer weiter fortentwickeln.

Andererseits überschreiten auch Naturwissenschaftler manchmal die Grenzen der Wirklichkeitsebene und machen Aussagen, die weder durch eine wissenschaftliche Theorie gedeckt, noch empirisch überprüfbar sind. Als Beispiel dafür darf ich das wunderbare Formelwerk der sogenannten Stringtheorie anführen. Die zentralen Objekte dieser Theorie, die Strings, sollen so winzig sein, dass man nicht imstande sein wird, sie jemals zu beobachten oder zu messen. Kritiker sprechen deshalb ein wenig spöttisch von der der String-Religion.

Um nun eine Antwort auf die zentrale Frage dieses Kapitels zu geben, darf ich mich wieder auf Ken Wilbers beziehen. Er fand in seinem Buch[81] einen gemeinsamen Kern von Religion und Naturwissenschaft, indem er die Methode der Wissenschaft auf die Mystik anwendete. Ich halte das eher für eine Eroberung religiöser Felder durch die Naturwissenschaft und nicht für eine Versöhnung zwischen den beiden Disziplinen.

Meiner Meinung nach brächte es weder der Naturwissenschaft einen Vorteil, wenn wegen eines gemeinsamen Nenners, der Fortschritt geopfert und durch unveränderliche »absolute Wahrheiten« ersetzt würde. Noch brächte es der Religion einen Vorteil, wenn man alle ihre Wesenheiten und einzigen allmächtigen Götter einer naturwissenschaftlichen Theorie unterwerfen und empirisch überprüfen wollte. Verzichtet man jedoch auf den gemeinsamen Nenner und bleibt jede der beiden Disziplinen in ihrer angestammten Seinsebene, die Religion in der abstrakten, geistigen und die Naturwissenschaft in der Realitäts- bzw. Wirklichkeitsebene, dann muss nur noch jedem klar sein, auf welche Seinsebene sich zentrale Aussagen beziehen und beide Disziplinen können friedlich nebeneinander koexistieren.

8.2. Unerklärliche Einflüsse der Psyche auf die Materie.

Dass es unerklärliche Erscheinungen mit Beeinflussung der Materie durch die Psyche gibt, glauben mehr als dreiviertel der Menschen. Doch zu wenig Wissenschaftler beschäftigen sich heute mit diesen Phänomenen, die als »paranormal« bezeichnet werden, weil sie nicht in das aktuell gültige Theoriengebäude der Wissenschaft passen.

Es hat fast den Anschein, als würden viele Forscher zu paranormalen Phänomenen ängstlich Abstand halten. Deshalb ist das Material, das uns die Wissenschaftler vom Anfang des 20. Jahrhunderts hinterlassen haben, immer noch unverzichtbar.

In einem Vortrag über die »Phänomene der Ideoplastie«, gehalten am 28. Januar 1918 am College de France für die Mitglieder des Psychologischen Instituts beschäftigt sich der bekannte Psychologe und Arzt Dr. Gustave Geley (Paris) mit der physiologischen Seite der Materialisationsphänomene.[82]

81 Wilber (2010)
82 Schrenck-Notzing (2009), S. 130 ff.

Geley hat die Phänomene an zahlreichen Versuchspersonen studiert, behandelt aber in seinem Vortrag lediglich seine Beobachtungen mit Eva C. Eva wuchs bei der Buchautorin Madame Bisson auf. In den von Bisson und von Dr. v. Schrenck-Notzing veröffentlichten Werken findet man zahlreiche Einzelheiten über das Wesen der Materialisation.

Dr. Geley hatte nun das Glück, ein Jahr lang selbst Untersuchungen in Zusammenarbeit mit Madame Bisson durchführen zu dürfen, und zwar an zwei Terminen pro Woche, welche teilweise bei ihr, teilweise (3 Monate hindurch) in seinem eigenen Laboratorium stattfanden.

Außer dem Versuchsleiter hatten über 100 namhafte Experten der Wissenschaft Gelegenheit an Eva C. dieselben Tatsachen festzustellen. Zudem gelang es Geley auch mit ganz neuen Versuchsobjekten Materialisationserscheinungen, wenn auch primitiverer Art als diejenige bei Eva C., zu erzielen.

Geley kann Materialisationen einer Substanz sehen und berühren.

»Wie unerwartet,« führt Geley aus, »wie seltsam, wie unmöglich auch solche Manifestation scheint, ich habe nicht mehr das Recht einen Zweifel über ihre Wirklichkeit zu äußern.«

Das Phänomen kann man so zusammenfassen: Vom Körper des Mediums geht eine Substanz aus, exteriorisiert sich, eine Substanz, welche zuerst amorph oder polymorph ist. Diese Substanz bildet sich in verschiedenen Formen, im Allgemeinen zeigt sie mehr oder weniger zusammengesetzte Organe.

Man kann sie also sukzessiv betrachten und berühren:

1. Die Substanz als Substrat der Materialisationen.
2. Die organisierten Bildungen derselben.

Die Substanz geht aus dem ganzen Körper des Mediums, aber speziell aus den natürlichen Öffnungen und den Extremitäten, dem Scheitel des Kopfes, den Brustwarzen und den Fingerspitzen. Der häufigste Austritt, der am bequemsten zu beobachten ist, ist jener aus dem Mund: Man sieht, wie die Substanz sich von der inneren Fläche der Wangen, dem Gaumensegel und dem Zahnfleisch aus bildet.

Die Menge der exteriorisierten Materie ist sehr verschieden: bald schwach, bald beträchtlich, mit allen Übergängen. In gewissen Fällen bedeckt sie das Medium vollständig wie ein Mantel.

Lebendige Bilder von großer Schönheit.

Zur Erläuterung der in seinem Vortrag gemachten Ausführungen reproduzierte Dr. Geley in seiner Schrift eine Anzahl von ihm selbst im Pariser Laboratorium 1918 aufgenommener Fotografien von Materialisationserscheinungen bei Eva C.

Beim Zustandekommen dieser interessanten Dokumente waren außer Madame Bisson namhafte Experten beteiligt, wie Herr Calmette, Generalinspektor des Krankenhauses von Paris und Jules Courtier, Professor der physiologischen Psychologie an der Sorbonne.

Die Bilder demonstrieren die amorphe Substanz, die sich vor Geleys Augen entwickelte. Weitere Abbildungen betreffen Darstellungen von Gesichtern und Köpfen aus dieser Substanz. Geley überzeugte sich durch Berührung und durch Stereoskopaufnahmen von dem dreidimensionalen Charakter dieser Formationen.

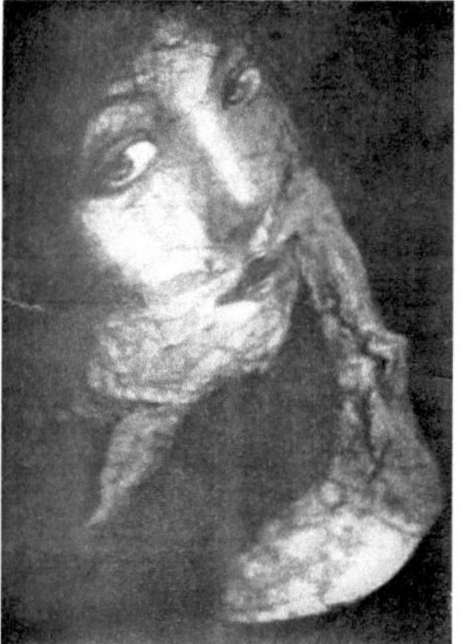

Je besser die Formen materialisiert sind, um so größer ist ihre Selbstständigkeit; sie bewegen sich um Eva C. oder zeigen sich in natürlicher Größe mit dem Anschein, merkwürdigen Lebens und großer Schönheit.

Strenge Vorsichtsmaßregeln.

In Geleys Laboratorium wurden die damals üblichen strengen Vorsichtsmaßregeln durchgeführt. Beim Eintritt in das Sitzungszimmer wurde Eva entkleidet. Sie zog dann einen Kittel an, der auf dem Rücken vernäht wurde. Danach erfolgte die Untersuchung des Haares und der Mundhöhle durch Geley oder einen seiner Mitarbeiter. Eva nahm darauf in einem Weidenkorbstuhl Platz. Ihre Hände blieben immer sichtbar. Genügendes Licht erhellte stets das Sitzungszimmer.

Geley schließt seine Ausführungen mit den Worten:

»Ich sage nicht: Es wurde in diesen Sitzungen nicht betrogen! Sondern: Die Möglichkeit zu einem Betrug war überhaupt nicht vorhanden. Ich kann es nicht oft genug wiederholen: Die Materialisationen haben sich immer vor meinen Augen gebildet, ich habe ihre ganze Entstehung und Entwicklung mit eigenen Augen beobachtet.«

Betrug oder Scharlatanerie?

So überzeugt, wie Geley vor mehr als 90 Jahren von der Existenz der Materialisationen war, so ablehnend verhalten sich viele heutigen Naturwissenschaftler gegenüber Phänomenen, die einen Einfluss der Psyche auf die Materie nachweisen sollen. Die Grundhaltung dieses Teils der Forschergemeinde lautet: »Es handelt sich entweder um Betrug oder um Scharlatanerie.«

Dabei wird allerdings vergessen, dass quantenphysikalische Phänomene meist auch nicht befriedigend erklärt werden können, aber dennoch existieren. Dazu gehört das Phänomen, das Albert Einstein als »spukhafte Fernwirkung« abqualifizierte. Experimente bestätigen die Existenz dieses Phänomens und heutige Physiker haben sogar gelernt damit umzugehen, indem sie aus Ihren Beobachtungen das sogenannte »Superpositionsprinzip« formen. Ein Name ist damit gefunden. Allerdings darf man nicht dem Irrtum verfallen, dass ein Name irgendetwas erklärt. Die Nutzung des Superpositionsprinzips lässt dennoch nicht lange auf sich warten, wie die enormen Anstrengungen zur Entwicklung eines Quantencomputers zeigen, welcher dieses Prinzip, das man nicht erklären kann, anwenden soll.

Wenn aber die Quantenphysik nicht als Scharlatanerie gilt, kann man dann im selben Atemzug die einfache Gleichung aufstellen »Unerklärliche Phänomene sind Betrug«? Darüber lohnt es sich nachzudenken.

Ich denke, auch bisher unerklärliche paranormale Phänomene sind mit den Gesetzen der Physik vereinbar und werden rational erklärbar sein, sobald es gelingt, für die Wechselwirkungsprozesse der Quantenphysik wie z.B. Einsteins »spukhafte Fernwirkung« rationale Erklärungsmodelle aufzustellen.

8.3. Endgültiger Abschied vom Dualismus.

Große Physiker machen sich zuweilen philosophische Gedanken über Fragen unseres Daseins. So auch der Vater der Quantenphysik, Erwin Schrödinger. Er war der Meinung, dass der Abschied vom Dualismus die Bedingung für die widerspruchsfreie Erklärung allen physikalischen Geschehens ist.

Wer glaubt, Schrödinger sei ein hoffnungsloser Materialist gewesen, der sieht sich getäuscht. Wenn man keine Widersprüche in der Erklärung der Welt haben will, dann ist laut Schrödinger die Bedingung: *»... dass wir alles Geschehen in unserer Vorstellungswelt vor sich gehend denken, ohne derselben ein materielles Substrat als Objekt zu unterlegen, ...«* [83]. Das können nicht die Worte eines Materialisten sein. Das sind Worte, die nur ein Anhänger des idealistischen Monismus aussprechen kann, der Geistiges als die Basis unserer Welt ansieht.

Damit rückt Schrödinger in die Nähe von Religionen, die ein Leben nach dem Tod verheißen. Denn die Existenz eines geistigen Reichs, das nicht vom physischen Ende des materiellen Körpers berührt wird, verspricht ewiges Leben für die geistige Seele als Belohnung für irdisches Wohlverhalten. Bereits in der Antike begründete der griechische Philosoph Platon diesen Dualismus von Geist und Materie, der beides als unabhängige Substanzen sieht. Platon philosophierte über eine Welt der Ideen, denen er als immaterielle Objekte dennoch eine eigenständige Existenz zusprach. Ideen waren für ihn die wahre Welt. Die materiellen Objekte sah er dagegen nur als unvollkommene Abbilder der Ideen an.

Die Erklärungsnot der Substanz-Dualisten.

Doch die Substanz-Dualisten geraten in Erklärungsnot, wenn man sie mit den Erkenntnissen der Naturwissenschaft konfrontiert, denn zu deren wichtigstem Prinzip gehört, dass es zu jedem physischen Ereignis eine physische Ursache gibt. Einwirkungen von Geist auf physikalische Prozesse wären ein Bruch der kausalen Geschlossenheit der materiellen Welt, es sei denn, das Geistige wäre materieller Natur. Das Prinzip ist empirisch so gut belegt, dass jeder sich der Gefahr der Lächerlichkeit aussetzt, der daran Zweifel äußert.

Denn Seuchen und Unwetter werden, wie wir heute wissen, nicht durch Geistwesen verursacht, sondern durch Prozesse, die letztendlich physikalisch sind. Auch biologische Vorgänge haben eine physikalische Natur: Die Bewegung von Hand und Fingern wird von Muskeln bewirkt; deren Kontraktion wird durch Nervenimpulse gesteuert. Diese haben ihre Ursache in einem Gehirn, dessen physikalische Aktivität sogar mit einem Magnetresonanztomographen beobachtet werden kann. Noch nie konnte dagegen eine Interaktion zwischen nichtmateriellem Geist und Gehirn gefunden werden. Die Faktenlage beflügelt jene, die dem materialistischen Monismus anhängen. Dieser besagt, dass es nur eine einzige Substanz gibt, nämlich die materielle.

83 Dürr (1989), S. 188

Wenn die Materialisten recht haben, muss vom Substanz-Dualismus der Religionen Abschied genommen werden, ganz zu schweigen vom ewigen Leben in einem Geistreich.

Das Ende des materiellen Monismus.

Was kann den Naturwissenschaftler und Quantenphysiker Schrödinger bewogen haben, an das Geschehen in unserer Vorstellungswelt die Bedingung zu knüpfen, dass kein materielles Substrat als Objekt unterliegt? Das ist gänzlich gegen die materialistische Idee, Geistiges höchstens als Eigenschaft materieller Objekte anzusehen. War Schrödinger nicht von naturwissenschaftlichen, sondern von religiösen Motiven geleitet?

Im Jahr 1926 formulierte Schrödinger die nach ihm benannte Schrödingergleichung[84]. Sie bildet eine der Grundlagen der Quantenmechanik und gilt als Säule der Physik. Mit ihrer Hilfe war es möglich, den modernen Computer, das Handy oder den DVD-Player zu entwickeln, um nur ein paar Beispiele zu nennen. Wenn man allerdings versucht, die Ergebnisse der Formel zu interpretieren, dann sieht man sich mit skurrilen Vorstellungen konfrontiert. Katzen können danach gleichzeitig tot und lebendig sein (Schrödingers Katze)[85]. Die möglichen Zustände von Quantensystemen befinden sich in Überlagerung. Erst nach Messung oder Beobachtung wird einer der Zustände real. Davor befindet sich das Quantensystem nicht in einem realen Zustand. Wenn es aber vor der Messung nicht real ist, was ist es dann?

Die Antwort, die Schrödinger gegeben hat, ist die des idealistischen Monismus und wohl nicht von religiösen Vorstellungen inspiriert, sondern von der Suche nach der naturwissenschaftlichen Interpretation seiner Formel. Danach ist die Welt in ihren Grundstrukturen nicht materiell, sondern geistig. Der Dualismus muss sich verabschieden, diesmal sein materieller Zweig.

Die Auflösung des Paradoxons.

Die Situation ist paradox. Einerseits bestätigt die Naturwissenschaft den materialistischen Monismus, andererseits den idealistischen (geistigen). Es kann nur einer der Monismen der Richtige sein. Sonst würde es sich um Dualismus handeln. Der ist aber nach dem oben

84 Siehe »Wellenfunktion« S. 58
85 Siehe Kap. 3.2 S. 57 ff.

Gesagten bereits so gut wie ausgeschlossen.

Da man nicht von Verstößen gegen die Kausalität in der materialistischen Welt ausgehen kann, kommen zwei Substanzen wie beim Dualismus als Grundlage unserer Welt nicht infrage. Die Lösung ist vielmehr eine einzige Substanz, die weder materialistisch noch idealistisch ist, sondern beide Aspekte nur als Eigenschaften enthält. Um konformzugehen mit den physikalischen Gesetzen, muss diese Substanz eine Art Energie sein, welche auch den materiellen Aspekt abdeckt, denn Energie ist nach Einsteins berühmter Formel äquivalent zu Masse.

Der geistige, ideelle Aspekt muss ein informationsverarbeitender Prozess sein, der Bedeutung generiert (Beziehungen herstellt). Vom Dualismus muss man sich wohl verabschieden und diesen durch etwas ersetzen, was der Naturwissenschaft eine Welt öffnet, die bisher dem Geistigen vorbehalten war. Etwas, das den Blick öffnet auf eine transzendente physikalische Welt, in der Bewusstsein nicht abhängig von Materie ist und auch nicht aufhört zu existieren, wenn die Materie umgewandelt wird.

8.4. Haben Quanten eine Art Bewusstsein?

Der Nobelpreisträger Max Planck war einer der Pioniere der Quantenphysik und deshalb nicht verdächtig einem esoterischen Weltbild anzuhängen. Er vermutete hinter der Kraft, welche die Atomteilchen in Schwingung bringt und die Materie zusammenhält »einen bewussten, intelligenten Geist«. Diesen hielt er für den »Urgrund aller Materie«. Das waren seine Worte auf einem Vortrag, den er 1944 in Florenz hielt. Er sagte außerdem noch, dass es »keine Materie an sich gibt«.

Abb. 87: ***Max Karl Ernst Ludwig Planck*** *(* 23. April 1858 in Kiel; † 4. Oktober 1947 in Göttingen) gilt als Begründer der Quantenphysik. Für die Entdeckung des Planck'schen Wirkungsquantums erhielt er 1919 den Nobelpreis für Physik. Foto: PD*

Das materialistische Weltbild des 19. Jahrhunderts, dessen Nachbeben wir bis heute spüren, sah Materie als etwas an, das aus ewigen, unteilbaren und unvergänglichen Atomen aufgebaut ist. Über das, was es mit der angeblichen Unteilbarkeit von Atomen auf sich hat, weiß die Allgemeinheit zumindest seit Hiroshima Bescheid. Was die Allgemeinheit weniger weiß ist, dass die Atomspaltung nicht nur mit Zerstörung gleichzusetzen ist, sondern einhergeht mit Erkenntnissen, denen wir beispielsweise die Segnungen der modernen Elektronik und Computertechnik verdanken. Wie von Zauberhand erscheinen an der Supermarktkasse nach dem Scannen der Ware Preise auf dem

Kassendisplay. Welchen Vorstellungen von der Materie verdanken wir diese Errungenschaften unserer Wissenschaft, die einen mittelalterlichen Magier zum größten Zauberer seiner Zeit gemacht hätten, wenn er sie nur hätte vorführen können?

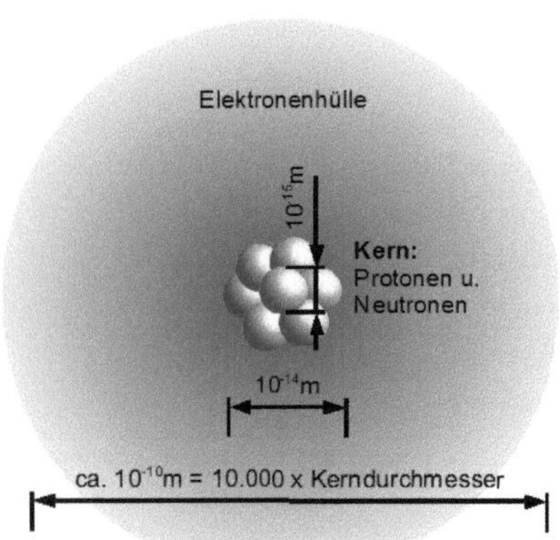

Abb. 88: Materie, wie hier ein Atom, besteht fast ausschließlich aus leerem Raum (Bereich der Elektronenhülle, nicht maßstäblich dargestellt). Die Protonen und Neutronen des Atomkerns sind aus unteilbaren Quarks zusammengesetzt. Wo könnte sich da ein bewusster, intelligenter Geist versteckt haben?

Für die heutige Physik gehört alles zur Materie, was aus Elektronen und Quarks, und zwar aus Up-Quarks und Down-Quarks aufgebaut ist. Die Protonen und Neutronen eines Atomkerns bestehen aus solchen Quarks.

Das muss man erst einmal verinnerlichen: Materie ist alles, was aus nur drei elementaren Bestandteilen besteht! Egal ob Gold, Blei, Wasserstoff oder Kohlenstoff. Egal ob ein Holzstuhl oder ein Hamburger. Alles besteht nur aus drei sogenannten Elementarteilchen: den Elektronen und zwei Sorten Quarks.

Elektronen kann man leicht erzeugen und beobachten. Die alten Röhrenfernseher liefern ein Zeugnis davon. Bei den Quarks ist das anders. Noch nie hat jemand Quarks beobachten, geschweige denn vorführen können. Und dennoch sollen die Protonen und Neutronen im Kern des Atoms aus diesen Quarks bestehen. Die Physiker schließen auf die Existenz von Quarks aufgrund von Beobachtungen, die sie machen, wenn sie in den Teilchenbeschleunigern wie CERN Protonen des Atomkerns mit anderen Teilchen und hoher Geschwindigkeit zusammenstoßen lassen. Das ist so, als würde man davon ausgehen, dass ein Fliegengewichtsboxer, der ein Schwergewicht K. O. schlägt, ein Hufeisen in seinem Boxhandschuh versteckt habe. Bevor man nicht in den Boxhandschuh reinschauen kann, weiß man es aber nicht.

Noch seltsamer mutet einem die Vorstellung von Materie an, wenn man weiß, dass Atome fast ausschließlich aus leerem Raum bestehen. Der Atomkern, in dem man die Protonen mit den Quarks finden kann, macht höchstens den zehntausendsten Teil des Atomdurchmessers aus. Der Raum um den Kern herum ist der Bereich, für den es eine größere Wahrscheinlichkeit gibt, dass man dort ein Elektron findet. Aber das gilt nicht als sicher. Die Regeln der Quantenphysik besagen, dass man das Elektron eines bestimmten Atoms genauso gut auch in New York oder sonst wo im Weltall finden kann, wenn auch mit extrem geringer Wahrscheinlichkeit. Aber unmöglich ist es nicht.

Völlig unerklärlich ist, dass Atome, Elektronen oder Protonen bei bestimmten Untersuchungen überhaupt nichts Materielles mehr an sich haben. Sie scheinen Welleneigenschaft zu besitzen und auf dem Beobachtungsschirm tauchen Interferenzmuster auf.[86] So verflüchtigt sich auf einmal das noch verbliebene Materielle an der Materie. Wenn es »keine Materie an sich gibt«, wie Planck sagte, was ist es dann, was die Materie ausmacht? Ist es eine Art Geist?

Eine Form von Geist, der in der Materie steckt, ist Information. Das kann man sich klar machen, wenn man ein Beispiel betrachtet, das drei Bausteine zum Gegenstand hat und damit dem Aufbau der Atome aus drei Elementarteilchen entspricht. Beispielsweise kann man sich zwei Kinder, einen Jungen und ein Mädchen vorstellen. Sie besitzen einen Eimer voll mit Lego-Bausteinen. Es sind drei Sorten Steine, nämlich solche mit zwei, vier und acht Noppen. Aus diesen Steinen baut das Mädchen ein kleines Puppenhaus mit zwei Zimmern, Möbeln, Ofen usw. Der Junge baut dagegen eine große Burg mit mächtigen Mauern, Zinnen, Toröffnung und Graben.

Die Frage ist nun, worin sich Puppenhaus und Burg unterscheiden? Beide Bauwerke sind aus den gleichen Steinen hergestellt. Die einzige Unterscheidung zwischen Puppenhaus und Burg ist die Zahl und Anordnung der Steine. Das Gleiche gilt für unsere Welt, in der die unterschiedlichen Elemente Gold, Blei, Wasserstoff oder Kohlenstoff usw. sich nur in der Zahl und Anordnung der Elementarteilchen unterscheiden. Da alle Materie aus den Elementen aufgebaut ist, unterscheidet sich alles, was materiell existiert nur durch die Zahl und Anordnung der Elementarteilchen.

Die Anordnung ist nichts anderes als Information. Die Formen, anhand denen man erkennt, ob es sich um ein Puppenhaus oder eine Burg handelt, sind Informationen und auch die unterschiedlichen Formen und Muster der materiellen Welt sind alles Informationen. Aber Information ist sicher nicht der Geist, den Planck meinte. Denn Information ist nichts Lebendiges. Information ist passiv. Planck sprach dagegen von einem bewussten, intelligenten Geist und ein bewusster Geist ist etwas Lebendiges.

Einen Hinweis auf diesen bewussten Geist finden wir in der Interpretation der physikalischen Experimente mit Quanten. Zu einem der wichtigsten Experimente der Quantenphysik gehört jenes, bei dem man Lichtteilchen oder Elektronen auf eine Wand schickt, in der sich ein kleiner Doppelspalt befindet. Dahinter fängt man auf

86 Vgl. »Das schönste Experiment aller Zeiten.« S. 67 ff. und »Besteht Materie aus Wellen?« S. 70 ff.

einem Beobachtungsschirm auf, was durch die Spalte hindurchkommt. Auf diese Weise beobachtet man das Verhalten der Quantenobjekte und kann es interpretieren.

Um Bewusstsein bei Quanten feststellen zu können, muss man wissen, anhand welcher Kriterien man Bewusstsein überhaupt feststellen kann. Bewusstsein ist kein Untersuchungsgegenstand der Quantenphysik. Deshalb findet man in dieser Disziplin keine geeigneten Kriterien zur Erkennung von Bewusstsein. Hier kann die Psychologie aushelfen. Die Psychologie hat mit Hilfe geeigneter Kriterien schon bei zahlreichen Tierarten Bewusstsein nachgewiesen. Das Hauptkriterium zur Erkennung einer primären Form von Bewusstsein, das allerdings noch nicht das höhere Ich-Bewusstsein einschließt, ist erstens die Fähigkeit, sich auf unerwartete Veränderungen der Wirklichkeit einzustellen und zweitens ein nicht sicher vorhersehbares, eigengesteuertes Verhalten.[87]

Das ist aber genau das, was man an dem Verhalten von Lichtteilchen oder anderen Quanten feststellen kann, die offensichtlich selbst entscheiden, welchen Weg sie an einem Strahlenteiler durchlaufen oder welche Polarisierung sie bei einer Polarisationsmessung annehmen. Es gibt keine Formeln oder physikalischen Gesetze, anhand derer man dieses Verhalten vorausberechnen könnte. Man hat nur die Möglichkeit das Verhalten mit einer gewissen Wahrscheinlichkeit vorauszusagen. Sicherheit gibt es aber nicht. Und das entspricht beim Kriterium für primäres Bewusstsein, dem nicht sicher vorhersehbaren, eigengesteuerten Verhalten.

Immer wenn Lichtteilchen sich unbeobachtet glauben, bilden sie ein Wellenmuster auf dem Beobachtungsschirm beim Doppelspaltexperiment (siehe Seite 67ff.). Sie sind allerdings sehr eigenwillig: Wenn man nämlich einzelnen Quanten nachspürt, um mehr zu erfahren, verschwindet das Wellenmuster und es bleiben nur noch zwei Streifen übrig. Das Gleiche gilt, wenn man abwechselnd einen der Spalte schließt, um mit Sicherheit sagen zu können, durch welchen Spalt ein bestimmtes Lichtteilchen gegangen ist. Die Quanten stellen sich auf alle Veränderungen der Wirklichkeit sofort ein. Ein Psychologe würde aus dem eigenwilligen Verhalten schließen, dass Quanten primäres Bewusstsein zeigen.

Planck kannte natürlich die grundlegenden Experimente der

87 An anderer Stelle verwende ich für Bewusstsein nicht die Definition der Psychologen, sondern eine eigene physikalische, siehe S. 148

Quantenphysik einschließlich des Doppelspaltexperiments. So ließ ihn möglicherweise das darin offengelegte Verhalten der Materie zu dem Schluss kommen, dass ein bewusster, intelligenter Geist der »Urgrund aller Materie« ist. Lässt sich Plancks Ansicht aufgrund der in diesem Buch dargelegten neueren Erkenntnisse bestätigen? Möglicherweise gelingt das der Vakuum-Theorie, die im nächsten Kapitel vorgestellt wird.

8.5. Eine physikalische Theorie vom Jenseits.

8.5.1 Zufall und klassische Physik.

Der Zufall war zu allen Zeiten ein faszinierendes Thema. In antiker Zeit definierte Aristoteles den Zufall so: »*Wenn [...] etwas geschieht, das mit dem Ergebnis nicht in eine Deswegen-Beziehung zu bringen ist, dann nennen wir das ‚zufällig'«.* Mehr als zweitausend Jahre später, im Jahr 1917 und kurz vor seinem Tod, diktierte der Philosoph Dr. Adolf Lasson, Professor an der Universität Berlin, sein letztes Werk mit dem Titel »Über den Zufall«. Das Werk erschien erst im Jahr 1918, kurz nach seinem plötzlichen Tod und enthält im Vorwort folgenden Hinweis: »*Es ist ein merkwürdiger Zufall, dass seine letzte wissenschaftliche Arbeit diesem Gegenstande gegolten hat, der ihm stets besonders am Herzen lag, [...]. «*

Einer der sich in jüngerer Zeit mit unterschiedlichen Gesichtern des Zufalls beschäftigt hat, ist Dr. Rolf Froböse. In seinem Buch »Die geheime Physik des Zufalls« führt er zahlreiche Beispiele auf und zeigt, wie sich »Zufälle erster Ordnung« etwa ein Lottogewinn aber auch »Zufälle höher Ordnung« in der physikalischen Welt manifestieren. Im Gegensatz zum Lottogewinn haben Zufälle höherer Ordnung etwas Transzendentes an sich und lassen sich nicht mehr durch mathematische Rechenvorschriften erklären.

Physiker, die im Weltbild der klassischen Physik des 19. Jahrhunderts verhaftet sind, gehen davon aus, dass sich die Welt ähnlich einem Uhrwerk verhält, nämlich deterministisch und im Prinzip berechenbar. Der Fall eines Würfels aus der Spielesammlung kann nach der klassischen Physik genau vorausgesagt werden, wenn die Randbedingungen bekannt sind, wenn man also weiß, aus welcher Höhe gewürfelt wird, wie genau der Würfel die Hand verlässt, wie groß die

Luftreibung ist und welche Eigenschaften das Würfelmaterial beim Auftreffen auf den Tisch hat. Weil allerdings die Rechnungen sehr kompliziert werden und auch nicht alle Randbedingungen bekannt sind, kann man sie in der Praxis dann doch nicht durchführen. Zufall entsteht hier, weil nicht alle Informationen bekannt sind, die zur Berechnung notwendig wären. Der Physiker bezeichnet diese Art von Zufall als »subjektiven Zufall«.

8.5.2 Zufall in der Quantenphysik.

Im Gegensatz zu der deterministischen Variante des Zufalls stehen die Phänomene der Quantenphysik. Werden einzelne Photonen (Lichtteilchen) durch einen Strahlteiler geschickt bei dem Sie zwischen zwei Wegen wählen können, dann kann die Entscheidung der Photonen für einen der beiden Wege nicht mehr mit Hilfe einer mathematischen Rechenvorschrift oder irgendeinem physikalischen Prinzip vorhergesehen werden. Die Entscheidung der Photonen für einen der beiden Wege wird von den Physikern als »Quantenzufall« oder auch »Objektiven Zufall« bezeichnet. Was ist das für eine Wirklichkeit, die objektiven, reinen Zufall, eben den **Quantenzufall** hervorbringt?

8.5.3 Spuren einer transzendenten Wirklichkeit.

Alain Aspect wies empirisch nach, dass eine momentane, praktisch zeitlose Wechselwirkung zwischen verschränkten Photonen existiert (»spukhafte Fernwirkung«). Einstein bewies jedoch, dass alle Verbindungen und Wechselwirkungen innerhalb der Raumzeit durch Signale übertragen werden, die Zeit benötigen. Die Signalgeschwindigkeit wird außerdem durch die Lichtgeschwindigkeit begrenzt. Die Wechselwirkung, die eine momentane, praktisch zeitlose Verbindung erfordert, kann deshalb nicht innerhalb der Raumzeit stattfinden. Die Frage lautet: Wenn nicht innerhalb der Raumzeit, in welchem Kontinuum findet die Wechselwirkung dann statt?

Der fundamentale Prozess der Natur, der sich im Quantenzufall und der Verschränkung manifestiert, muss wohl außerhalb der Raumzeit stattfinden. Dieses »außerhalb der Raumzeit« kann man als eine transzendente Wirklichkeit ansehen, in der die Raumzeit eingebettet ist. Die transzendente Wirklichkeit hat aber nichts mit ähnlich klingenden Begriffen aus der Religion, Esoterik oder Philosophie zu tun. Es ist eine physikalische Wirklichkeit, denn in ihr finden offensichtlich Wechselwirkungen statt, die sich in quantenphysikalischen Experimenten manifestieren. So gibt der Quantenzufall einen Hinweis auf die Existenz einer transzendenten Wirklichkeit.

8.5.4 Die Vakuum-Theorie.

Wie muss man sich die transzendente Wirklichkeit vorstellen? Zur Beantwortung der Frage möchte ich mich der Kriterien einer naturwissenschaftlichen Theorie[88] bedienen.

Die meisten Elemente dieser Theorie wurden bereits in verschiedenen Kapiteln dieses Buchs diskutiert. Jetzt geht es darum, die Erkenntnisse in den Rahmen einer neuen Theorie einzufügen, die ich Vakuum-Theorie nenne. Am besten gehe ich zu dem Zweck schrittweise in der Reihenfolge der Kriterien einer wissenschaftlichen Theorie vor.

Beschreibung des transzendenten physikalischen Bereichs.

Beim Kriterium 1 geht es um die Beschreibung einer Wirklichkeit. Die Vakuum-Theorie beschreibt die Wirklichkeit eines transzendenten physikalischen Bereichs jenseits von Raum und Zeit, der noch grundlegender ist, als das, was bisher in der Physik als Vakuum bezeichnet wird.

In der Quantentheorie ist das Vakuum definiert als ein leerer Raum bei vollständiger Abwesenheit von Feldern und Teilchen der Elementarteilchenphysik. Diese Definition ist nicht frei von Problemen. Einerseits, weil die Physik davon ausgeht, dass das reale Vakuum nicht völlig leer ist. Es soll zumindest die Vakuumenergie enthalten. Andererseits, weil das Vakuum zu seiner Existenz bereits einen Raum benötigt, nämlich den leeren Raum. Mit einem so definierten Vakuum kann man nicht erklären, wie Raum und Zeit aus dem Vakuum heraus entstehen, weil der Raum für das Vakuum ja schon vorhanden sein muss.

Das Vakuum der Vakuum-Theorie soll ein Vakuum sein, das keinen Raum zu seiner Existenz benötigt. Es soll vielmehr etwas sein, aus dem Raum, Zeit, Elementarteilchen und Kraftfelder erst entstehen. Dieses Vakuum habe ich bereits unter der Bezeichnung kosmo-

---

88 Siehe Seite 158

logisches Hintergrundfeld im Kapitel 6 ab Seite 106 beschrieben. In einer früheren Publikation[89] habe ich es auch schon mal als »metrikfreies Vakuum« bezeichnet, um zu verdeutlichen, dass es kein Vakuum innerhalb von Raum und Zeit ist. An dieser Stelle nun möchte ich in meiner Theorie über das hinausgehen, was ich im Zusammenhang mit dem kosmologischen Hintergrundfeld ausgeführt habe. Deshalb halte ich es für angemessen, hier den Begriff Vakuum-Theorie zu verwenden.

Das Vakuum ist also ein physikalisches Gefüge, das grundlegender ist, als das mit dem Urknall entstandene Universum und es ist der Ursprung fundamentaler physikalischer Prozesse, sowie der Rahmen, in dem Raum und Zeit immer noch entstehen. Es ist insbesondere der Rahmen für jene Quanten, die sich vor ihrer Beobachtung oder Messung in einem Zustand befinden, der weder einem bestimmten Ort, noch einer bestimmten Zeit zugeordnet werden kann.

Zeit tritt in diesem Rahmen in Übereinstimmung mit der Quantentheorie dann auf, wenn Quantenobjekte wechselwirken oder beobachtet werden. Das Gleiche gilt für Raumdistanzen. Erst die Gesamtheit aller beobachtbaren Quantenobjekte bildet das, was wir mit dem von Einstein vorgeschlagenen Begriff als Raumzeit bezeichnen. Diese Raumzeit ist ein im Vakuum eingebetteter Bereich.

Die Hypothesen der Vakuum-Theorie.

1. Das beschriebene Vakuum existiert auf der physikalischen Seinsebene (Wirklichkeitsebene) als ein Bereich außerhalb von Raum und Zeit.
2. Im Vakuum finden fundamentale physikalische Prozesse statt, deren Auswirkungen in der Raumzeit beobachtet werden können.
3. **Alle** in der Raumzeit beobachtbaren Wechselwirkungen korrelieren mit physikalischen Prozessen des Vakuums.
4. Die im Vakuum stattfindenden fundamentalen physikalischen Prozesse sind informationsverarbeitende Prozesse.
5. Das Vakuum ist ein Informationsspeicher, in dem alle Vorgänge (Wechselwirkungen) der Raumzeit verzeichnet und niemals gelöscht werden.
6. Die informationsverarbeitenden Prozesse des Vakuums ge-

89 Sedlacek (2008)

nügen den Kriterien für Bewusstsein[90]. Man kann sie deshalb auch als Bewusstseinseinheiten bezeichnen.

7. Die Bewusstseinseinheiten bestehen aus einer Informationsart, die äquivalent zu Energie oder Masse ist.

Genügen die Hypothesen Ockhams Rasiermesser?

Sehen wir uns die Hypothesen etwas genauer an. Die Mainstreamphysik möchte derzeit nichts von einem physikalischen Bereich jenseits von Raum und Zeit wissen. Dadurch führt sie viele Phänomene der Quantenphysik keiner Erklärung zu, sondern überlässt sie dem Spukhaften, wenn auch ein wenig augenzwinkernd. Nicht umsonst hat sich in der Öffentlichkeit der Begriff »spukhafte Fernwirkung« für die Quantenkorrelation eingebürgert. Der weniger bekannte Fachbegriff der Physiker hat nichts daran geändert, dass das angeblich Spukhafte der Fernwirkung als etwas hingenommen wird, was der Weisheit letzter Schluss ist und nicht mehr erklärt zu werden braucht. Man versteigt sich sogar in der Behauptung, dass man das Spukhafte der Fernwirkung gar nicht weiter erklären kann.

Das hat Ähnlichkeit mit vorwissenschaftlichen Erklärungen, die jene nicht unmittelbar rational erfassbaren Vorgänge dem Wirken höherer Mächte zuschrieben. Nun werfen aber angeblich höhere oder spukhafte Mächte neue Fragen mit vielen Parametern auf, die sich nicht mit dem Prinzip von Ockhams Rasiermesser vertragen. Die beliebig vielen Parameter spukhafter Mächte müssen weggeschnitten werden. Wenn man die Hypothese aufstellt, es existiere ein physikalischer Bereich, durch den bisher unerklärliche Phänomene der Quantenphysik rational erklärt werden können, reduziert sich die Zahl offener Parameter erheblich. Und dadurch wird dem Kriterium 3, Ockhams Rasiermesser, genüge getan.

Können die Hypothesen prinzipiell falsifiziert werden?

Das Kriterium 4 fordert, dass eine Theorie keine Aussagen enthalten darf, die nicht falsifiziert werden können, die also keine Chance haben, sie jemals zu überprüfen. Beispielsweise ist eine Theorie, die behauptet, im Himmel würden die Engel Hosianna singen, schon deshalb keine wissenschaftliche Theorie, weil die Aussage niemals überprüfbar ist. Es handelt sich nur um eine graue Theorie.

90 Siehe Seite 148

Doch wie steht es mit der Vakuum-Theorie? Sind deren Aussagen prinzipiell falsifizierbar?

Die Antwort lautet schlicht und einfach: ja! Wenn nämlich die Phänomene, welche als empirische Beweise für die Vakuum-Theorie angeführt werden, durch lokale physikalische Prozesse plausibel erklärt werden können, dann wäre die Vakuum-Theorie falsifiziert. So eine Falsifizierung ist prinzipiell möglich, wenn man von der Gegenannahme zur Hypothese 1 ausgeht, nämlich dass kein nichtlokaler (transzendenter) physikalischer Bereich außerhalb von Raum und Zeit existiert. Durch die prinzipielle Falsifizierbarkeit ist auch Kriterium 4 erfüllt.

Inwieweit sind die Hypothesen empirisch bestätigt?

Wir kommen nun zum Kriterium 5, der empirischen Bestätigung der Vakuum-Theorie. Das für die Theorie entscheidende Experiment ist das Aspect-Experiment (siehe Seite 76 ff.).

Der Mainstreamphysik blieben nur zwei Deutungsmöglichkeiten übrig.

1. *Die Quantenverschränkung ist tatsächlich ein Phänomen mit einer unerklärlich spukhaften Fernwirkung.*

Etwas »Unerklärliches« stehenlassen und auf eine Erklärung verzichten ist nicht wissenschaftlich, wie bereits begründet wurde. Wegen der Verletzung der Bell'schen Ungleichung bedeutet Spuk, dass der physikalische Prozess der Fernwirkung nicht lokal innerhalb der Raumzeit stattfindet. Es muss das Gegenteil der Fall sein, nämlich: **Der fundamentale physikalische Prozess, der das Phänomen der Verschränkung bewirkt, findet außerhalb von Raum und Zeit in einem transzendenten physikalischen Bereich statt**.

Wie steht es aber mit der zweiten Deutungsmöglichkeit, der Mainstreamphysik? Sie lautete:

2. *Die Objekte der Quantenmechanik können vor ihrer Messung nicht als reale Objekte aufgefasst werden. Das entspricht der Kopenhagener Interpretation der Quantenmechanik, die von Niels Bohr und Werner Heisenberg stammt.*

Wenn man diese Deutung ohne Ergänzungen stehenlassen würde, könnte man die vielen weiteren Fragen mit ihren zusätzlichen Parametern kaum zufriedenstellend beantworten. Ich möchte nur Schrödingers Katze erwähnen (Kapitel 3.2, Seite 57ff.) oder selbst eine

Frage stellen: **Wie können aus den abstrakten Objekten der Quantenmechanik, reale Objekte werden? Ist so ein Vorgang nicht auch spukhaft?**

Es käme wieder Ockhams Rasiermesser ins Spiel. Die ganze Erklärung müsste eigentlich weggeschnitten werden.

Möchte man nicht so radikal mit dem Rasiermesser umgehen, bliebe folgende Argumentation als Ausweg: Wenn die Objekte vor der Messung nicht real, aber dennoch keine abstrakten Objekte der geistigen Ebene sind, so wie mathematische Formeln oder der Wolpertinger (siehe Seite 159), dann müssen sie auf irgendeine verborgene Weise **als physikalische Entitäten existieren,** jedoch nicht innerhalb der lokalen Raumzeit wegen der Verletzung der Bell'schen Ungleichung. Wenn sie aber nicht innerhalb existieren, dann bleibt für ihre Existenz nur ein transzendenter physikalischer Bereich jenseits von Raum und Zeit.

Die zweite Deutungsmöglichkeit hat letztendlich zum gleichen Ergebnis wie die erste geführt. Zusammenfassend kann man also sagen, entweder man verzichtet auf eine rationale Erklärung des »Spukhaften« oder es bleibt als einziges Deutungsergebnis des Aspect-Experiments, dass man von der Existenz eines nichtlokalen, transzendenten physikalischen Bereichs jenseits von Raum und Zeit ausgeht. Deshalb bestätigt das Aspect-Experiment die Hypothese 1 der Vakuum-Theorie: **Es existiert ein Jenseits von Raum und Zeit, und zwar auf der Wirklichkeitsebene.**

Mit diesem Ergebnis haben wir erneut einen Sieg über die Götter und höheren Mächte errungen, die bis vor wenigen Jahrhunderten noch für die Naturerklärung herhalten mussten[91]. Dass ein Spuk in der Quantenphysik 100 Jahre lang sein Unwesen treiben konnte, war kein Ruhmesblatt für die Wissenschaft, aber manchmal dauert wissenschaftlicher Fortschritt eben etwas länger. Der Quanten-Spuk ist endlich ausgetrieben und durch eine rationale Erklärung ersetzt. Hierdurch ist die Voraussetzung gegeben, dass wir empirische Bestätigungen für die weiteren Hypothesen der Vakuum-Theorie finden können.

Die zweite Hypothese besagt, dass im Vakuum fundamentale physikalische Prozesse stattfinden, deren Auswirkungen in der Raumzeit beobachtet werden können. Wir haben diese Auswirkungen zunächst als spukhafte Fernwirkung angesehen. Weil wir nun nicht mehr mit einem Spuk argumentieren wollen, müssen wir davon ausgehen,

91 Siehe Kap. 1.1

Unter **Informationsübertragung** versteht man in der Physik den Vorgang der zwischen zwei Ereignissen stattfindet, wenn eines der Ereignisse an einem Ort vorkommt und mit dem am anderen Ort stattfindenden Ereignis mit Sicherheit (100%-Wahrscheinlichkeit) korreliert. Eine derartige Korrelation zwischen zwei Ereignissen geht einher mit einem Vorgang der Information überträgt. Bei der Quantenverschränkung (siehe S. 72 ff.) kommt es zur Informationsübertragung zu einem anderen Quantenteilchen in dem Moment, in dem die Eigenschaft von einem der verschränkten Quantenteilchen gemessen wird, ohne dass man bisher Näheres über den Vorgang dieser Informationsübertragung weiß.

dass das Beobachtbare durch einen bisher nicht bekannten Vorgang bewirkt wird.

Vorgänge in einem System, durch die Materie, Energie oder Information umgeformt, transportiert oder gespeichert wird bezeichnet man als einen Prozess. Beim Vorgang der Fernwirkung wird zumindest Information zum zweiten gemessenen Quant transportiert. Wir haben es deshalb bei der Fernwirkung mit einem zunächst unbekannten physikalischen Prozess zu tun. Aber auch bei den übrigen quantenphysikalischen Experimenten gibt es unbekannte physikalische Prozesse.

Für Quanten gilt, dass während ihrer Messung, willkürlich einer ihrer alternativen realen Zustände ausgewählt wird. Beim Doppelspaltexperiment wird der Spalt gewählt, durch den das Quant geht. Es wird ausgewählt, an welcher Stelle es den Beobachtungsschirm trifft. Am polarisierenden Strahlenteiler wird ausgewählt, ob ein Photon horizontal oder vertikal polarisiert aus der Optik heraustritt. Das Ausgewählte wird dann zum Faktum und das Messinstrument zeigt das konkrete Ergebnis an. Physiker sprechen bei der willkürlichen Auswahl einer Alternative von einem Zufallsprozess (stochastischer Prozess)[92]

Niemals kann aber das Ergebnis des Prozesses, der zur konkreten Wahl des einzelnen Quants führt, durch irgendeine Versuchsanordnung oder ein Experiment vorausgesagt werden. Weil die aufgeführten Prozesse selbst auch nicht in der lokalen Realität beobachtet werden können und weil sie zumindest teilweise schneller als mit Lichtgeschwindigkeit ablaufen[93] müssen wir zwingend davon ausgehen, dass sie jenseits der Raumzeit im Vakuum stattfinden. Hierdurch wird die zweite Hypothese der Vakuum-Theorie bei jedem quantenphysikalischen Experiment empirisch bestätigt.

Warum die Aussage der zweiten Hypothese nicht nur für einige wenige Vorgänge wie die Quantenverschränkung oder das quantenmechanische Tunneln[94], sondern für alle physikalischen Wechselwirkungen gilt, lässt sich wie folgt begründen:

Die moderne Physik geht davon aus, dass sich alle Wechselwirkungen nicht auf der Makroebene, sondern auf der atomaren und subatomaren Ebene abspielen. Man braucht, um die dritte Hypothese zu bestätigen, nur die Wechselwirkungsprozesse dieser Ebene zu be-

92 Vgl. Kap. »Zufall in der Quantenphysik.«, Seite 174 f.
93 Siehe Schlussfolgerung aus Gisins Experiment Seite 78
94 Siehe Kap. 3.6 Seite 65 ff.

trachten.

Anstelle solcher Experimente, die immer wieder nur einzelne Hinweise für die Richtigkeit der These liefern, möchte ich als Bestätigung Vorgänge innerhalb der Atome anführen. Denn Atome oder ihre Bestandteile sind praktisch an allen Wechselwirkungsprozessen beteiligt. Was für diese bestätigt wird, gilt für alle Wechselwirkungsprozesse.

Im Kapitel 3.10 Seite 79 ff. ging es um eine Beschreibung der Übergänge zwischen den verschiedenen Zuständen in der Welt der atomaren und subatomaren physikalischen Systeme. Wir erkannten, dass diese niemals kontinuierlich sind, sondern immer plötzlich und quantisiert. Als spukhaft erschien uns, dass die Übergänge **ohne beobachtbare Zwischenzustände** erfolgen. Plötzlich befinden sich die Elektronen auf einem anderen Niveau. Plötzlich kommt es zur Veränderung der Polarisation verschränkter Photonen bei der Fernwirkung. Plötzlich sind Elektronen aus dem Atom herausgetunnelt.

Weil wir in diesem Kapitel dem Spuk den Garaus machen, bleibt als Erklärung für einen Übergang nur ein im Vakuum stattfindender Prozess, der mit beobachtbaren Ergebnissen korreliert. Das gilt für alle Wechselwirkungen, da es bei jeder Wechselwirkung zu Übergängen kommt. Die Übergänge der Quantenphysik bestätigen deshalb die dritte Hypothese.

Was können wir darüber hinaus über die Art der physikalischen Prozesse des Vakuums aussagen?

Bei einer Wechselwirkung sind die Zustände eines Systems vor und nach der Wechselwirkung unterscheidbar. Das Wesen von Unterscheidbarkeit ist Information. Wechselwirkungen verändern also den Informationszustand eines Systems. Vorgänge, die das bewirken, werden informationsverarbeitende Prozesse genannt. Diese finden im Vakuum statt, wie wir der Argumentation zur dritten Hypothese entnehmen. Damit wird nicht nur die vierte Hypothese durch die quantenmechanischen Experimente bestätigt, sondern es bestätigt auch, dass die Elemente des kosmologischen Hintergrundfeldes[95] aus Informationen bestehen.

Aufgrund der voranstehenden Hypothesen wissen wir, dass alle beobachtbaren Wechselwirkungen mit informationsverarbeitenden Prozessen des Vakuums korrelieren. Die im Vakuum ablaufenden Prozesse enthalten die Information über Eigenschaften, Verhalten,

95 Siehe S. 109 ff.

Abläufe und Vorgänge quantenmechanischer Systeme. Weil das Vakuum Informationen vorrätig hält, ist es ein Informationsspeicher. Die Informationen gehen selbst nach Jahrmilliarden nicht verloren, denn sonst könnten die Astronomen nicht jene kurz nach dem Urknall entstandenen frühen Universen beobachten oder die kosmische Hintergrundstrahlung messen, die als ein Überbleibsel des Urknalls gilt.

Einsteins Relativitätstheorie, die zur experimentell gesicherten Säule der Physik gehört, lässt kein Ende der raumzeitlichen Existenz zu[96], selbst wenn das zeitliche Ende erreicht ist. Insgesamt ist dies die empirische Bestätigung der fünften Hypothese.

Wir kommen nun zur sechsten Hypothese und stellen uns die Frage: Sind die Prozesse des Vakuums Bewusstseinseinheiten? Zur Beantwortung müssen wir überprüfen, ob die Kriterien für Bewusstsein erfüllt sind. Laut Hypothese 4 der Vakuum-Theorie sind die Vorgänge im Vakuum informationsverarbeitende Prozesse. Aus der Argumentation zur Hypothese 2 wissen wir auch, dass diese zu nicht determinierten Entscheidungen führen. Wir müssen deshalb nur noch untersuchen, ob es ein zielgerichtetes Verhalten zur Befriedigung von Bedürfnissen gibt.

Welches Ziel können wir in dem informationsverarbeitenden Prozess erkennen, der das Verhalten der Quanten steuert? Wir sehen, dass während ihrer Messung oder Beobachtung eine Möglichkeit unter den alternativen realen Zuständen ausgewählt wird. Das Ausgewählte wird dann faktisch, es erlangt den vollen Status der Realität. Beim Doppelspaltexperiment[97] verzichten Photonen oder Elektronen sogar darauf ein Interferenzmuster zu bilden, wenn man Informationen über ihren Weg erhalten kann.

Das Interferenzmuster wäre der Nachweis gewesen, dass die Teilchen bis zum Aufprall auf den Beobachtungsschirm wellenartig waren. Ein wellenartiger Zustand bedeutet, dass weder ihr Aufenthaltsort noch ihre Geschwindigkeit hätten genau vorhergesagt werden können. Das folgt aus der Unschärferelation[98]. Die Teilchen hätten einfach nicht den vollen Status der Realität besessen. Aber offensichtlich streben die Quanten danach, diesen Status zu erreichen. Denn mit

96 Die raumzeitlichen Objekte der Relativitätstheorie existieren auch nach dem zeitlichen Ende in ihrem Ruhesystem noch weiter in einem anderen Inertialsystem. Siehe Beschreibung auf S. 39 f.

97 Siehe Kap. 3.7 S. 67 ff.

98 Siehe S. 56

jeder Messung oder Beobachtung nehmen sie einen realen Zustand an. Das bedeutet: Die informationsverarbeitenden Prozesse des Vakuums verfolgen das Ziel, jene Quanten, die sie steuern, real werden zu lassen. Diese Neigung, Realität entstehen zu lassen, ist ein Bedürfnis.

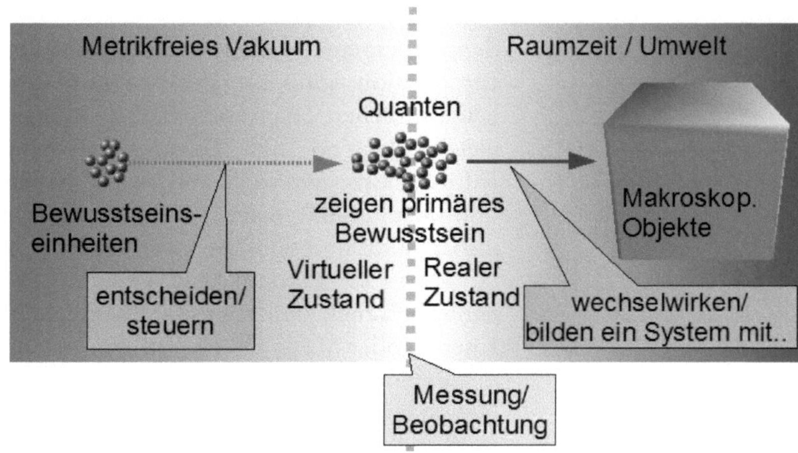

Abb. 90: Wechselwirkung zwischen Bewusstseinseinheiten und Materie.

Die informationsverarbeitenden Prozesse des Vakuums erfüllen somit die Kriterien für Bewusstsein. Die Hypothese 6 kann als bestätigt gelten.

Bei den bisherigen Hypothesen geht es um Information, die im Vakuum verarbeitet, gespeichert oder ausgetauscht wird. Aus allen empirischen Untersuchungen, die mit Information zu tun haben, wissen wir, dass der Austausch von Information gleichbedeutend ist mit dem Austausch von Energie oder Materie. Beispielsweise tauscht ein elastischer Stoß zwischen zwei Kugeln Bewegungsenergie aus und gleichzeitig die Information über die Bewegungsrichtung und Geschwindigkeit. Ein Brief tauscht Information mit Hilfe der Materie des Papiers aus auf dem etwas geschrieben steht. Die Information des Fernsehsignals wird über die Energie elektromagnetischer Wellen ausgetauscht.

Wie aber tauschen die Bewusstseinseinheiten des Vakuums Informationen mit Quanten aus? Die Prozesse korrelieren mit den Wechselwirkungen der Quanten, aber die Prozesse, die hinter den spukhaften Wirkungen stehen, laufen nicht in der lokalen Realität ab, wie wir gesehen haben. Deshalb findet der Austausch über das Vakuum statt[99]. Der Zusammenhang mit den Objekten der Wirklichkeit ist in Abb. 90 grafisch dargestellt.

Der Informations-Austausch kann nicht mit Hilfe von Materie erfolgen, denn Materie existiert nur innerhalb der lokalen Realität. Der Austausch kann ebenso wenig mit Hilfe eines energetischen Informationsträgers wie den elektromagnetischen Wellen erfolgen,

99 Vgl. dazu Abb. 48 S. 74

denn energetische Informationsträger existieren nicht im Vakuum. Information kann im Vakuum nur ausgetauscht werden, wenn sie keinen solchen Träger benötigt. Es muss eine Informationsart sein, die gleichbedeutend mit Energie ist. Dass zu Energie äquivalente Informationsarten existieren, wurde bereits im Kapitel 5.7 Seite 100 ff. und Kapitel 5.9 Seite 104 ff. besprochen. Ich habe sie Strukturinformation und Substanzinformation genannt.

Da es im Vakuum keine anderen realen Informationsarten geben kann, bestehen die Bewusstseinseinheiten aus einer, die äquivalent zu Energie oder Masse ist. Hypothese 7 ist somit bestätigt.

Erinnern wir uns noch mal an Plancks Aussage. Er hielt einen bewussten, intelligenten Geist für den Urgrund aller Materie[100]. Ich weiß nicht, ob er auf eine höhere Macht der abstrakten Seinsebene hindeuten wollte. In diesem Fall müsste ich seiner Behauptung widersprechen. Wenn er sich aber ausschließlich auf die physikalische Ebene bezog, können wir die Bewusstseinseinheiten des Vakuums als den bewussten, intelligenten Geist ansehen, von dem er sprach. Aus der Vakuum-Theorie folgt dann seine Aussage.

100 Siehe Kap. 8.4 S. 169 f.

9. Resümee.

Die Reise durch die faszinierende Welt der Wirklichkeit kommt nun an ihre letzte Station. Angefangen hat sie beim Glauben an höhere Mächte und der Welt als undurchschaubare Schöpfung. Die Menschen hingen an ihrem Wunderglauben, weil ihnen die Theorien fehlten, die ein rationales Wissen über die Zusammenhänge der Realität hinter den Geheimnissen der Natur vermittelten.

Nach und nach lichteten rationale Theorien den Nebel vor den wirklichen Zusammenhängen. Die Schöpfung wich der Urknalltheorie, welche die Entstehung unseres Universums aus dem Nichts erklärte. Doch weil sie nicht erklärte, wie überhaupt etwas aus nichts entstehen kann, wurde der Wunderglaube an eine zumindest anfängliche Schöpfung nicht hinfällig. Allerdings musste der Schöpfer zurückstecken. Er war auf einmal nicht mehr derjenige, der vor wenigen Jahrtausenden die Menschen als fertige Wesen erschuf und in den Garten Eden setzte. Er war nur noch jemand, der die anfänglichen Regeln aufstellte, mit dem Urknall den Startschuss gab und dann sein Werk sich selbst überließ. Konnte er diese Rückzugsposition behaupten?

Bevor wir auf unserer Reise zu einer Theorie kamen, mit der sich jeder diese Frage selbst beantworten kann, begegneten wir erst einmal Einsteins Relativitätstheorie. Wir erfuhren etwas über die seltsamen Eigenschaften von Raum und Zeit. Beides hängt eng zusammen und krümmt sich bei Anwesenheit von Massen. Die Geometrie dieser Raumzeit hängt nicht nur von Massen, sondern auch den dazu äquivalenten Energien ab. Letztendlich ist es die Geometrie, die dafür sorgt, dass ein Apfel auf die Erde fällt und nicht in den Weiten des Weltraums verschwindet, so wie die Lichtteilchen, die einmal losgeschickt, sich für alle Zeit immer weiter fortbewegen, sofern sie nichts und niemand auffängt.

Aus der Relativitätstheorie gewannen wir unter anderem die überraschende Erkenntnis, dass Objekte nicht dreidimensional räumlich sind, sondern vierdimensionale raumzeitliche Gebilde. Was die Theorie aber nicht erklärt, ist, wie Raum und Zeit im Urknall entstehen konnten und seither immer noch entstehen. Wirkt womöglich doch eine höhere Macht im Hintergrund, die für die permanente Erschaffung von Raum und Zeit zuständig ist?

Physiker lehnen es ab, sich beruflich mit höheren Mächten zu beschäftigen. Für sie stellen Felder die grundlegende physikalische Wirklichkeit dar, denn diese sind für sie die letzte Erklärungsebene. Teilchen sind Manifestationen dieser Wirklichkeit. Jedes fundamentale Feld sei es ein Materie-, Kraft- oder Higgsfeld entspricht einem Teilchen und umgekehrt jedes Teilchen einem Feld. Bei den Schwingungen der Felder handelt es sich um Schwingungen abstrakter Feldgrößen. Niemand konnte bisher erklären, wie es möglich ist, dass Schwingungen abstrakter Feldgrößen Energie transportieren. Und niemand konnte erklären, wie aus abstrakten Feldgrößen messbare Teilchen wurden. Das hatte etwas Spukhaftes an sich und durfte ohne eine rationale Erklärung so nicht stehenbleiben, wenn wir nicht zurückfallen wollten in wundergläubiges Denken.

Im Laufe unserer Reise lernten wir eine rationale Erklärung für die wundersamen Felder kennen. Nach der existiert nur ein einziges umfassendes kosmologisches Hintergrundfeld, aus dem alles entsteht. Es ist nicht abstrakter, sondern physikalischer Natur. Die notwendigen Bedingungen, damit unser Universum daraus entstehen konnte, sind in Kurzform:

1. Fluktuationen, die zufällige Veränderungen mit sich bringen und eine Art Ursubstanz, die S-Bits, entstehen lassen.
2. Die Möglichkeit, die S-Bits in geschachtelten Packen zusammenzufassen.

Praktisch aus nichts entstehen immer komplexere Strukturen und sogar Zeit und Raum. Das ganze System ist selbstorganisierend und folgt einem Steuerungsmechanismus, der »kosmologische Evolution« heißt und der ähnlich abläuft wie die biologische Evolution. Die im Hintergrundfeld vereinten Bedingungen sind hinreichend für unser Universum. Es ist die Supervereinigung aller grundlegenden Wechselwirkungen.

Das Wirken dieses einen einzigen kosmologischen Hintergrundfelds ließ das Universum entstehen und verlieh ihm Struktur, Energie, Licht und Materie. Die Supervereinigung aller grundlegenden Wechselwirkungen beruht auf Information als Grundbaustein und lässt Materie, Raumzeit und Kraft zu einem Kontinuum verschmelzen. Die Gesamtheit der Natur unterliegt seinem Wirken. Aus ihm entsteht das schöpferische Prinzip, das sich in der Evolution des Universums und der Lebewesen zeigt.

Eine der großen Stationen unserer Reise war der Spuk in der Quantenphysik. Dieser zeigte sich insbesondere bei Einsteins »spukhafter Fernwirkung«. Physiker verwenden den Begriff allerdings nur augenzwinkernd, auch wenn sie den Spuk der Fernwirkung nicht wirklich erklären können. Der Spuk taucht anderseits allgegenwärtig auf, beispielsweise wenn plötzlich und ohne Zwischenzustände Elektronen aus den Atomen heraustunneln, an die sie vorher gebunden waren. Oder wenn es zu spukhaften Quantensprüngen kommt. Das sind Zustandsänderungen, die plötzlich und ohne Zwischenzustände stattfinden. Oder wenn sich Quanten bei ihrer Messung für einen ihrer alternativen realen Zustände entscheiden und die Physiker ratlos erklären, es handele sich eben um den reinen Zufall, der durch nichts und niemand vorhergesehen werden kann.

Die Vorgänge, die hinter diesem reinen Zufall stehen, blieben zunächst im spukhaften Dunkel. Denn zuerst beleuchtete eine weitere Station unserer Reise das große Rätsel, das hinter dem Wesen des Bewusstseins steckt. Die extremen Leistungen der Inselbegabten ließen Zweifel aufkommen, ob Bewusstsein überhaupt von den langsamen elektrochemischen Funktionen der Neuronen hervorgebracht werden kann. Zumal es bisher nicht möglich war, den Ort des Bewusstseins im Gehirn zu lokalisieren.

Als vorletzte Station unserer Reise kamen wir dann bei der Vakuum-Theorie an. Die Vakuum-Theorie beschreibt die Wirklichkeit eines transzendenten physikalischen Bereichs jenseits von Raum und Zeit, der noch grundlegender ist, als das, was bisher in der Physik als Vakuum bezeichnet wird.

Mit der Vakuum-Theorie wurde dem Spuk in der Quantenphysik endlich der Garaus gemacht. Ich denke das war auch dringend nötig. Wenn man das Spukhafte ohne rationale Erklärung der Zusammenhänge hätte stehenlassen, wäre das kaum besser gewesen, als einem vorwissenschaftlichen Wunderglauben anzuhängen.

Als Nebeneffekt der Vakuum-Theorie stellte sich heraus, dass Bewusstsein ein informationsverarbeitender Prozess ist, der wie alle Wechselwirkungen seinen Ursprung im Vakuum hat. Bewusstseinseinheiten gehören aber auch zu den Strukturen des kosmologischen Hintergrundfelds aus denen Raum und Zeit entsteht. So darf ich denn an dieser Stelle eine zusätzliche Schlussfolgerung ziehen:

Bewusstseinseinheiten sind die elementaren Bausteine von

Materie, Raum und Zeit, d. h. von allem was existiert.

In dem Zusammenhang stellt sich eine weitergehende Frage. Es ist die Frage, ob die Aussagen der Vakuum-Theorie auch für menschliches Bewusstsein gelten. Bisher ging es nämlich nur um Bewusstseinseinheiten, die Quanten steuern und für sie ggf. Entscheidungen treffen.

Wenn man aber davon ausgeht, dass alle Objekte der makroskopischen Welt aus großen Gesamtheiten von elementaren Quanten und ihren Wechselwirkungen bestehen, dann bleibt als Folge der Vakuum-Theorie nichts anderes übrig, als sich unser menschliches Bewusstsein als ein System vorzustellen, das aus Bewusstseinseinheiten des Vakuums besteht. Dieses System steuert und entscheidet dann für jene Quantenobjekte, die unser Gehirn bilden.

Daraus ergeben sich philosophische Konsequenzen, die ich nicht im Rahmen der Vakuum-Theorie ausgeführt habe, weil es dort um eine naturwissenschaftliche Theorie ging. Wir können nämlich davon ausgehen, dass die Elemente des Vakuums nicht abhängig von Raum und Zeit sind. Als empirischen Beleg kann ich die Lichtquanten der kosmischen Hintergrundstrahlung anführen, die nach Jahrmilliarden immer noch existieren. Für die Bewusstseinseinheiten des Vakuums und damit für unser menschliches Bewusstsein gilt deshalb:

Wegen der Unabhängigkeit von Raum und Zeit überdauert menschliches Bewusstsein das zeitliche Ende des Körpers.

Mit dieser letzten Aussage wären wir eigentlich am Ende unserer faszinierenden Reise durch die sonderbare Wirklichkeit der Natur angelangt, wenn es nicht noch eine für viele Menschen drängende Frage gäbe. Das ist die Frage nach dem Sinn. Dabei wird nach dem bestimmten Zweck gefragt, dem das Leben dienen soll, oder dem bestimmten Ziel, das erreicht werden soll.

Von Vertretern der Religionen wird häufig behauptet, nur ihre Religion könnte den Menschen einen Sinn geben:

»Religion kann so dem Ganzen der Evolution einen Sinn zuschreiben, den die Naturwissenschaft von der Evolution nicht ablesen, bestenfalls vermuten kann.«[101]

Ist es tatsächlich so, dass die Naturwissenschaft die Ziele der Natur bestenfalls vermuten kann? Ich denke hier liegt ein Missverständnis über die Arbeitsweise der Naturwissenschaft vor. Wie wir auf unserer Reise gesehen haben, stellt die Wissenschaft Theorien mit Hypothesen auf, die empirisch bestätigt werden müssen. Gelingt das, dann handelt es sich keineswegs um eine Vermutung, sondern um bestätigtes

101 Küng (2005), S. 169

Wissen.

Wir haben einen Evolutionsprozess nicht nur in der Biologie, sondern auch bei der Entwicklung des Universums entdeckt[102]. Die Bewusstseinseinheiten im Vakuum sind Teil des kosmologischen Hintergrundfelds und nehmen an der Entwicklung des Universums teil. Der informationsverarbeitende Prozess des Bewusstseins bewertet und entscheidet anhand aktueller Umweltbedingungen. Das führt zur Selektion. Und Selektion ist ein wichtiger Teilprozess der Evolution. Damit offenbart sich auch der Sinn, den die Naturwissenschaft nicht nur vermutet, sondern so sicher weiß, wie es nur naturwissenschaftliche Erkenntnis sein kann. Für ihre eigene staunenswerte Reise durchs Dasein möchte ich diesen für Sie, lieber Leser, formulieren und Sie zu Folgendem auffordern:

Nehmen Sie aktiv teil am Dasein und seinen Entscheidungen und leisten dadurch Ihren Beitrag zur Evolution des Lebens und des Universums, denn darin liegt der Sinn Ihres unsterblichen Bewusstseins!

102 Siehe Kap. 6.7 »Die Evolution der Strukturen.« S. 121 ff.

10. Literaturhinweise

Bennet, Charles H.: *Maxwells Dämon;* in: Spektrum der Wissenschaft, Heft 1/1988, S. 48-55

Bekenstein, J.D.: *Phys. Rev. D7* (1973) 2333 und *Phys. Rev. D23* (1981) 278

Blome, Hans-Joachim u. Zaun, Harald: *Der Urknall – Anfang und Zukunft des Universums;* München (2. aktualisierte Auflage 2007)

Born, Max: *Die Relativitätstheorie Einsteins;* Springer, Berlin-Heidelberg-New York (1969)

Churchland, Paul M.: *Die Seelenmaschine. Eine philosophische Reise ins Gehirn;* Spektrum, Heidelberg (2001)

Davis, Paul: *Der Plan Gottes. Die Rätsel unserer Existenz und die Wissenschaft;* Insel Verlag (1996)

Dawkins, Marian Stamp: *Die Entdeckung des tierischen Bewußtseins;* Spektrum, Heidelberg (1994)

Dennet, Daniel C.: *Spielarten des Geistes;* Bertelsmann, München (1999)

DIN 19226 Teil 1, Deutsche Elektrotechnische Kommission im DIN und VDE (DKE) Februar 1994

Dürr, Hans-Peter, Hrsg.: *Physik und Transzendenz,;* Scherz (1989)

Einstein, Albert: *Über die spezielle und die allgemeine Relativitätstheorie;* Vieweg+Sohn, Braunschweig (1973)

Einstein, Albert: *Zur Elektrodynamik bewegter Körper;* In: Annalen der Physik. 322, Nr. 10, 1905, S. 891-921

Feynman, Richard: *Vorlesungen über Physik;* Band II, Oldenburg (2007), Kap. 15-4.

Froböse, Rolf: *Die geheime Physik des Zufalls;* Norderstedt (2008)

Griffin, D. R.: *Wie Tiere denken;* dtv, München (1990)

Görnitz, Th. Graudenz, D., Weizsäcker, C.F.v.: *Quantum Field Theory of Binary Alternatives;* Intern. J. Theoret. Phys. 31 (1992) 1929-1959

Görnitz, B & Th.: *Der kreative Kosmos – Geist und Materie aus Quanteninformation;* Spektrum, Heidelberg (2007)

Goswami, Amit: *Die schöpferische Evolution. Zwischen Gottesglaube und Darwinismus;* Lüchow, Stuttgart (2009), S. 31 f.

Gould, James L. & Gould, Carol Grant: *Bewusstsein bei Tieren;* Spektrum, Heidelberg (1997)

Hawking, S. W.: *Particle creation by black holes;* Comm. Math. Phys. 43 (1975) 199-220

Haeckel, Ernst u. Sedlacek, Klaus-Dieter (Hrsg.): *Die Welträtsel – Gemeinverständliche Studien über monistische Philosophie;* Norderstedt (2009)

Heisenberg, Werner: *Quantentheorie und Philosophie;* Reclam, Stuttgart (2008), S. 43

Herbert, Nick: *Quantenrealität. Jenseits der neuen Physik;* Birkhäuser, Basel (1987)

Hey, Tony u. Walters, Patrick: *Das Quantenuniversum;* Spektrum (1998)

Hofstadter, Douglas R. & Dennet, Daniel C.: *Einsicht ins Ich. Fantasien und Reflexionen über Selbst und Seele;* Klett-Cotta, Stuttgart (1986)

Kanitscheider, Bernulf: *Kosmologie;* Reclam (1991)

Küng, Hans: *Der Anfang aller Dinge: Naturwissenschaft und Religion;* Piper (2005)

Law, Stephen: *Philosophie;* Dorling Kindersley, München (2008)

Lazlo, Ervin: *Holos die Welt der neuen Wissenschaften;* Via Nova (2002)

Penrose, R.: *The Emperor's New Mind.* Oxford University Press, Oxford (1989; Deutsch: *Computerdenken;* Spektrum, Heidelberg (1991)

Rae, Alastair I.M.: *Quantenphysik: Illusion oder Realität; Reclam,* Stuttgart (1996)

Schrenck-Notzing, Dr. A. Freiherrn von u. Sedlacek, Klaus-Dieter: *Die Natur Psycho-Physikalischer Phänomene. Erforschung telekinetischer Vorgänge;* Norderstedt (2009)

Sedlacek, Klaus-Dieter: *Äquivalenz von Information und Energie. Auf der Suche nach den Grundbausteinen der Welt;* Norderstedt (2009)

Sedlacek, Klaus-Dieter: *Synthetisches Bewusstsein. Wie Bewusstsein funktioniert und Roboter damit ausgestattet werden können;* Norderstedt (2011)

Sedlacek, Klaus-Dieter: *Supervereinigung. Wie aus nichts alles entsteht. Ansatz einer großen einheitlichen Feldtheorie;* Norderstedt (2010)

Sedlacek, Klaus-Dieter: *Unsterbliches Bewusstsein. Raumzeit-Phänomene, Beweise und Visionen;* Norderstedt (2008)

Sharov, Alexander S. u. Novikov, Igor D.: *Edwin Hubble. Der Mann, der den Urknall entdeckte;* Birkhäuser, Basel (1994)

Sperling, Jan: *Untersuchung von H/D-Isotopeneffekten bei der elektrolytischen Wasserspaltung im Hinblick auf eine mögliche Quantenkorrelation;* Dissertation, FU Berlin (1999)

Szilard, Leo: *Über die Entropieverminderung in einem thermodynamischen System bei Eingriffen intelligenter Wesen;* In: Zeitschrift für Physik 1929; 53: 840-856

Tipler, Paul A. Und Mosca, Gene: *Physik für Wissenschaftler und Ingenieure;* 6. Auflage, Spektrum (2009)

von Weizsäcker, Carl Friedrich: *Aufbau der Physik;* Hanser, München (1985)

von Weizsäcker, Carl Friedrich: *Die Einheit der Natur;* Hanser, München (1971), S. 269

Wilber, Ken: *Naturwissenschaft und Religion. Die Versöhnung von Wissen und Weisheit;* Fischer, Frankfurt (2010)

Zeilinger, Anton: *Einsteins Spuk: Teleportation und weitere Mysterien der Quantenphysik;* Goldmann, München (2007)

11. Abbildungsverzeichnis

11. Abbildungsverzeichnis

Kennzeichnung der Abbildungen

PD: Der Urheber verzichtet auf alle Rechte oder der Urheberrechtsschutz ist abgelaufen.
CC-BY oder CC-BY-SA: Lizensiert unter Creative Commons, siehe http://de.creativecommons.org/was-ist-cc/
Bei nicht gekennzeichneten Abbildungen ist entweder der Urheberrechtsschutz abgelaufen oder sie stehen unter dem Copyright von Klaus-Dieter Sedlacek.

12. Stichwortverzeichnis

12. Stichwortverzeichnis

12. Stichwortverzeichnis

Naturwissenschaft, Physik und Astronomie

– **Äquivalenz von Information und Energie.** Von: K.-D. Sedlacek
– **Das Gesetz im Zufall:** Wie sich verborgene Gesetzlichkeit manifestiert. Von: Moritz Cantor u. K.-D. Sedlacek (Hrsg.)
– **Der Widerhall des Urknalls:** Spuren einer allumfassenden transzendenten Realität jenseits von Raum und Zeit. Von: K.-D. Sedlacek
– **Einsteins Relativitätstheorie ganz ohne Mathematik.** Spezielle und allgemeine Relativitätstheorie. Von: Prof. Dr. Paul Kirchberger u. K.-D. Sedlacek (Hrsg.)
– **Freizeitvergnügen Sternenhimmel mit bloßem Auge:** Wie man Sternbilder auffindet ohne Instrumente. Von: Prof. Dr. Paul Kirchberger u. K.-D. Sedlacek (Hrsg.)
– **Phänomen Naturgesetze:** Das Geheimnis hinter den Erscheinungen der Welt. Von: K.-D. Sedlacek
– **Supervereinigung:** Wie aus nichts alles entsteht. Von: K.-D. Sedlacek
– **Die Natur psycho-physikalischer Phänomene.** Erforschung telekinetischer Vorgänge. Von: Schrenck-Notzing, A. u. Klaus D Sedlacek (Hrsg.)
– **Giganten der Physik.** Die Top10-Physiker der Menschheitsgeschichte. Von: Klaus-Dieter Sedlacek (Hrsg.)
– **Der allmächtige Informatiker:** Das Mysterium des Universums. Von Sir James Jeans u. K.-D. Sedlacek (Hrsg.)
– **Der verborgene Mechanismus des Weltgeschehens:** Neue Erkenntnisse über die Gestalten biotechnischer Systeme der Welt. Von: Dr. h. c. Raoul Francé u. K.-D. Sedlacek
– **Der erdgeschichtliche Klimawandel:** Den wahren Ursachen von Klimaschwankungen auf der Spur. Von Wilhelm Bölsche u. K.-D. Sedlacek (Hrsg.)
– **Wege zur physikalischen Erkenntnis.** Meine wissenschaftlichen Selbstbiographie, Reden und Vorträge. Von **Max Planck** u. K.-D. Sedlacek (Hrsg.)
– **Epigenetik-Experimente:** Neuvererbung oder Beweise für die Vererbung erworbener Eigenschaften? Von Paul Kammerer u. K.-D.Sedlacek (Hrsg.)

Chemie

– **Der Stein der Weisen:** Wie die Alchemie zur Chemie wurde. Von: Wilhelm Ostwald et. al. u. K.-D. Sedlacek (Hrsg.)
– **Durchblick Chemie:** Praktische Grundlagen und Einführung in die anorganische, organische und Biochemie. Von: Prof. Dr. Lassar-Cohn, Prof. Dr. W. Löb, K.-D. Sedlacek

Natur- und Philosophie

– **Die letzten Ursachen.** Das Buch der Naturerkenntnis. Von: K.-D. Sedlacek
– **Gebundener Wille:** Wie frei ist menschlicher Wille tatsächlich? Von: K.-D. Sedlacek, G.F. Lipps et. al.
– **Jenseits der Erscheinungen:** Erkennbarkeit und Realität der Quantennatur. Von: Prof. Dr. M. Schlick u. K.-D. Sedlacek (Hrsg.)
– **Kleines Wörterbuch der Natur-Philosophie:** 1200 Begriffe, die man kennen sollte, kurz und prägnant. Von: K.-D. Sedlacek
– **Naturphilosophie:** Das Wesen von Naturgesetzen und die Erklärung des Lebens. Von: Prof. Dr. M. Schlick u. K.-D. Sedlacek (Hrsg.)
– **Vereinbarkeit von Religion und Naturwissenschaft.** Von: Kurd Laßwitz u. K.-D. Sedlacek (Hrsg.)
– **Das Konzept des Guten.** Sinnliches Empfinden – Der Ursprung unserer Wertvorstellungen. Von: Klaus-Dieter Sedlacek (Hrsg.)
– **Ist echte Erkenntnis möglich?** Einführung in die Erkenntnistheorie. Von: Prof. Dr. Erich Becher u. K.-D. Sedlacek (Hrsg.)
– **Das individuelle Ich**: Was ist der Kern des Selbstbewusstseins? Von: Th. Lipps u. K.-D. Sedlacek (Hrsg.).

– **Persönlichkeit und Unsterblichkeit:** In welcher Form existiert ein Weiterleben nach dem zeitlichen Ende? Von: Wilhelm Ostwald u. K.-D. Sedlacek (Hrsg.)

– **Die idealistischen Grundwerte unserer Kultur.** Von Johannes M. Verweyen u. K.-D. Sedlacek (Hrsg.)

Bewusstsein

– **Leben nach dem Leben:** Befreiung des Bewusstseins von den Fesseln der Zeit. Von: K.-D. Sedlacek
– **Quantenbewusstsein.** Von: N. Wrobel u. K.-D. Sedlacek
– **Synthetisches Bewusstsein.** Von: K.-D. Sedlacek
– **Unsterbliches Bewusstsein:** Raumzeit-Phänomene, Beweise und Visionen. Von: K.-D. Sedlacek

Leben und Medizin

– **Leben aus Quantenstaub.** Von: N. Wrobel u. K.-D. Sedlacek,

– **Was ist Krankheit?** Von: N. Wrobel u. K.-D. Sedlacek

– **Bewusstsein und Unsterblichkeit.** Von: C. L. Schleich u. K.-D. Sedlacek (Hrsg.)

– **Die Lebenskraft:** Wie Enzyme, Bewusstsein und quantenbiologische Effekte das Leben regulieren. Von: K.-D. Sedlacek u. N. Wrobel,

– **Die verborgene Ordnung des Weltsystems.** Neue Erkenntnisse über die schöpferischen Kräfte der Natur. Von: Dr. h. c. Raoul Francé u. K.-D. Sedlacek (Hrsg.)

– Homöopathie und Praxis: Naturheilkundliche alternative Medizin für den mündigen Patienten. Von: Dr. med. J. Voorhoeve u. K.-D. Sedlacek (Hrsg.)
– Eine andere Sicht auf die Entstehung der sporadischen Form der Alzheimerkrankheit. Von Norbert Wrobel u. K.-D. Sedlacek (Hrsg.)

– Plötzlich gesund: Medizinische Wunderheilungen und die Macht organische Leiden psychisch zu beeinflussen. Von Dr. Erwin Liek u. K.-D. Sedlacek (Hrsg.)

Psychologie

– Gestalt-Psychologie: Einführung in die neue Psychologie vom Begründer der Gestaltpsychologie. Von: Prof. Dr. Kurt Koffka u. K.-D. Sedlacek (Hrsg.)

– Die ersten Spuren psychischer Erscheinungen: Das psychische Leben von Mikroorganismen – Eine Studie in experimenteller Psychologie. Von Alfred Binet u. K.-D. Sedlacek (Übers.)
– Allgemeine moderne Psychologie: Systematische Einführung in die Wissenschaft psychischer Prozesse. Von August Messer u. K.-D. Sedlacek (Hrsg.).
– Strahlende Kräfte durch positives Denken: Die Wurzeln des Erfolgs und Wege zum Glück. Von Emil Peters u. K.-D. Sedlacek (Hrsg.)

Biologie

– Wie intelligent sind Pflanzen? Sensationelle Einblicke in die geheime Seite des pflanzlichen Wesens. Von Prof. Dr. phil. Adolf Wagner u. K.-D. Sedlacek

– Über Menschenaffen, Tierseele und Menschenseele: Intelligenzprüfungen an Hominiden. Von Wilhelm Bölsche et. al. und K.-D. Sedlacek (Hrsg.)

Geschichte, Vor- u. Frühgeschichte

– Die geheimnisvolle Kultur der alten Kelten. Von Druiden, Fürstensitzen und der Lebensart unserer frühgeschichtlichen Vorfahren. Von Georg Grupp u. K.-D. Sedlacek (Hrsg.)

– Der Alchemist Leonhard Thurneysser: Die Lebensgeschichte des Goldmachers von Berlin. Von Klaus-Dieter Sedlacek (Hrsg.)

– Es begann mit Feuerskraft. Das Werden des Menschen und seiner Kultur. Von Carl W. Neumann u. K.-D. Sedlacek (Hrsg.)
– Gefangen zwischen Eisschollen: Die dramatische Entdeckungsgeschichte der Antarktis. Von Klaus-Dieter Sedlacek (Hrsg.)

Ratgeber

– Kultur erleben mit den Wohnmobil in Frankreich: Vierzig kulturelle Highlights, Park- und Übernachtungspätze sowie Navigationskoordinaten. Von Klaus-Dieter Sedlacek
– Kochbuch für ganze Kerle: Kräftige und Feinschmeckergerichte für Freizeit und Camping. Von K.-D. Sedlacek (Hrsg.)
– Neue praktische Menschenkenntnis: Ein Ratgeber zur Menschenbehandlung mit zahlreichen Bildern und Beispielen. Von Prof. Dr. J. M. Verweyen u. K.-D. Sedlacek (Hrsg.)

Forschungsreisen u. Abenteuer

– Meine erste Weltumseglung: Tagebuch einer epochalen Expedition. Von James Cook u. K.-D. Sedlacek (Hrsg.)
– Exotische Reise durch Persien: Abenteuerlicher Bericht aus einer fremdartigen Welt des 19ten Jahrhunderts. Von Pierre Loti u. K.-D. Sedlacek (Hrsg.)
– Mit der Beagle um die Welt: Bericht meiner Forschungsreise zum Galapagos-Archipel. Von Charles Darwin u. K.-D. Sedlacek (Hrsg.)
– Peking-Paris im Automobil: Die legendäre 16.000 km – Rallye 1907. Von Luigi Barzini u. K.-D. Sedlacek (Hrsg.)
– Mein Leben im Tropenparadies: Fünfundzwanzig Jahre in Ceylon – Erlebnisse und Abenteuer. Von John Hagenbeck u. K.-D. Sedlacek (Hrsg:)

Fantastische Welt
Romane und Erzählungen

Bd. 1: **Parallelwelt-Universum und die Suche nach der Weltformel.** Von: K.-D. Sedlacek
Bd. 2: **Marskolonie Eos: und die verschwindende Realität.** Von: K.-D. Sedlacek
Bd. 3: **Korakar: Geheimnisvolles Leben unter ewigem Eis.** Von:
K.-D. Sedlacek
Bd. 4: **Die Spur des Dschingis-Khan.** Von: Hans Dominik, K.-D. Sedlacek (Hrsg.)
Bd. 5: **Atlantis: Die Rückkehr der Götter.** Von: Moriz Hoernes, K.-D. Sedlacek (Hrsg.)

FSC
www.fsc.org
MIX
Papier aus verantwortungsvollen Quellen
Paper from responsible sources
FSC® C105338